대단한 바다여행

개정판 대단한 바다여행

1판 1쇄 발행 2009년 12월 1일
2판 1쇄 발행 2021년 9월 15일

지은이 윤경철
펴낸이 김선기
펴낸곳 (주)푸른길
출판등록 1996년 4월 12일 제16-1292호
주소 (08377) 서울시 구로구 디지털로 33길 48 대륭포스트타워 7차 1008호
전화 02-523-2907, 6942-9570~2
팩스 02-523-2951
이메일 purungilbook@naver.com
홈페이지 www.purungil.co.kr

ISBN 978-89-6291-913-4 03450

개정판

대단한 바다여행

교양으로 읽는 바다 이야기

푸른길

개정판 머리말

세월아 너는 정말 빠르다. '화살과 같이 지나간다.'라는 말을 절감하고 있다. 프랑스의 소설가 로맹 롤랑(Romain Rolland)은 "인생은 왕복표를 발행하지 않기 때문에 한번 출발하면 다시는 돌아올 수 없다."라고 말하였다. 필자도 다시 돌아올 수 없는 길을 가고 있다고 생각한다. 그래서 왠지 쓸쓸해지는 느낌이 든다. 하지만 종착역이 다가온다고 손을 놓고 지낼 수는 없지 않은가? 가는 길을 멈추지 않고 오늘도 앞으로 나아가고 싶다.

2001년 첫 번째 저서인 『지도의 이해』가 출간된 지 약 20년이 지났다. 2006년 '대단한 시리즈'의 첫 번째 작품인 『대단한 지구여행』을 출간하고, 2009년 『대단한 바다여행』을 출간하였는데, 벌써 10년이 넘게 흘렀다. 2011년에는 『대단한 하늘여행』을 출간하고, 이어 『대단한 지구여행』을 개정 신간으로 새롭게 꾸몄으며, 2015년에는 『대단한 뉴질랜드』를 출간하였다.

초판 『대단한 바다여행』은 다른 책보다 여러 가지 면에서 많이 부족하다고 느껴왔다. 꼭 필요한 꼭지지만 빠진 것도 있고, 각 꼭지의 내용도 부족하다는 생각을 가지고 있었다. 그래서 2014년 봄부터 『대단한 바다여행』 개정 신간을 위해 집필을 시작하였다. 사람이나 집안이나 가꿀수록 예뻐지고 깨끗해진다. 책도 마찬가지이다. 그래서 다른 방향으로 구성도 해 보고 집필과 교정도 거듭하였다.

초판 『대단한 바다여행』은 총 13장으로 이루어졌으나, 이번 개정 신간은 9장으로 줄여서 재구성하였으며, 기존 111개 꼭지에서 136개 꼭지로 늘어났다. 제1장에는 지구 탄생과 관련한 내용을 추가하였고, 제2장 바다 탐험 이야기는 일부 꼭지를 추가하여 더 다채롭게 구성하였다. 제3장은 바닷물, 바다 기후에 관한 내용을 통합하여 서술하였고, 제4장은 대양과 근해를 함께 설명하였으며, 제5장은 바다 생물을 중점적으로 기술하였다. 제6장은 바다와 인간의 유기적인 관계를 설명하는 장으로 구성하였다. 제7장은 바다의 교통 시설과 선박, 제8장은 해양법과 해양 연구 분야, 제9장은 바다의 오염과 각종 사건 사고와 관련한 내용으로 재구성하였다.

이 책은 우리 주변에 있는 바다에서부터 멀리 있는 바다에 대해 좀 더 깊이 이해하고 알아 가기 위해 준비하였다. 집필하는 과정에서 본인의 해양 지식 부족으로 일부 잘못 인용한 부분이 있을 수 있다고 생각한다. 추후라도 잘못 인용된 부분이나 오기가 발견되면 수정할 계획이다. 끝으로 어려운 여건 속에서도 이 책을 출간하도록 허락해 주신 푸른길 김선기 사장님께 감사의 말씀을 올리며, 아울러 편집에 애써 주신 직원 여러분에게도 감사의 말씀을 드린다.

2021년 가을

(재)공간정보품질관리원에서 윤경철

초판 머리말

오랜 옛날부터 바다는 인류의 중요한 교통로가 되어 왔다. 바닷가에 살던 사람들은 재주껏 배를 만들어 바다를 오가면서 물물교환을 했다. 지금의 무역과 같은 활동이다. 그리고 바다에 일찍 눈을 뜬 몇몇 유럽의 탐험가들은 대양을 돌아다니다가 주인이 없어 보이는 섬과 땅을 발견하면 자기네 나라 소유로 만들었다. 한때 '바다를 지배하는 민족이 인류를 지배한다.'라는 말이 있었을 정도로 서양인들은 바다의 정복과 개척에 온 정열을 쏟았다. 얼마 전에는 그 넓은 바다에서 잠수함끼리 부딪혔다고 한다. 이제는 그만큼 바다의 교통도 복잡해졌다는 말이다.

바다는 지구의 기후를 조절하는 역할을 한다. 바다의 해류는 더운 곳의 남는 열을 추운 곳으로 옮기거나 추운 곳의 바닷물을 따뜻한 곳으로 옮겨 지구의 온도를 조절한다. 증발한 바닷물이 비가 되어 땅 위로 떨어져서 지구에 사는 생명에게 담수를 공급한다. 이뿐만 아니라 바닷물은 온실기체인 이산화탄소를 많이 녹여 지구가 너무 뜨거워지지 않도록 조절하기도 한다. 그러므로 바다는 단순히 출렁거리는 물이 아니라 살아 움직이는 유기체이다. 한편 바다는 그 면적만큼이나 마음도 넓어 인류가 지상에 기거하며 살아갈 수 있도록 보호하는 울타리가 되어 준다. 사람들이 버린 온갖 쓰레기와 하수를 받아들여 깨끗하게 정화해 주는 역할도 한다. 이런 까닭에 바다는 아주 오랜 옛날부터 인류에게 중요한 존재로 자리 잡아 왔다.

바다는 생화학 의약품 물질의 근원지이기도 하다. 복어와 해파리에서 심장병, 류머티즘 및 위궤양 치료 물질이 추출되고 조개와 전복, 연산호에서 항암 물질이 추출되었다. 미래 해양의 관점, 즉 해양 공간의 개발과 이용 등 여러 분야에서도 바다는 비전을 제시해 주고 있다. 앞으로 해상도시, 해상발전소, 저장 시설, 레저 시설, 바다목장 등의 개발과 건설에 박차가 가해질 것이다. 때로는 우주 개발보다 바다에 대한 연구 개발이 더욱 가치 있는 일로 판단되기도 한다. 왜냐하면 바다는 인류의 마지막 유산이기 때문이다.

이 책의 1~2장은 바다가 생성되고 그 바다를 탐험한 내용으로 꾸몄고, 3~5장은 바닷물의 물리화학적인 성질과 바다에서 살아가는 생물에 대해 기술하였다. 6장은 바다의 여러 기상 현상과 기후에 대해 알아보았다. 7~8장은 지구 위의 큰 바다와 우리나라 인근의 바다에 대해 알아보았고, 9~10장은 바다와 밀접한 인간 생활에 대해 살펴보고, 특히 바다를 이용하는 해상 교통에 대해 기술하였다. 11~12장은 해양 연구와 해양 산업, 그리고 바다 오염에 대해 알아보았고, 13장은 과거에 바다에서 일어났던 각종 사건 사고와 미스터리에 대해 기술하였다.

이 한 권의 책으로 바다와 해양에 대해 모든 것을 알 수는 없지만 지구의 바다에 쉽게 접근할 수 있는 기회가 될 것이다. 본문 중 일부분은 해양과 바다에 대한 일부 서적을 인용하여 쓴 내용도 있다. 혹시라도 본인의 바다와 해양 지식 부족으로 미비한 곳이나 잘못 인용된 부분이 발견된다면 추후 수정할 계획이다. 끝으로 어려운 여건 속에서도 이 책이 나오기까지 애써 주신 (주)푸른길 김선기 사장님을 비롯한 편집자에게도 감사를 드린다.

2009년 가을

죽장, 상락원에서 윤경철

차례

3장 바닷물과 기후

6장 바다와 인간 생활

7장 선박과 교통수단

8장 해양 연구

1장
지구 탄생과 형성

먼지 입자들이 뭉쳐서 생긴 지구
-지구의 탄생

우주 대폭발설과 우주 팽창을 주장한 벨기에 태생의 가톨릭 사제이자 천문학자인 르메트르(Georges Lemaître, 1894~1966)는 당시 사람들에게 아마도 욕설을 들었을지도 모른다. 왜냐하면 당시로서는 아주 생소하고 증명이 불가능한 우주 대폭발설을 주장했기 때문이다. 르메트르가 1927년에 발표한 이 이론은 시간과 공간 그리고 모든 물질이 어느 한순간의 폭발로 생겨났다고 보는 학설이었다.

당시 과학자들 대부분은 터무니없거나 논쟁의 가치가 없는 것으로 생각하였지만, 에드윈 허블(Edwin Hubble, 1889~1953)만은 혹시 우주가 팽창하고 있지 않을까라는 생각으로 이 주장을 진지하게 받아들였다고 한다. 또 벨 전화연구소의 일부 연구원들도 빅뱅의 잔존물로 생각되는 무선 음을 발견하였다고 한다. 그뿐만 아니라 캘리포니아의 로렌스 리버모어 국립연구소(Lawrence Livermore National Laboratory)의 조지 스무트(George Smoot, 1945~)도 우주배경복사 탐사선(Cosmic Background Explorer)이 얻은 증거들을 볼 때 빅뱅을 강력하게 부정하지 않았다고 한다. 아무튼 빅뱅은 지금도 많은 수수께끼를 안고 있다.

빅뱅이론을 좀 더 과학적으로 접근해 보면 원반 형태의 넓디넓은 원시 우주에서 약 137억 년 전에 대폭발이 있었는데, 이때 다량의 성간가스가 응축되어 원시 태양이 만들어졌다고 한다. 폭발 후 외곽에 있던 소량의 물질들이 마치 세탁기 안에서 빨래가 돌아가는 것처럼 돌다가 미행성으로 만들어졌을 것으로 추정한다. 초기의 미행성은 먼지 입자 또는 가스구름끼리 서로 뭉치고 충돌하면서 계속 부착 성장을 해 나갔을 것으로 추정한다. 마치 오래된 침대 밑에서 먼지들이 엉켜서 덩어리가 되는 것과 같은 이치로 말이다. 이들 미행성이 충돌과 분합 과정에서 철과 같은 금속 성분의 미행성은 서로 끌어당기는 힘 때문에 점점 더 커지고, 암석으로 된 미행성 물질들은 부서져서 떨어져 나갔을 것으로 추정한다.

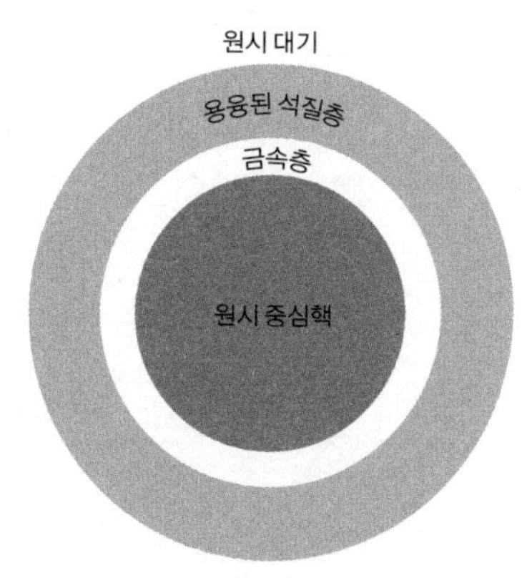

원시 지구의 내부 구조 원시 대기에서 태양을 비롯한 태양계의 행성들이 만들어질 때 원시 지구도 형성되었는데, 이때 가장 먼저 만들어진 것이 원시 중심핵(철과 니켈)이다.

이제 원시 태양과 미행성도 만들어졌고, 보통 이상 되는 큰 미행성들은 더 빨리 커져 나갔다. 왜냐하면 이들 서로 간에는 주위의 물체를 끌어당기는 힘이 생겼기 때문이다. 그래서 부딪혀 흩어진 암석 파편도 끌어당기는 힘에 의해 외부로 떨어져 나가지 못하게 붙들어 둘 수 있었던 것이다. 더 많은 물질이 빨려 들어왔고, 모든 물질이 하나로 합쳐지는 과정이 진행된 것이다. 이때부터 크고 작은 천체들이 큰 미행성의 하늘에 마구 떨어지는, 그야말로 혼돈의 상태가 지속되었다.

수백만 년 동안 이런 분합의 과정을 거치며 그중에 가장 큰 미행성이 원시 지구로 성장하였으며, 시간이 지나면서 성장 속도는 조금씩 느려졌다. 원시 지구의 덩치가 커지면서 작은 미행성들이 빨려 들거나 충돌해도 상대적으로 성장률이 낮기 때문이다. 그리고 궤도 부근에 있던 미행성의 수가 많이 줄어든 것도 원인이었다. 이런 가운데 지구 내부에서는 온도가 점점 높아지고 화산 폭발이 일어나기 시작하였다. 이때 빠져나온 기체들로 하늘에는 새로운 대기가 만들어지기 시작하였다.

그렇다면 어떤 기적이 있었기에 오늘날과 같이 생명이 숨 쉬는 푸른 지구가 될 수 있었을까? 미행성들이 충돌하고 지구 내부의 물질이 표출하는 과정에서 엄청난 압력과 열 그리고 휘발성 성분(메탄, 수소, 암모니아, 이산화탄소 그리고 80%의 수증기)이 방출되기 시작하였다. 시간이 흐르면서 지구의 온도는 점차 내려가고 이산

지구의 내부 구조

<table>
<tr><th>깊이(km)</th><th>구성 성분</th><th colspan="2">물리적 성질</th></tr>
<tr><td>0–35</td><td>지각</td><td>지각</td><td rowspan="2">암석권</td></tr>
<tr><td>35–100</td><td rowspan="2">상부맨틀</td><td>최상부맨틀</td></tr>
<tr><td>100–200</td><td colspan="2">연약권</td></tr>
<tr><td>200–400</td><td>전이대</td><td colspan="2" rowspan="2">중간권</td></tr>
<tr><td>400–2900</td><td>하부맨틀</td></tr>
<tr><td>2900–5200</td><td>외핵</td><td colspan="2" rowspan="2">핵</td></tr>
<tr><td>5200–6400</td><td>내핵</td></tr>
</table>

자료: 한국광물자원공사

화탄소와 수증기가 점점 많아지면서 대기의 기초가 형성된 것이다.

바다에서 태어난 원시 생명체

-생명체의 탄생

바다는 사람을 비롯한 모든 생명체에게 정말 고마운 존재이다. 38억 7000만 년 전 최초의 생명체가 나타난 것도 바다였고, 이후로도 바다는 무수한 생명체를 키워 냈으며, 지금도 물속에 사는 생물이 땅 위에 사는 생물보다 많을지 모른다. 엄청난 수의 식물플랑크톤과 동물플랑크톤뿐만 아니라 무척추동물, 물고기, 파충류, 포유류 등 물속에 사는 동물의 정확한 종류와 숫자를 아직도 다 알지 못한다. 또한 엄청난 양의 해조류도 바다에서 자라고 있다. 이렇듯 바다는 무수한 생물을 키우면서 인류에게 공헌해 왔다. 지구의 생명체 탄생을 알기 위해서는 지구 탄생 최초의 순간을 알아야 한다. 하지만 현대 물리학이 아무리 발전했다고 해도 우주의 진화 과정과 생명 탄생 초기의 사건을 정확히 알 수 없다. 생명 탄생 초기의 비밀은 앞으로도 긴 시간 동안 미지의 상태로 남아 있을 수밖에 없다. 어쩌면 우리 인간은 탄생 비밀을 모른 채 멸망할지도 모른다.

여러 가지 과학적인 자료를 분석해 보면, 지구에 원시 생물이 처음 나타난 곳도 바다라고 추측하고 있다. 초창기 지구 대기에는 지금과 달리 오존층이 없었기 때문에 태양으로부터 나오는 자외선을 막을 방법이 없었다. 이때 자외선을 피할 수 있는 유일한 곳이 바닷속이었다. 실제로 35억 년 전 바다에 생명체가 살고 있었다는 증거도 있다. 오스트레일리아 노스폴에서 발견된 스트로마톨라이트(stromatolite)가 그것이다. 그리스어로 '바위 침대'라는 뜻의 스트로마톨라이트는 나무의 나이테를 연상하게 하는 줄무늬를 지닌 검붉은 암석으로, 세포 속에 핵이 따로 없는 녹조류가 무리 지어 살면서 만든 형태이다.

이 녹조류는 엽록소를 갖고 있어서 광합성을 할 수 있었는데, 그 후손이 지금도 살아남아 오스트레일리아 서쪽의 샤크(Shark)만에서 스트로마톨라이트를 만들고 있다고 한다. 한편 35억 년 전에 광합성을 하는 생명체가 있었다는 것은 이때 이미 산소가 만들어지고 있었다는 것을 의미한다. 스트로마톨라이트는 지구 역사상 선캄브리아대의 대표적인 화석으로 전 지구상에 분포해 있었다고 한다. 우리나라의 경우 소청도에서도 발견되었고, 영월 문곡리에 있는 것은 천연기념물 413호로 지정되어 있다.

파스퇴르(Louis Pasteur, 1822~1895) 이전의 일부 과학자들은 생물체가 우연히 생겨날 수 있다고 주장하였으나, 1861년 파스퇴르는 『자연발생설의 검토』를 통해 자연발생이 일어날 수 없음을 주장하였다. 그동안의 잘못된 관념을 파스퇴르가 바로잡은 것이다. 그리고 원시 생명체가 탄생했던 당시 지구의 환경은 생명을 유지하고 발전시킬 만큼 좋아지기는 했어도, 생명이 '어찌어찌하여' 창조될 만큼의 환경이 만들어지지는 않았다고 한다. 그렇다고 다른 외계에서 '생명의 씨앗'이 지구로 흘러들어 왔다고 단정 지을 수도 없다.

원시 생명체의 탄생에 매우 중요한 역할을 한 것은 물이라고 생각된다. 태초에 바다가 만들어진 후, 바닷속에서는 여러 가지 원소들이 특별한 반응과 변화를 거쳐 생명체의 바탕이 되는 유기물을 만들어 냈다. 그리고 이 유기물들이 변화하면서 마침내 최초의 생명체가 만들어졌을 것으로 유추하고 있다. 이 생명체들은 서로 분화된 기능을 수행하면서 점점 더 복잡한 생물로 진화되어 갔으며, 이들 중 일부는 오랜 진화 과정을 거치면서 육지로 올라왔다. 이처럼 바다는 지구 최초의 생명체를 밴 곳이며, 물은 지금도 인류를 비롯한 모든 생물을 낳고 기르는 데 반드시 필요한 생명의 젖이나 다름없다. 그러므로 태초의 생명체는 바다에서 잉태되었다고 할 수 있다. 그 후 산소의 양도 충분해졌고 오존층도 만들어졌는데, 이는 지금으로부터 불과 약 4억 년 전의 일이다.

우주선 지구호에 주인이 등장하다
-인류의 출현

이제 지구가 만들어지고 원시 생명체도 나타났다. 또 오존층도 생기고 산소도 많아졌다. 그렇다면 인간은 언제 어디서 나타났을까? 지금까지 알려진 학설로는 400~500만 년 전, 에너지 폭발에 의해 원시 인류가 생겨났다고 한다. 그 후 인류의 조상이라고 할 수 있는 유인원과 인류의 중간 형태인 오스트랄로피테쿠스(Australopithecus)가 등장한 것이다. 250만 년 전쯤에는 뇌가 점점 커지고 도구를 사용할 줄 아는 호모 하빌리스(Homo habilis: 재간꾼)가 등장하였고, 160만 년 전에는 걸어 다니는 호모 에렉투스(Homo erectus: 곧선사람)가 나타나서 아프리카 전역에서부터 유럽, 아시아까지 퍼져 나갔다고 한다.

50만 년 전에는 베이징원인이 나타났고, 10만 년 전에는 인류의 사촌이라고 할 수 있는 네안데르탈(Neanderthal)인이 유럽과 중동에 등장하였다. 4만~5만 년 전부터는 호모 사피엔스(Homo sapiens: 지혜로운 사람)라는 현대적인 인간으로 변모해 갔다. 유럽에서는 후기 구석기시대에 크로마뇽(Cro-Magnon)인이 나타나 네안데르탈인과 장기간 공존하였다고 한다. 그리고 약 4만 년 전부터는 인류의 직계 조상이라고 할 수 있는 호모 사피엔스 사피엔스(Homo sapiens sapiens: 아주 현명한 사람)가 나타나기 시작하였다.

인류의 진화는 여러 지역에서 진행되었지만 그 뿌리는 아프리카로 알려져 있다. 1924년 오스트레일리아의 해부학자이자 고고학자인 레이먼드 아서 다트(Raymond Arthur Dart, 1893~1988)는 남아프리카공화국에서 최초로 오스트랄로피테쿠스의 화석을 발견한 후 이 화석에 '타웅'이라는 이름을 붙였다. 1959년 영국의 인류학자 루이스 리키(Louis Leakey, 1903~1972)는 동아프리카 탄자니아의 올두바이 계곡에서 170만 년 전의 두개골인 진잔트로푸스(Zinganthropus)를 발견하였다. 이러한 발견을 통해 아프리카 대륙이야말로 인류의 발상지라고 생각하게 되었다. 인류의 아프리카 단일기원설을 뒷받침하는 또 하나의 중요한 단서는 인류의 직계 조상이라고 할 수 있는 호모 사피엔스 사피엔스도 남아프리카의 동굴에서 발견되었다는 것이다.

인류의 조상이 아프리카 대륙에 처음 등장했을 때만 해도 네 다리로 기어 다니는 동물이나 다름없었지만, 많은 세월이 흐르면서 두 다리로 걸어 다니는 직립 인간으로 변해 갔다. 더불어 지적인 능력이 서서히 진화하면서 도구를 발달시키고 농사를 짓고 문명을 이룩할 만큼 뇌도 점점 커졌고, 마침내 지구를 변화시킬 만한

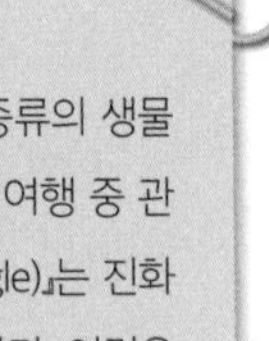

진화론자, 다윈

영국의 생물학자 다윈은 비글호를 타고 갈라파고스 제도를 답사하면서, 동일한 종류의 생물이라도 자라는 환경이 다르면 진화도 다르게 한다는 것을 전 세계에 알렸다. 그가 여행 중 관찰한 기록을 정리하여 1839년에 출간한 『비글호 항해기(The Voyage of the Beagle)』는 진화론의 기초가 되었다. 그는 또 1859년 『종의 기원』이라는 진화론 관련 책을 내놓았다. 이것은 어떤 종의 개체 간에 변이가 생겼을 경우, 그 생물이 생활하고 있는 환경에 가장 적합한 것만이 살아남고 부적합한 것은 사라진다는 견해이다. 곧 개체 간에 경쟁이 일어나고 진화가 된다는 것이다.

진화론자나 생물학자들이 주장하는 어느 것도 정답이 아닐 수 있다. 왜냐하면 지구에 생명체가 탄생된 것을 일반인이 이해할 수 있도록 꼭 집어 답해 줄 사람이 없기 때문이다. 우리는 그들을 낳은 부모도 정확히 모르고, 자란 이력도 모른다. 그러나 우리는 각종 유기물질이 화학적으로 진화하는 과정에서 생명체가 탄생할 수도 있다는 것을 실험실에서나마 간접적으로 알 수 있다. 그렇다고 어찌어찌하여 탄생되었다고 얼버무려 버릴 수도 없다. 아무튼 생명체의 탄생은 우주 및 지구의 생성 과정부터 정확히 알아야 하기 때문에, 이 문제는 영원한 숙제로 남을지도 모른다.

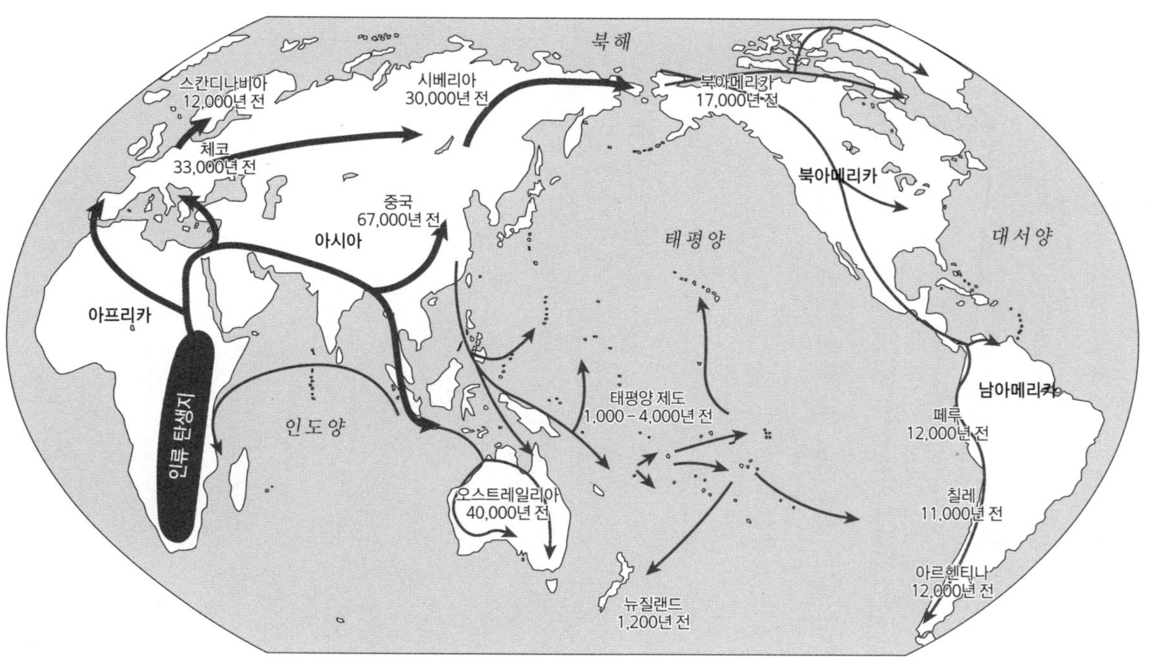

인류의 이동 경로 아프리카 남동부에서 탄생한 인류는 유럽으로 간 백인종과 아시아로 간 황인종 그리고 아프리카에 남은 흑인종 등으로 구분할 수 있다. 그 후 인류는 다른 생명체들과는 전혀 다른 진화의 길을 걷게 되었으며, 문화의 발달을 멈추지 않고 전 지구로 퍼져 나갔다. 전 지구에서 인류가 가장 늦게 도착한 곳은 뉴질랜드이다. 우리나라에 도착한 인류는 시베리아와 몽골 쪽에서 건너온 것으로 추정되므로, 인도와 중국보다 인류가 늦게 도착한 것으로 추정된다.

위치에 우뚝 서게 되었다. 이들은 기후변화와 인구의 증가 등으로 인해 아프리카에만 머물지 않고 전 대륙으로 퍼져 나갔는데, 이들 중 유럽으로 간 종족을 백인종(코카소이드, Caucasoid), 아시아로 간 종족을 황인종(몽골로이드, Mongoloid) 그리고 아프리카에 남은 종족을 흑인종(니그로이드, Negroid)이라고 부른다.

부모님이 우리를 낳아 주어서 우리가 이 땅에 살게 된 것은 자연의 순리이지만, 진화론적인 관점에서 바라보면 기적에 가까운 일이다. 반면에 성경의 관점에서 바라보면 태초에 하느님이 천지를 창조할 때 인간도 함께 만들었다고 한다. 진화론이든 천지창조론이든 인간의 출현은 큰 사건임에 틀림없다.

태초에 대륙은 한 덩어리였다
-대륙이동설

딱딱하던 지구가 갈라져서 서로 부딪히고 출렁출렁 요동을 친다면, 단 하루도 지구에서 사람이 살아갈 수 없다. 그런데 예전에 실제로 이런 일이 벌어졌다고 한다. 한 덩어리였던 지구가 여러 조각으로 나누어졌다는 것인데, 이런 이야기를 처음 꺼낸 사람들은 주위 사람들로부터 비난도 많이 받았다. 1596년에 독일 플랑드르의 지리학자 아브라함 오르텔리우스(Abraham Ortelius, 1527~1598), 1620년에 영국의 프랜시스 베이컨(Francis Bacon, 1561~1626), 미국의 정치인 벤저민 프랭클린(Benjamin Franklin, 1706~1790), 1858년 프랑스의 지리학자 스나이더 펠레그리니(Snider-Pellegrini, 1802~1885), 미국의 지질학자 프랑크 버슬리 테일러(Frank Bursley Taylor, 1860~1938) 등 많은 과학자들이 대륙이동설을 제기하였지만 큰 주목을 받지 못하였다.

그 후 독일의 기상학자인 알프레트 베게너(Alfred Wegener, 1880~1930)가 확신을 가지고 대륙이동설에 대해 주장하였으며, 오스트리아의 지질학자 에두아르트 쥐스(Eduard Suess, 1831~1914)도 대륙이동설과 해저확장설을 정립하면서 서서히 관심을 가지기 시작하였다. 이때까지만 해도 대부분의 과학자들은 믿으려 하지 않았다. 그러나 1950년경 고지자기학 분야의 연구가 진행되면서 대륙이동설을 과학적으로 뒷받침할 수 있는 계기가 마련되었다.

베게너는 세계지도를 보면서 대서양을 사이에 둔 아프리카와 남아메리카가 원래 하나가 아니었을까 하는 궁금증을 갖게 되었다. 그리고 아프리카에서 발견된

대륙이동설 인류가 태어나기 전인 아주 먼 옛날 지구는 하나의 대륙으로 붙어 있었는데, 이것이 점차 분리되어 지금의 대륙과 같은 형태가 되었다는 학설. 대륙표이설(大陸表移說)이라고도 한다.

것과 유사한 화석이 브라질에서도 발견되었다는 말을 듣자, 그는 두 대륙이 옛날에 붙어 있었을 것이라고 믿기 시작하였다. 베게너는 20세기 초에 발표한『대륙과 대양의 기원(The Origin of Continent and Ocean)』이라는 저서에서 대륙이동설을 확고히 주장하였다. 그러나 주변의 다른 과학자들은 장구한 지구 역사에 비해 볼 때 불합리하다는 반론을 제기하였다.

베게너가 제시한 이 학설은 동료 과학자들에게조차 동조를 얻지 못하고 무시당했으며, 베게너 자신도 반대론자들을 설득할 수 있는 정확한 근거를 제시하지 못하였다. 반대론자들은 베게너가 기상학자이지 지질학자가 아니라고 그를 격하하고 비웃으며, 그이 학설이 공상소설 같다고 받아들이지 않았다. 그 후에도 여러 학자에 의해 반론이 제기되는 등 논란이 끊이지 않았으나, 유엔(UN)이 정한 국제지구물리관측년(International Geophysical Year, 1957~1958)을 맞아 이 학설을 인정하려는 움직임이 싹텄다. 이때부터 활발한 연구가 뒷받침되어 오늘날에는 판구조론(板構造論, plate tectonics)이라는 이론으로 발전하여 지구과학 전반을 지배하는 학설로 자리 잡았다. 아마도 베게너는 "이놈들아, 내말이 맞지!" 하며 하늘나라에서 웃고 있을 것이다.

크고 작은 조각으로 나뉜 대륙
- 지구의 판

지금으로부터 약 2억 년 전인 중생대 초기에는 지구가 초대륙인 판게아(Pangaea, 모든 땅)와 초해양인 판탈라사(Panthalassa, 모든 바다)로 존재하였다고 한다. 초대륙은 남반구에 모여 있던 곤드와나 대륙(Gondwana continent)과 로라시아 대륙(Laurasia land)으로 갈라지는데, 현재의 유럽, 북아메리카, 그린란드, 아시아 대륙이 로라시아에 속한다. 북아메리카의 애팔래치아산맥과 그린란드, 영국, 노르웨이, 아프리카 북부의 아틀라스산맥 등이 같은 지질 구조로 발견되었다. 이들 지역의 유사한 화석이나 동식물의 분포, 해안선의 일치, 빙하의 분포 등으로 볼 때 로라시아 대륙이 이동되어 오늘날의 아시아 대륙과 유럽 대륙이 형성된 것으로 추정하고 있다.

곤드와나는 현재의 남아메리카, 아프리카, 마다가스카르섬, 인도, 오스트레일리아 그리고 남극이 한 덩어리로 이루어진 대륙을 말한다. 또 초대륙을 구성한 두 대륙의 동쪽에는 작은 바다인 테티스(Tethys)해가 있었는데, 이것이 대륙이 충돌할 때 생긴 것으로 알려진 오늘날의 지중해이다.

지구의 표면은 크고 작은 조각으로 나누어져 있는데, 이 조각들을 지각판 또는 줄여서 판이라고 한다. 지구의 껍데기에 속하는 이 판들은 서로 밀고 당기는 힘에 의해 지금도 미세하게나마 움직이고 있다. 이 판들이 언제 다시 요동칠지는 알 수 없다. 지구의 바다 위에 엄청나게 커다란 판들이 둥둥 떠다닌다고 상상해 보자. 유럽의 알프스산맥이나 북아메리카의 애팔래치아산맥 같은 고봉은 대륙의 판이 충

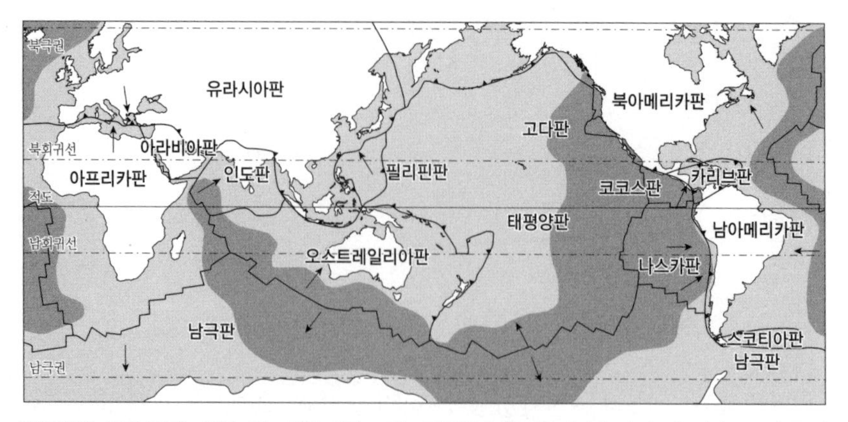

지구의 판 판의 두께는 평균 48㎞ 정도 되며 크기는 지름이 수천 킬로미터에 이르는데, 가장 규모가 큰 태평양판은 서태평양 해안부터 대서양 한복판까지 1만 ㎞ 정도 뻗어 있다. 그 외에 아프리카판, 유라시아판, 인도판, 북아메리카판, 남아메리카판으로 크게 나눌 수 있으며, 소규모의 카리브판, 나스카판, 스코티아판, 필리핀판, 아라비아판 등으로 이루어져 있다.

돌할 때 해저에서 밀려 올라온 것이고, 히말라야산맥도 남극 부근에 있던 인도 대륙이 올라와서 밀어 올린 것이다. 남아메리카의 안데스산맥, 러시아의 우랄산맥 등도 판들이 충돌하여 엉겨 붙은 것이다.

그렇다면 대륙의 미래 모습은 어떠할까? 지구의 판들은 주로 해저의 산맥인 해령이나 해저의 깊은 골짜기인 해구에 의해 나누어지는데, 해령이나 해구는 매년 2~8cm씩 이동하고 있다고 한다. 1cm는 아주 작아 보이는 움직임이지만 1억 년 후가 되면 1000km가 이동되고, 10cm씩 움직인다고 가정하면 1만 km가 이동한다. 이러한 이동이 앞으로 5000만 년 동안 진행한다고 가정하면 인도네시아의 섬들은 남유럽의 산맥과 같이 복잡한 지형으로 변할 것이고, 북아메리카는 태평양 쪽으로 이동되며 아프리카와 유라시아가 충돌할 것이기 때문에 지중해는 사라질 것이라고 예측한다.

또 태평양의 섬들은 침식되어 사라지고 새로운 섬들이 나타나고, 오스트레일리아는 아시아 쪽으로 많이 가까워진다고 전망하고 있다. 또 1억 5000만 년 후에는 중국, 동남아, 오스트레일리아, 남극이 하나의 초대륙이 된다고 한다. 그렇게 된다면 지상의 낙원이라고 하는 뉴질랜드까지는 우리나라에서 비행기로 1~2시간 거리가 될지도 모른다. 오늘날의 대륙 모습이 언제 다시 이동되어 다른 모습의 초대륙이 될지, 아니면 태평양의 섬처럼 산산조각이 날지 아무도 모른다. 왜냐하면 지구는 지금도 살아 있기 때문이다.

태평양에는 거대한 무 대륙이 있었다
- 잃어버린 대륙

기원전 7만 년 전에 남태평양에 존재했다고 하는 무(Mu) 대륙은 서쪽으로는 일본의 요나구니(與那國, 타이완 동쪽)섬에서부터 동쪽으로는 칠레의 이스터섬, 북쪽에는 하와이 제도, 남쪽으로는 뉴질랜드 해안까지 뻗어 있었다고 한다. 1926년 가을, 전 세계 고고학계가 발칵 뒤집어지는 큰 사건이 일어났다. 영국의 예비역 대령인 제임스 처치워드(James Churchward, 1851~1936)는 『잃어버린 무 대륙(The Lost Continent of Mu)』 외 몇 권의 책을 출판하였는데, 고고학자들조차 듣도 보도 못한 무 대륙의 실재를 주장한 것이다. 처치워드는 1868년부터 인도에 머물면서 원주민들 사이에 전설로 전해져 내려오는 무 대륙에 대해 들을 수 있었다고 한다. 그는 좀 더 확실한 증거를 찾기 위해 50년 동안 세계 각지를 돌아다니면서 방대한 자료를 수집하여 뉴욕에 칩거하면서 정리하기 시작하였다. 그의 나이는 이미 70세를 넘어서고 있었다. 이 책이 세상에 나오자마자 고고학자나 지질학자들은 터무니없는 주장이라고 몰아붙였다.

얼핏 들으면 누군가가 꾸며 낸 이야기로 생각되지만, 그의 주장을 들어 보면 상상하여 꾸며 낸 이야기 같지는 않다. 왜냐하면 인도의 힌두교 사원에서 입수한 두 개의 점토판(나칼, Naacal) 때문인데, 이 점토판에는 난생 처음 보는 이상한 도형과 기호 같은 것이 빽빽이 새겨져 있었던 것이다. 이것을 해석한 고승이 무에서 보내진 것이라고 증언하였기 때문이다. 그뿐만 아니라 1만여 년이라는 세월에 부식된 다른 점토판(상형 문자)도 발견했는데, 그 점토판에도 무 대륙의 건국에 관해 상세

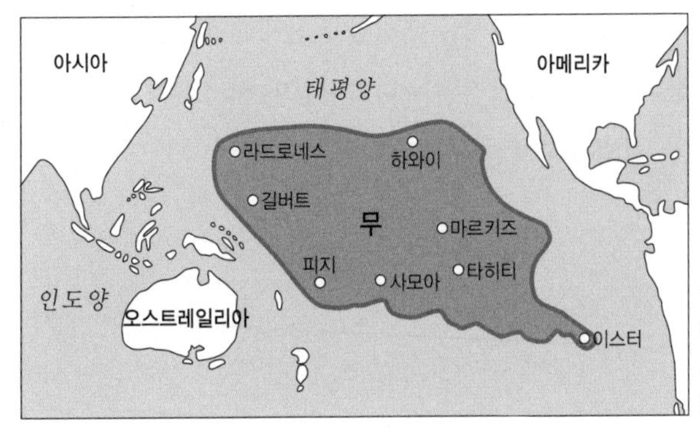

무 대륙 상상도 태평양 가운데쯤 위치한 무 대륙은 7개 도시를 중심으로 격자 모양의 도로로 연결되어 있었다고 한다.

하게 기록되어 있었다고 한다.

『잃어버린 무 대륙』의 내용을 살펴보면 무 대륙에는 10개가 넘는 민족에 약 6400만 명 정도의 인구가 군데군데 흩어져 살고 있었으며, 인류 역사상 최초의 문명을 이룩했다고 한다. 또한 광활한 무 대륙에는 오직 하나의 정부, 하나의 왕실이 있었다고 한다. 무 대륙의 사람들은 머리색, 피부색, 눈의 색은 제각기 달랐지만 각 민족 간에 차별은 없었다고 한다. 이들은 화산 폭발과 지진으로 무 대륙이 가라앉은 기원전 12~11세기경에 대부분 죽었지만, 그 후손들의 일부가 중국, 러시아, 몽골 등으로 뿔뿔이 흩어져서 오늘날까지 살아가고 있다고 하였다. 그들은 우수한 학문과 문화를 가졌고, 특히 건축술과 항해술이 고도로 발달했다고 한다. 그뿐만 아니라 지구촌 곳곳에 자신들의 식민지를 건설했다고 한다. 그리고 거대한 석조 궁전과 신전 등 호화로운 대저택이 건설되었고, 태양을 숭배하고 세계를 지배하였던 무 제국은 날로 번영했다고 한다.

만약 무 대륙이 태평양 바닷속으로 가라앉은 것이 사실이라면, 고대인들이 주장하는 태양신의 노여움 때문이 아니라 태평양을 관통하는 특수한 지질층에 기인했을 것이다. 환태평양화산대는 거미줄처럼 얽혀 있는데, 폭발하기 쉬운 성질을 지닌 가스실(챔버, Chamber)이 많기 때문에 항상 위험이 상존했다고 한다. 이 챔버에서 구멍이 뚫려 가스가 지상으로 빠져나오면서 큰 공동(空洞)이 생기고, 그 여파로 무 대륙이 함몰되었다는 것이다. 그리고 지금 태평양에 산재한 섬들은 무 대륙의 잔재라고 하며, 1987년 잠수부에 의해 발견된 요나구니섬의 해저 유적의 경우 무 대륙의 인공 석조물로 보는 견해가 존재한다.

대서양에 가라앉은 전설의 대륙
-아틀란티스

아주 먼 옛날 "… 격렬한 지진과 해일이 있었다. 끔찍한 낮과 밤이 왔는데 … 아틀란티스(Atlantis)는 … 바다 아래로 사라졌다. … 섬이 가라앉을 때 휘몰아친 진흙 너울 때문에 … 그때는 아무도 바다를 항해할 수 없었으며 … 그 이후로는 이 섬이 사라졌다…."

그리스의 철학자 플라톤이 남긴 두 편의 대화록 『티마이오스(Timaios)』와 『크리티아스(Critias)』에 나오는 사라진 대륙 아틀란티스의 이야기 중 일부분이다. 플라톤은 헤라클레스의 기둥(Pillars of Hercules, 지금의 지브롤터해협 동쪽 끝에 솟아 있는 두 개의 바위) 서쪽에 위치한 아틀란티스가 서유럽과 아프리카의 여러 지역을 정복한 후 아테네 침공이 실패하자 어느 날 대서양 속으로 가라앉았다고 말했다. 이 말이 꾸며 낸 것이라면 플라톤은 세기적인 거짓말쟁이였을 것이다. 아무튼 이러한 문제로 학자들 사이에서 플라톤의 이야기가 얼마나 신빙성이 있는지 논란이 끊이지 않았다.

아틀란티스는 인류가 최초로 문명을 일으킨 곳으로 많은 인구를 거느렸다고 한다. 아틀란티스의 인구가 퍼져 멕시코만, 미시시피강, 아마존강, 지중해, 유럽, 아프리카의 서안, 발트해, 흑해, 카스피해 등 주변 국가에 문명을 전파하였다고 한다. 이것이 바로 대홍수 이전의 세계로 에덴 동산, 엘리시온(Elysion)의 들판, 알키누스(Alkinoos)의 나라, 메솜팔로스, 올림포스, 아스가르드(Asgard) 등과 같이 전설상의 낙원일 것이라고 짐작되고 있다. 고대 그리스인, 페니키아인, 인도인 등이 숭배하던 신들은 아틀란티스의 왕이나 영웅들의 이름이었으며, 이집트나 페루의 태양숭배 신화는 아틀란티스에서 기원한다고 한다. 또한 아틀란티스인에 의해 건설된 가장 오래된 식민지가 이집트일 것이라고 추정하고 있다. 유럽의 청동기시대 기물 제작법은 아틀란티스에서 전수되었으며, 알파벳이나 페니키아 문자, 마야 문자까지도 아틀란티스에서 유래되었다고 한다. 그러한 아틀란티스가 지각변동으로 파멸되고, 극히 일부 사람들만 배나 뗏목을 타고 다른 대륙으로 건너간 것으로 추정하며, 이것이 대홍수 또는 대범람의 전설로 남아 현재 전해지고 있다는 것이다.

만약 아틀란티스 대륙이 사라진 것이 사실이라면, 그 사건은 플라톤이 살았던 시기보다 훨씬 오래전에 일어났어야 한다. 플라톤은 이 이야기를 소크라테스한테 들었고, 소크라테스는 아테네의 입법가이자 그리스 7현인의 한 사람인 솔론에게서 들었으며, 솔론은 다시 이집트의 도인으로부터 아틀란티스에 관한 이야기를 들었다고 한다. 그러니 이 과정에서 얼마나 많이 부풀려졌겠는가? 설사 전해 오는 이런 이야기들이 사실이라고 하더라도 플라톤이 살았던 시기보다 몇천 년 전에 일어난 사건이다. 오늘날 아틀란티스 전설 옹호자들은 아틀란티스가 예전에 실존했다는 그들의 주장을 뒷받침하기 위해 다음과 같은 증거들을 제시하고 있다.

첫째, 이집트와 중남부 아메리카에 산재해 있는 피라미드의 형태가 서로 비슷한 것은 고도로 발달된 아틀란티스 문명이 대서양 오른쪽의 이집트와 왼쪽의 중남부 아메리카로 옮겨 간 것이라고 한다. 그러나 일부 고고학자들은 그것이 다른 문화권에서 독립적으로 발달된 것이라고 반박하고 있다. 둘째, 대서양에 있는 아조레스, 버뮤다, 바하마 제도 등을 비롯한 대서양의 섬들이 아틀란티스 대륙이 가라앉고 남은 땅이라고 주장하는데, 실제로도 이 지역의 바다 수심이 태평양이나 인도양보다 훨씬 낮은 것으로 알려져 있다. 이에 대해 전설을 인정하지 않으려는 학자들은, 지질학적으로 대륙지각은 주로 화강암질로 구성되어 있으나 이곳을 시추해 본 결과 기존의 해양지각과 같은 성분이라고 반박하고 있다.

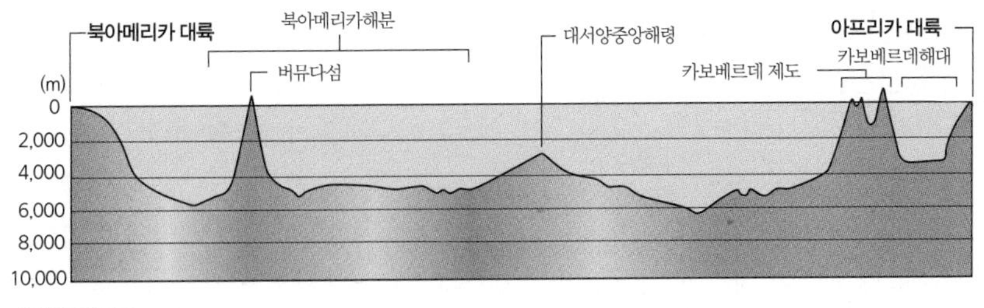

대서양 단면도

아틀란티스 대륙이 실제로 존재했다면 과연 그 위치는 어디쯤일까? 수많은 사람들이 아틀란티스 대륙의 존재와 위치에 대해 다양하게 주장했으며, 그중에 대서양에 있었다는 주장이 가장 많지만, 지중해에 위치했다는 주장도 만만치 않다. 어떤 이는 태평양 한가운데 있었다는 주장도 했지만 별로 신뢰성이 없어 보인다. 그 때문에 많은 탐험가들이 대서양을 진지하게 탐사했고, 아메리카 대륙이 발견되자 이곳이 아틀란티스라고 해석하는 사람도 많았다. 1871년 독일의 슐리만(Heinrich Schliemann, 1822~1890)이 트로이유적을 발견하고, 1901년 영국의 에번스(Arthur Evans, 1851~1941)가 크레타섬에서 미노아 문명을 발견하자 아틀란티스에 대해 관심이 더욱 고조되었다.

오늘날 고고학계에서는 아틀란티스 대륙을 가공의 대륙으로 간주하거나, 아니면 청동기시대의 크레타섬에서 번성한 미노아 문명의 영화를 우화적으로 표현한 것으로 간주하는 견해가 일반적이다. 아틀란티스와 비슷한 지명은 의외로 많은 편이다. 아프리카 북서부에 동서로 뻗어 있는 아틀라스산맥, 미국의 애틀랜틱시티, 대서양의 영어 이름(Atlantic Ocean) 등이다. 아무튼 신의 벌을 받아 침몰했다는 낙토 아틀란티스의 이야기는 지구가 멸망할 때까지 이야깃거리로 남을 것이다.

지구는 6반구로 나누어진다
-지구의 구분

지구를 크게 구분할 때 반구라는 말을 자주 사용하는데, 이때 대륙이나 해양의 경계는 관계가 없다. 반구는 지구의 반쪽을 의미하는데, 어느 쪽으로 나누느냐에 따라 붙이는 이름도 달라진다. 동서로 나눌 때는 동반구와 서반구, 남북으로 나눌 때는 남반구와 북반구, 물과 뭍으로 나눌 때는 수반구와 육반구 등 6가지로 나눌 수 있다.

동반구는 영국의 그리니치천문대를 통과하는 본초자오선에서 동쪽 180°의 경선까지로 유럽, 아프리카, 아시아, 오스트레일리아 등이 포함되는 지역이다. 인구가 가장 많은 유라시아 대륙뿐만 아니라 남극 대륙의 반 이상, 서부 태평양, 인도양, 지중해, 북극해의 반, 대서양의 일부가 포함된다. 서반구에 비해 육지의 면적이 훨씬 넓으며, 대부분의 대륙이 여기에 분포한다. 문명의 발생도 오래되었으며, 주권국가의 수와 인구도 서반구에 비해 압도적으로 많다. 서반구는 지구의 서쪽 반으로 본초자오선에서 서쪽 180° 부분을 일컫는다. 남북아메리카와 태평양의 반쪽이 포함된다.

북반구는 적도 이북 지역으로 우리나라가 속한 지역이다. 남반구에 비해 육지가 현저하게 넓으며 전 육지의 67.4%를 차지한다. 온대와 냉대가 널리 분포하며, 미국, 러시아, 영국·프랑스·독일 등 전 유럽이 포함되고 인구도 많이 집중되어 있다. 적도 이남 지역인 남반구는 북반구에 비해 육지가 현저하게 적다. 남아메리카, 오스트레일리아, 남극 대륙, 아프리카의 남부, 마다가스카르섬, 보르네오섬, 뉴기니섬 등이 분포한다. 이들 대륙과 섬은 인구밀도가 극히 낮지만 인종은 많은 편이다. 흔히 남반구라고 할 때 남극 대륙을 대표하는 용어로 혼동하기도 하는데, 두 용어는 완전히 다르다. 북반구와 남반구는 계절이 정반대로 북반구가 여름이면 남반구는 겨울이 되고, 북반구가 춘분이면 남반구는 추분이 된다.

육반구는 지구를 수륙 분포에 의해 양분하였을 경우를 말하는데, 육지의 면적이 최대가 되도록 구분한 반구로 그 중심은 영국해협 인근이다. 육반구에서 육지와 해양의 면적 비는 47:53으로 대부분의 육지가 여기에 포함된다. 수반구는 육반구에 포함되지 않은 나머지 지역인데, 해양의 넓이가 최대로 넓어 일명 해반구(海半球)라고도 한다. 수반구의 중심은 뉴질랜드 남동쪽의 남위 48°, 서경 179°30' 부근이다. 이때 포함되는 육지는 오스트레일리아, 남극 대륙, 뉴기니섬, 인도네시아의 대부분, 필리핀, 남아메리카 남부, 태평양의 섬들에 불과하다. 수반구의 해양 넓이는 지구 해양 총넓이의 64%를 차지하며, 수반구 육지와 해양의 비는 1:9 정도가 된다.

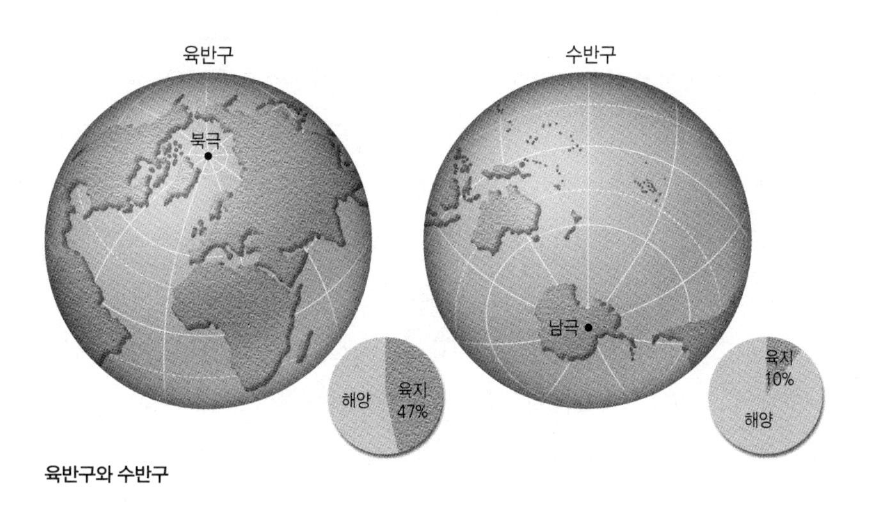

육반구와 수반구

태초의 바다는 어떻게 만들어졌을까
-바다의 생성

태초의 바다는 어떻게 만들어졌을까? 가장 일반적인 학설은 지구 내부에 포함되어 있던 수증기와 가스가 화산활동을 통해 지구 표면으로 흘러나온 시기부터라고 말한다. 원시 지구의 내부 물질이 표출되는 과정에서 엄청난 열과 휘발성 성분이 방출되기 시작하였다. 이런 일이 얼마나 오랫동안 일어났는지 알 수 없다. 시간이 흐르면서 원시 지구는 점차 온도가 내려가고 하늘에는 이산화탄소와 수증기가 점점 많아지면서 지구의 대기가 형성되었다. 지구가 이산화탄소와 수증기로 덮여 있었다는 사실은 매우 중요하다. 이산화탄소와 수증기는 온실효과를 일으키는 기체이기 때문이다. 만약 이러한 온실기체가 없었다면 이때 생긴 엄청난 열은 모두 우주 공간으로 날아가 버렸을지도 모른다. 다행스럽게도 지구에는 두터운 구름층이 형성되었고, 공기 중의 수증기가 물방울로 변하는 아주 중요한 일이 벌어졌다.

마침내 하늘을 뒤덮고 있던 검은 구름에서 비가 내리기 시작하였다. 지표 온도가 조금씩 내려가면서 펄펄 끓는 마그마(용암)의 바다는 점점 식기 시작하였다. 이런 일이 수백만 년 동안 지속되었을 것이다. 그런데 지구 최초로 내리기 시작한 이 비는 시원한 비가 아니라 300℃에 가까운 뜨거운 비였을 것으로 추측한다. 폭포수처럼 땅으로 쏟아진 이 뜨거운 비는 1300℃ 정도로 펄펄 끓는 땅 표면을 빠른 속도로 식혔다. 땅 표면이 식으면서 더 많은 수증기가 하늘로 올라갔다. 그리고 또 비가 내렸다. 땅은 더욱 식었고 더 많은 비가 내렸다. 이런 일이 얼마나 오랫동안 지속되었는지 아무도 모른다. 이때 내린 많은 비가 낮은 곳으로 모여서 큰 웅덩이가 형성되고 점점 발전하여 바다의 기초가 되었을 것으로 추측된다. 최초의 이 바닷물은 뜨겁고 염분이 없었으며 식초와 같은 산성이었다고 한다. 지구에는 이렇게 해서 바다가 생겼고, 맑게 갠 하늘이 생겼다. 만약 지구와 태양 간의 거리가 지금보다 더 가까웠거나 더 멀었다면 높은 온도나 차가운 기온으로 인해 수증기가 생성되지 않았을 것이다. 물론 바다도 생기지 않고 다른 행성처럼 사람이 살 수 없는 곳으로 변했을지도 모른다.

46억 년 전 지구를 비롯한 태양계의 모든 행성은 가스와 먼지로 이루어진 거대한 띠에 둘러싸여 있었다. 한마디로 물이 있기에는 너무나 뜨겁고 메마른 곳이었다고 한다. 과학자들이 생각한 한 가지 가능성은 혜성이 물을 실어 왔다는 설도 있다. 혜성에 엄청난 얼음이 포함되어 있다는 사실이 밝혀지면서 지구에 부딪힌 혜성이 얼음을 가져오고 그 얼음이 녹아 바다를 형성했다는 설도 있다. 지구상에서 가장 오래된 광물인 지르콘(zircon)은 메마른 지구에서 형성되었다기보다는 액체 상태의 물에서 형성된 것이라고 짐작하기도 한다. 따라서 초기 지구의 표면에는 이미 물이 있었다는 가설을 생각할 수 있다. 따라서 지구 생성 당시 먼지 알갱이에 물방울이 맺혔고, 그것이 현재 바다의 기원일 수 있다고 한다. 당시 지구의 주성분인 감람석(橄欖石, olivine)을 분석해 보면 현재 지구의 바닷물보다 10배나 많은 양이 나왔다고 한다. 초기 지구가 형성될 당시 이미 헤아릴 수 없을 만큼의 물이 있었다는 학설도 있다.

지구를 덮고 있는 바닷물
-바다와 해양

인공위성에서 찍은 지구의 모습을 보면 푸른색으로 보이기 때문에 지구(地球)보다는 해구(海球)라고 표현해야 더 알맞다는 생각이 든다. 사실 지구의 2/3 이상이 바다로 덮여 있다. 평소에도 지도를 보면 물의 영역이 대륙에 의해 분리되었다기보다는 대륙이 물에 둘러싸여 있다는 느낌이 든다. 바다는 지표면의 오목 분지 내에 들어가 있는 대규모의 염수를 나타내는데, 일반적으로 해양 또는 대양이라고 한다. 대양 밑에는 분지 모양으로 오목 들어간 해분(海盆)이 형성되어 있는데, 이것은 원래 하나의 대양분(大洋盆)으로 이루어져 있었지만, 대륙이 여러 개로 갈라지면서 오늘날과 같은 여러 개의 해분으로 나뉘었다.

지구가 뜨거운 불덩어리라는 것은 이미 잘 알려진 사실이다. 이 뜨거운 불덩어리를 바다가 감싸고 있는 것이다. 바닷물이 지구 속의 뜨거운 열기가 외부로 빠져나가려는 것을 막아 주는 지구의 외투 역할을 하는 셈이다. 지구 표면의 약 71%인 3억 6100만 ㎢가 바다이며, 그 총량은 13억 7000만 ㎦로 지구 총량의 98% 이상을 차지한다. 한편 바다의 평균 깊이는 4117m이고, 육지의 평균 고도는 약 840m이다. 만일 육지를 바다로 다 밀어 넣는다면 육지는 모두 물에 잠기고 평균 수심이 2400m가 된다. 이처럼 바다가 깊고 넓지만 바다의 부피는 지구 전체의 약 1/790에 지나지 않으며, 평균 깊이도 지구 반지름의 1/1680 정도밖에 안 된다. 만약 직경 30㎝ 크기의 지구의(地球儀) 위에 바다의 두께를 표시한다면 종이 한 장 정도 두께밖에 안 된다.

지구에는 태평양, 대서양, 인도양 등 3개의 큰 대양이 있으며, 이들 상호간의 경계는 주로 육지와 해저의 지형학적 경계에 의해 정해진다. 이들 삼대양은 남극해라 불리는 남극 대륙 주변의 바다와 연결되어 있다. 편의상 남극해를 세 부분으로 나누어 각각을 삼대양에 포함시키기도 한다. 이럴 경우 태평양은 전체 해양 면적의 46%를 차지하며, 대서양은 24%, 인도양은 20%를 차지한다. 우리나라 주변에는 동해, 황해, 남해 등 삼면이 바다로 둘러싸여 있어서 언제든지 바다로 나아갈 수 있다. 이러한 바다는 우리에게 대류 순환을 위한 수증기를 제공해 주고, 막대한 열에너지의 저장과 순환은 물론 대륙붕, 개펄 등 다양한 형태로 먹거리를 제공해 준다.

해양과 대륙의 비는 남반구에서 4:1로 바다가 넓고, 북반구에서도 3:2로 바다가 넓다. 지구의 표면을 위도 5° 간격으로 나누어 보면, 해양에 비해 대륙이 많은 지역은 유라시아 대륙이 위치한 북위 45~70°와 남극 대륙이 위치한 남위 70~90° 지역에 불과하다. 이 지역을 제외하고는 대륙에 비해 해양이 우세하게 분포한다. 특히 북위 84~90° 지역에는 육지가 전혀 없고, 남위 45~66° 지역에는 조그마한 섬들만 나타난다.

지구 표면에 소금물로 채워진 대양 이외에 짠물로 이루어진 카스피해나 사해도 바다로 분류하기도 하지만 엄밀하게는 호수이다. 바닷물의 어는점은 평균 섭씨 −1.91℃로 담수보다 낮지만 캐나다, 러시아 등 한대기후 지역에 위치한 바다는 온대 지역보다 얼어붙기 쉽다. 바다는 지구상에 최초로 생명이 탄생한 곳이며 플랑크톤, 해조류, 어류, 포유류, 파충류, 갑각류 등의 많은 생명체가 살고 있다. 해양은 옛날부터 인간 생활과 밀접한 관계를 맺어 왔다. 삼면이 바다로 둘러싸이고 풍부한 수산자원을 가진 우리나라도 이루 헤아릴 수 없을 정도로 많은 혜택을 입고 있다.

바다 밑에도 산맥, 계곡, 들판이 있다
-해저의 생김새

바닷속의 지형은 1872~1876년 사이에 전 해양을 돌아다니면서 해저를 탐사한 영국왕립학회의 챌린저호(Challenger)로부터 조금씩 알려지기 시작하였다. 1912년 타이태닉호가 침몰되고 바다 밑에는 무엇이 있는지, 어떻게 생겼는지에 대해 궁금증을 가지게 되었다. 이 시기에 바닷속을 알아보는 대표적인 기계인 음파탐지기가 개발되었는데, 오늘날에는 다중빔음향측심기(multi-beam echo sounder) 등으로 발전하여 해양 조사에 이용되고 있다. 해저지형은 우리가 생활하고 있는 육지처럼 산, 계곡, 평야 등이 있으며 그 형태나 특성도 비슷하다. 하지만 바닷속의 지형은 육지에 비해 단순한 편이고 경사도 완만한 편이다. 이러한 바닷속의 지형은 깊이에 따라 다음과 같이 분류하기도 한다.

- 대륙붕: 육지와 가장 가까운 곳으로 깊이가 200m 미만이며, 경사가 급하지 않고 완만한 곳
- 대륙사면: 대륙붕에서 바다 쪽으로 연장된 지형으로 비교적 급한 경사의 해저

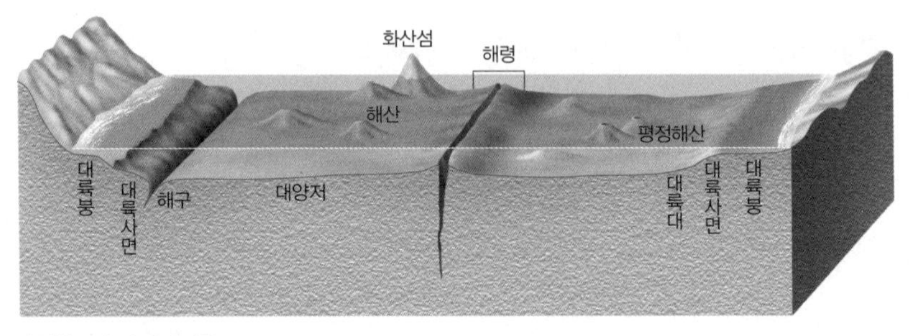

다양한 모습의 해저지형

- 해구: 수심 6000m 이상의 깊은 골짜기를 말하며, 전 세계에 25~27개 정도가 분포함.
- 심해: 보통 수심이 200m 이상을 일컫지만, 수심 1000m 이상인 곳이 79%를 차지함.
- 대양저: 대륙붕에서 멀어지면서 급격히 깊어지다가 약 3000~6000m 깊이에 이르러서 나타나는 넓고 평평한 심해저 지형
- 해산, 해중산: 해면 밑의 4000~5000m 정도의 평탄한 대양저에서 화산으로 형성된 1000m 이상 우뚝 솟아 있는 지형
- 해분: 깊은 바다 밑에 있는 분지 모양으로 오목하게 들어간 지형
- 해령: 대양저에서 발견되는 암석 지형으로, 지각 아래에서 밀려 올라와 마치 산맥과 같은 모양을 하고 있는 곳
- 해팽: 해령보다 경사가 완만하고 기복이 적은 해저지형
- 평정해산: 바다 밑의 화산암체가 파도에 의해 정상부가 깎여 평탄해진 지형으로 기요(guyot)라고도 함.
- 대륙대: 대륙사면 하부에서 심해저까지 완만하게 내려가는 경사 지역

삼대양의 밑바닥에는 육지의 높은 산맥과 같은 바다 산맥과 봉우리가 연이어 있는데, 이를 해령이라고 부른다. 봉우리들은 육지의 산꼭대기처럼 한 점만 높이 솟아 있는 것이 아니라 산맥처럼 길게 이어져 있는 것이 특징이다. 이러한 해령은 지구 표면 아래에 있는 물질이 솟아나면서 조금씩 높아진 것이기 때문에 중심축에서 멀어질수록 점점 낮아진다. 대양의 해령은 대서양중앙해령, 인도양중앙해령, 동태평양해령, 태평양남극해령 등이 대표적이다.

이들 중 가장 많이 알려지고 규모가 큰 대서양중앙해령은 대서양의 남북축을 따라 뻗은 해저산맥으로 북극해에서 아프리카 최남단 부근까지 약 1만 6000㎞에 걸쳐 S자 곡선으로 뻗어 있다. 해령에서 좌우 두 대륙까지의 거리는 거의 비슷한데, 때때로 해면 위로 솟아올라 아조레스, 어센션(Ascension), 세인트헬레나(Saint Helena), 트리스탄다쿠냐(Tristan da Cunha), 아이슬란드 등의 섬을 만들었다. 특히 북대서양 맨 꼭대기에 위치한 아이슬란드는 국토 중앙부로 대서양중앙해령이 지나가면서 나라의 좌측은 북아메리카판이고, 우측은 유라시아판으로 나누어져 있어 항상 지진과 화산이 잦은 편이다.

지구상에서 가장 깊은 바다
-해구와 해연

해구는 대륙사면과 심해저의 경계를 따라 형성된 V자형의 깊은 골짜기로 보통 수심이 6000~1만 1000m 정도 된다. 이곳은 해양에서 가장 깊은 곳으로 늘 지진과 화산이 많이 발생한다. 일반적으로 4~16° 정도의 경사를 이루지만, 남태평양 적도 부근의 통가해구는 경사가 45°로 매우 가파르다. 해구에서 가장 깊은 곳을 해연이라 하는데, 괌 우측에 위치한 챌린저해연(Challenger Deep, 발견 당시 1만 893m)과 비티아즈해연(Vityaz Deep, 발견 당시 1만 1034m) 등이 가장 깊다고 알려져 있다. 챌린저해연의 경우 1951년 영국의 해양조사선 챌린저호가 발견하였으며, 비티아즈해연은 1957년 소련의 비티아즈 탐사선이 측정하였고, 1960년에는 심해잠수정 트리에스테 2호(Trieste II)가 챌린저해연의 1만 916m 부근까지 도달하였다고 한다.

지구상에는 20개의 주요 해구가 있으며, 3개의 해구를 제외한 나머지는 모두 태평양에 위치해 있다. 특히 북태평양 서쪽에 많이 분포하는데 그 깊이는 마리아나해구 1만 1034m, 통가해구 1만 882m, 쿠릴-캄차카 해구 1만 542m, 필리핀해구 1만 542m 등이며, 이 밖에도 일본해구, 페루-칠레 해구 등이 깊은 편이다. 이들 중에 가장 유명한 마리아나해구는 마리아나 제도의 동쪽에서 남북 방향의 화산열도를 따라 반달 모양으로 뻗어 있으며 길이가 무려 2550㎞이고, 평균 너비 70㎞, 평균 수심은 7000~8000m 정도 된다. 그 외 태평양에 멘도시노해구, 머리해구, 몰로카이해구, 클라리온해구, 클리퍼턴해구, 엘타닌해구, 이스트퍼시픽라이즈해구 등이 분포한다.

중요 해구

해구 이름	위치	최고 수심(m)
마리아나해구	태평양	11,034
통가해구	태평양	10,882
쿠릴-캄차카 해구	태평양	10,542
필리핀해구	태평양	10,542
커마텍해구	태평양	10,047
일본해구	태평양	9,810
푸에르토리코해구	대서양	8,385
사우스샌드위치해구	태평양	8,264
페루-칠레 해구	태평양	8,065

태평양을 제외한 나머지 해역에는 대서양의 카리브 제도 북부에 푸에르토리코 해구 8385m, 인도양 인도네시아 남부의 자바해구 7450m, 알류샨해구 7822m, 남아메리카와 남극 대륙 사이의 드레이크해 동부의 사우스샌드위치해구도 8264m로 깊은 편이다. 해구는 보통 두 개의 해양지각판 또는 하나의 해양지각판과 하나의 대륙지각판이 만나는 부분에서 생긴다. 이러한 곳은 두 판이 부딪히면서 하나의 판이 다른 판 아래로 겹쳐 들어가는 현상이 발생하는데, 이를 섭입(攝入) 현상이라고 한다. 이때 해구가 생기며 육지에서는 화산이 폭발하기도 한다.

산호의 유해가 만든 섬
-산호섬

화산에 의해 새로운 땅이 만들어지기도 하지만 바다에서 자라는 산호에 의해 새로운 섬이 생기기도 한다. 지구에 산호가 나타난 것이 약 4억 5000만 년 전이므로 산호섬은 약 4억 년 전쯤부터 생겼을 것으로 추정한다. 산호는 아주 느리게 성장하는데, 축구공 크기의 산호초로 성장하려면 20년가량 걸린다고 하므로 하나의 섬으로 생성되려면 수백 내지 수천 년이 걸릴 것으로 생각된다. 1842년 영국의 찰스 다윈은 산호초를 거초(fringing reef), 보초(barrier reef), 환초(atoll) 세 가지로 분류하였으며, 그 분류는 지금도 사용되고 있다.

거초는 바다 해안선을 따라 얕은 바다에서 발달하고, 보초는 해안에서 조금 떨

산호섬

어진 앞바다에 생기며, 환초는 성장하던 산호초의 중심부가 물에 잠기면 가장자리에 둥근 반지 모양으로 형성되는 것을 일컫는다. 산호는 나뭇가지 모양으로 보여도 사실은 자포동물(cnidaria)에 속하는데, 이들은 촉수를 이용하여 먹이를 잡아먹는다. 그러나 산호는 몸이 단단한 석회질로 되어 있다는 점이 다른 자포동물과는 구별된다. 산호는 그리 깊지 않은 따뜻한 바다에서 물속에 녹아 있는 석회질을 흡수해 단단한 골격을 형성하면서 자라난다.

산호섬은 융기와 퇴적에 의해 형성되는데, 융기에 의해 만들어진 것은 인도양 서부의 알다브라(Aldabra) 제도를 들 수 있다. 즉 지각변동이 일어나서 산호초 지대가 바다 위로 올라와서 섬으로 만들어지는 것이다. 퇴적으로 생기는 산호섬은 주로 폭풍이나 파도에 의해 떨어져 나온 산호초 조각들이 쌓여서 만들어지지만, 정상적인 해류나 파도에 의해 여러 가지 물질들이 퇴적하여 생기는 경우도 있다. 비가 내리면 죽은 산호로부터 석회가 녹아 나와 다른 산호초 위에 침적되고 서로 단단히 묶이게 된다. 그리고 산호섬 위는 곧 동식물로 채워지고, 이들의 잔해나 시체 위에 모래가 쌓여 섬으로 변한다. 태평양 중남부의 산호섬과 인도양 몰디브 제도의 많은 섬이 이와 같은 과정을 통해 만들어졌다고 한다. 한편 태풍은 산호섬에 여

10대 산호초

산호초 이름	위치	면적(㎢)	섬 면적(㎢)	높이(m)
사야데말하뱅크	서인도양	35,000		7.0
란스다운뱅크	서뉴칼레도니아	21,000		3.7
그레이트차고스뱅크	인도양	12,642	4.5	
리드뱅크	남중국해	8,866		9.0
매클스필드뱅크	남중국해	6,448		9.2
노스뱅크	서인도양	5,800		10.0
로절린드뱅크	카리브해	4,500		7.3
보두시레이드훈매시 환초	몰디브	3,850	51.0	
체스터필드 제도	뉴칼레도니아	3,500	10.0	
후바드후 환초	몰디브	3,152	38.5	

러 가지 물질을 재침전시켜 산호섬의 생성을 돕기도 하지만 손상시키거나 파괴시키기도 한다.

오스트레일리아 북동쪽 해안 앞바다에는 수많은 산호초와 환초섬이 널려 있는데, 이곳에는 갖가지 빛깔의 열대어, 상어, 해삼 등 수많은 바다 생물이 번식하고 있다. 남북으로 길게 뻗은 이 산호초 지대를 대보초(大堡礁) 또는 그레이트배리어리프(Great Barrier Reef)라고 부른다. 이곳은 세계 최대의 산호초 지대로서 면적은 20만 ㎢가 넘고, 길이는 2000㎞에 달하며 3000여 개의 암초와 900여 개의 섬으로 이루어져 있다. 최소 350종에 이르는 산호 외에도 말미잘, 연충(蠕蟲), 복족류(腹足類), 대하(大蝦), 가재류, 참새우, 게 등 무수한 종류의 물고기와 새가 서식한다. 대보초 지대는 인공위성에서도 관찰할 수 있는 대자연의 구조물이며, 1983년에 국립해양공원으로 지정되었다. 대보초는 살아 있는 생물들이 쌓아 올린 세계 최대의 작품으로 유네스코가 지정한 가장 큰 세계자연유산이기도 하다.

해저에도 화산이 분출한다
-화산섬

해저화산이 폭발하면서 솟아 나온 용암과 화산재 등이 쌓이면서 생긴 섬을 화산섬이라고 말하는데, 일반적으로 하나의 화산섬으로 생성되기도 하지만 여러 군데 솟아나서 군도(제도)로 이루어지기도 한다. 지구상에 형성된 화산섬은 필리핀 제도, 인도네시아 제도(주로 수마트라섬과 자바섬에 집중), 하와이 제도, 피지 제도, 괌, 사이판, 솔로몬 제도, 아이슬란드, 카리브해의 소앤틸리스 제도, 제주도, 갈라파고스 제도 등으로 곳곳에 널려 있다. 세계의 화산은 대체로 환태평양화산대인 알류샨 열도, 일본 열도, 필리핀 군도, 솔로몬 제도, 뉴질랜드를 거쳐 중남아메리카의 서해안, 북아메리카 연안으로 이어지는 띠 모양을 이루고 있다.

즉 태평양을 사이에 두고 남북아메리카를 지나 알래스카, 일본과 동남아시아 등이 하나의 고리로 연결되어 있는 셈이다. 이 화산대에는 세계 화산의 약 60%가 모여 있어서 자연스럽게 화산섬도 많은 편이다. 지구상에서 일어나는 활화산의 70~80%를 차지하는 이 지역은 환태평양조산대와 환태평양지진대가 서로 일치한다. 지질학자들은 지각이 가장 불안정하고 약한 환태평양화산대를 '불의 고리(Ring of fire)'라고 부르며, 이 지역은 세계 주요 지진대와 화산대가 중첩된 지역이다. 동시에 판구조론에서 말하는 지각을 덮는 여러 판 중 가장 큰 판인 태평양판의 가장자리가 환태평양화산대이다.

화산섬이란 섬 전체 또는 대부분이 해저화산의 분출물이 쌓여 이루어진 섬으로서 다른 섬들에 비해 키가 큰 편이다. 일례로 울릉도 성인봉의 높이가 984m이고 해저 깊이가 약 2000m에 달하므로, 울릉도 전체의 키는 약 3000m나 된다. 만약 동해의 바닷물이 모두 마른다면 울릉도는 3000m의 고봉이 되는 것이다. 8개의 큰 화산섬과 124개의 작은 섬으로 구성되어 있는 하와이도 마찬가지이다. 하와이의 마우나로아산(Mauna Loa, 4169m) 일대도 6000m대의 심해이므로 마우나로아산 주변에 물이 다 빠진다면 1만 m가 넘은 고봉이 되는 셈이다. 마우나로아산과 킬라우에아산(Kilauea, 1222m)은 지금도 2~3년마다 활발한 화산 활동을 한다. 특히 하와이의 화산섬들은 열점에 의해 생긴 화산섬이다.

유럽에서 두 번째로 큰 섬인 아이슬란드는 북아메리카판과 유라시아판의 경계에 위치하여 화산활동으로 생긴 섬이다. 동에서 서로 500㎞, 북에서 남으로 300㎞나 펼쳐져 있는데, 화산활동에 의해 주기적으로 지각변동이 일어나서 지금도 면적이 늘어나고 있는 땅덩어리이다. 아이슬란드 남쪽 32㎞ 앞바다에 1963년 새로운 화산섬이 탄생하였다. 이 섬을 '쉬르트세이(Surtsey)'라고 부르는데, 예로부터 아이슬란드에서 전해져 오는 '불의 신'을 뜻한다고 한다. 1963년 11월 14일, 아이슬란드 남부에 위치한 한 화산이 폭발하여 하늘이 화산재로 덮였다. 이때 생겨난 용암이 섬을 형성하였고, 그 뒤 화산이 다시 한 번 폭발하면서 용암이 또다시 덮여 표면이 더욱 두꺼워졌다. 이렇게 만들어진 섬은 4일 동안에 폭 600m, 높이 60m로 아주 빠르게 성장하였으며, 18개월 후부터는 녹색식물이 자라나고, 5년 후인 1968년경에는 40여 종의 곤충과 새들이 날아다니는 섬으로 변모하였다.

바다 밑에도 산이 있다
-해중산

해저에서 화산이 폭발하였지만 해면 위로 솟아오르지 못한 경우나, 해면으로 솟아올랐으나 파랑의 힘으로 다시 깎여 해수면 밑으로 내려간 것을 해중산이라고 한다. 1970년대 말까지 태평양에서 발견된 해중산의 수는 1만 개 이상 되며, 세계적으로는 거의 2만 개에 달하는 것으로 알려져 있다. 해중산의 꼭대기는 대부분이 원뿔꼴이며 옆면은 급경사를 이루고, 해중산 중 일부는 퇴적물에 덮여 있는 것도 발견된다. 주변 심해저 평원으로부터 솟아오른 대형 해저화산 가운데 1000m보다 규모가 조금 작은 것을 놀(knoll)이라고 하고, 해중산 가운데 꼭대기가 뾰족하지 않고 책상 위처럼 평평한 것을 평정해산 또는 기요(guyot)라고 한다. 기요의 대부분은 물위에 솟아 있던 화산섬이 침식에 의해 다시 물속으로 잠긴 것이다. 그러므로 기요의 꼭대기는 파도에 의해 침식되어 책상 위처럼 평평하며 주로 해면으로부터 1000~ 2000m 아래에 위치한다. 기요도 다른 해중산처럼 북태평양에 많이 분포하는데, 그 명칭은 18세기 스위스 태생의 미국 지질학자인 아널드 기요(Arnold Guyot, 1807~1884)에서 따온 것이다.

해중산은 주로 무리를 짓고 있거나, 황제해산군(Emperor Seamount Chain)처럼 일정한 방향으로 배열되어 있는 것이 특징이다. 황제해산군은 세계에서 가장 긴 해중산 사슬(산맥) 가운데 하나로 하와이 제도의 서쪽 끝에서 알류샨해구까지 뻗어 있다. 그래서 해양과학자들은 이것을 하와이 제도의 연장이라고 해석하기도 한다. 왜냐하면 이 사슬의 화산섬과 해중산의 나이가 북서쪽으로 갈수록 점점 많아

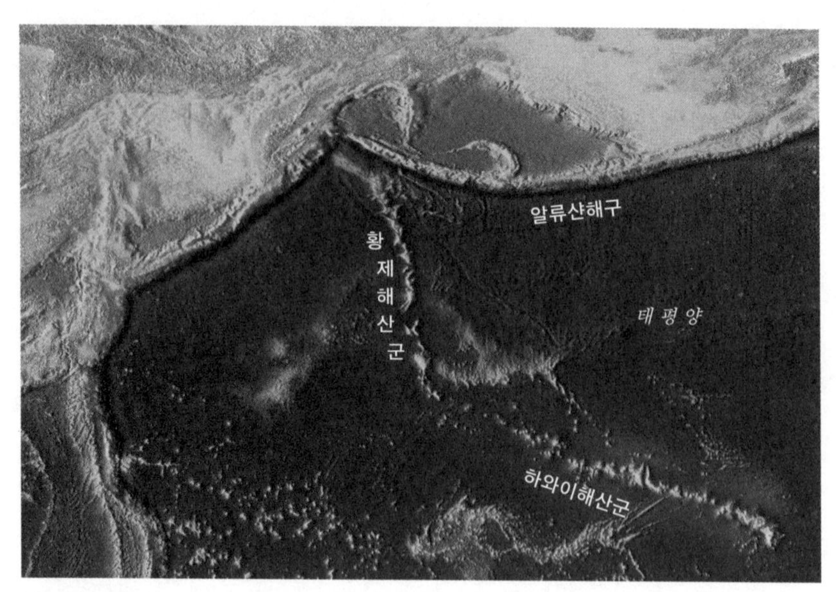

황제해산군의 규모

지기 때문이다. 이것은 황제해산군 사슬의 화산섬과 하와이 제도 사슬의 화산섬이 하나의 열점이 지나가면서 이루어졌다는 것을 의미한다. 가장 큰 해중산은 대서양 북동부에 있는 대 메테오르 기요(Great Meteor Tablemount)로서 해저로부터 높이가 4500m, 밑바닥의 폭이 100㎞ 이상 된다고 한다.

바다의 모래는 파랑이 만든다
- 모래의 생성

육지의 모래든 바다의 모래든 모두 바윗덩어리로부터 시작된다. 그러므로 모래는 처음부터 모래가 아니었다는 말이다. 모래는 잘게 부스러진 돌과 광물 입자를 이루는 알갱이로, 자갈보다는 입자가 작고 실트보다는 거친 편이다. 높은 산의 화강암 덩어리에서 깨어져 나온 큰 돌덩어리가 강을 타고 굴러 내려오다가 부딪히고 갈라지면서 점점 작아진다. 처음에는 웬만한 비에도 꿈쩍하지 않던 강바닥이나 계곡의 바위들이 큰비가 내리면 조금씩 하류로 움직이면서 점점 작아지기 시작한다. 그러는 동안 바위는 자갈로 변하며 더욱 작아지고, 수많은 돌멩이가 더 작게 부서지면서 모래가 된다. 바다에서도 마찬가지이다. 다만 바다의 모래는 해안의 파랑, 연안류, 바람 등으로 생성되는데, 지역에 따라 약간 다르지만 대부분의 모래는 석영(石英)이 주성분이다.

해변의 모래는 생성 여건에 따라 여러 가지 색상으로 나타난다. 하와이의 푸날루우 비치(Punalu'u Beach)는 검은 모래로 유명한데, 이것은 화산 폭발로 분출된 용암이 부서져서 형성된 것이다. 또 하와이 그린샌드 비치에는 녹색 모래가, 마우이섬 레드샌드 비치에는 빨간 모래가 유명하다. 대부분 해변의 모래가 희지만 오스트레일리아 하임스 비치(Hyams Beach)의 흰 모래는 특히 유명한데, 이곳의 모래는 세계에서 가장 흰 것으로 기네스북에 올라 있다고 한다. 미국 캘리포니아 비치에도 다양한 색상의 모래가 분포되어 있다.

모래는 굵기에 따라 지름이 0.02~2㎜인 암석 성분이나 광물 성분을 말하는데,

특히 지름이 0.2~2㎜의 것을 굵은 모래, 0.02~0.2㎜의 것을 잔모래라고 한다. 지름이 2~4㎜이면 왕모래, 지름이 1/16~2㎜이면 모래, 지름이 1/256~1/16㎜이면 미사, 지름이 1/256㎜ 이하이면 점토로 나누기도 한다. 또 모래는 쌓여 있는 장소에 따라 산모래·강모래·바닷모래 등으로 나뉘고, 강모래는 토목·건축 재료에 흔히 쓰이며, 콘크리트를 믹스할 때 사용되는 모래로는 석영모래가 좋은 편이다.

우리나라 동해안에는 모래 해변이 잘 발달되어 있는데, 이는 동해안으로 흐르는 하천의 길이가 짧아서 해안까지 쉽게 이동되기 때문이다. 또한 동해안은 큰 파랑이 잦은 관계로 해안의 암석이 잘게 부서지기 때문에 모래가 잘 형성된다. 동해안은 조류의 영향이 적기 때문에 해안에서 만들어진 모래의 정착이 용이하며, 바다에서 생긴 모래도 연안으로 이동되어 만 부근에 많이 퇴적되는 편이다. 이런 이유로 동해안에는 모래 해변이 잘 발달되어 있다.

모래시계

모래시계는 드라마 제목으로 더 잘 알려졌지만 오래전부터 실제로 시간을 재는 시계였다. 중력에 의해 서서히 아래로 떨어지는 모래의 부피로 시간을 재는 모래시계는 가운데가 잘록한 호리병 모양의 유리그릇 상반부에 마른 모래를 넣은 것이다. 모래시계는 8세기경 프랑스의 성직자 라우트프랑이 해시계와 물시계가 가지는 단점을 개선하고자 모래로 바꾸어 만들었다고 한다. 휴대용으로는 15세기에 처음 알려졌으며, 형태는 다르지만 지금까지도 쓰이고 있다. 모래시계는 측정 가능한 시간 간격에 따라 다양한 용도로 쓰였는데, 19세기까지 선상에서 당직 시간을 잴 때 사용하였고, 배의 속력을 재는 속도측정기에도 쓰였다. 또한 목사들이 설교 시간을 잴 때도 쓰였으며, 달걀을 삶을 때나 영국 의회의 상원에서 표결이 있을 때도 이용했다. 헝가리 부다페스트에 있는 세계에서 가장 큰 모래시계는 모래가 모두 내려가는 데 1년이 걸린다고 하는데, 같은 모델이 정동진역에도 설치되어 있다. 요즘에는 목욕탕 사우나에 들어가면 흔하게 볼 수 있는데, 시계라기보다는 타이머 기능이 더 강하다.

2장
바다 탐험

세계 최초의 항해 민족
-페니키아인

고대 페니키아는 오늘날의 레바논, 시리아, 이스라엘 북부로 이어지는 곳인데, 기원전 1200년경~기원후 900년경까지 해상무역이 활발한 나라였다. 역사적으로도 고대 지중해에서 노를 저어 항해하는 갤리선을 사용하였으며, 이를 통해 해상교역이 번성하였고, 지중해 각처에 식민도시를 건설하였다고 한다. 본거지인 시돈(Sidon)이나 티레(Tyre), 카르타고(Carthago), 키프로스(Kipros), 콜키스(Colchis), 사르디니아(Sardinia)에 식민지를 건설하였으며, 심지어 이베리아(Iberia)까지 진출하였다고 한다. 그래서 페니키아인들을 항해 민족이라 불렀다.

기원전 600년경, 이집트의 파라오 네코 2세(Necho II)는 아프리카가 완전히 바다에 둘러싸여 있다는 풍문을 듣게 되었고, 그는 페니키아 선원들을 고용해 이를 확인해 보려고 하였다. 해안선을 따라 항해를 시작한 페니키아인들은 약 1년간의 긴 항해 끝에 아프리카 서쪽 바다를 출발하여 동쪽으로 돌아오는 대역사를 완수하였지만 이 사실을 아무도 믿어 주지 않았다. 이는 당시 페니키아인과 경쟁관계였던 그리스의 학자나 역사가들이 이 주장을 터무니없다고 단정 지었기 때문이라고 한다. 또한 기원전 5세기경 카르타고인들은 3만여 명의 남녀를 배 60여 척에 태우고 아프리카의 서부 해안을 따라 감비아 또는 카메룬까지 탐험하면서 식민지도 건설하고 신전도 건설하였다고 한다. 이들의 여행 기록은 10세기경에 그리스어로 번역되어 『한노의 항해기(Periplus of Hanno)』로 남아 있다.

카르타고를 출발한 한노의 선단은 지브롤터해협을 지나 모로코 바닷가를 따라 남쪽으로 내려갔다. 오늘날의 카나리아 제도를 거쳐 모리타니를 지나 '악어와 하마가 가득한 넓은 하천'에 다다랐다고 기록하고 있는데, 이 강은 아마 세네갈강으로 추측된다. 그리고 그들은 '큰 숲이 있는 곶'을 돌아 항해했다는데, 이는 카보베르데(Cape Verde)의 베르데곶을 나타낸 듯하다. 그들은 여기서 멈추지 않았다. 더 남쪽으로 내려가서 현재 시에라리온의 어느 섬에 도착하였다고 한다. 여기서 야생인간(고릴라)을 만나서 포획하려고 했지만, 그들은 우리를 피해 도망갔다고 적혀 있다. 대체적으로 여기서 한노의 여행이 끝났다는 학자가 많지만 일부는 적도 부근인 카메룬까지 도달하였다는 견해도 있다.

한노의 항해 이후 서아프리카에는 카르타고의 식민지가 세워졌고, 이는 본국이 멸망한 이후에도 지속되어 5세기경부터 페니키아어가 사용되었다고 한다. 페니키아인들은 아프리카 서해안뿐만 아니라 대서양과 북해 쪽으로도 진출하였다. 카르타고의 항해사들은 주석 산지인 영국으로 가는 항해로를 알아냈고, 실제로 영국과 교역도 하였다고 한다. 더 나아가 이들이 발트해에서 호박을 사고팔았다는 기록도 찾아볼 수 있으며, 증거는 없지만 아메리카까지 진출했다는 설도 전해지고 있다. 아무튼 기원전부터 식민지를 건설하고 대륙을 따라 탐험한 민족이 아닌가 생각한다.

북유럽 바다를 장악한 노르드인
-바이킹

스칸디나비아반도에 살던 노르드인 중에 배를 타고 다니면서 마을을 습격하며 노략질하는 등의 해적 행위를 일삼은 무리를 바이킹(Viking)이라고 불렀다. 바이킹이란 단어의 어원은 고대 노르드어인 비킹그(víkingr)에서 유래되었으며, 그들이 사용한 언어도 북게르만어군이었다. 당시 언어는 지금의 덴마크어, 아이슬란드어, 노르웨이어, 스웨덴어로 나누어졌으며, 혈통은 게르만족의 일파인 노르드인으로 분류된다. 바이킹들은 고향인 스칸디나비아를 거점으로 8세기 말부터 11세기 말까지 약탈과 교역을 번갈아 가며 북유럽과 중유럽 일대를 활보하고 다녔다.

영어의 노스멘(Norsemen)이라는 명칭은 '북방에서 온 사람들(people from the North)'에서 유래되었다고 한다. 그들은 이웃하는 핀란드를 비롯하여 서쪽으로는 캐나다·그린란드, 동쪽으로는 핀란드·우크라이나·에스토니아까지 진출하여 북유럽 국가들을 만들고, 현지인과 결혼하여 자신들의 씨족사회를 만들어 나갔다. 예컨대 프랑스 해안에 정착해 살던 바이킹의 거주지가 오늘날의 노르망디이다. 바이킹은 해적질에서 얻은 경험을 살려 노르(knorr)라고 불리는 멋진 배를 만들었는데, 이 배는 풍랑이나 높은 파도에도 잘 견디는 구조로 건조되었다.

바이킹은 자국인 스칸디나비아는 물론 브리튼 제도, 아일랜드섬, 프랑스, 키예프 대공국, 시칠리아 등 광범위한 지역에 침공하였다. 이 시기에 바이킹은 군사적·상업적으로 많이 성장하였는데, 이 시기를 바이킹시대라고 한다. 바이킹은 뛰어난 항해술로 자국에서 멀리 떨어진 지중해 연안, 북아프리카, 중동, 중앙아시아에서까지 활동한 적도 있으며 북서 유럽, 러시아, 북대서양 도서, 멀리는 북아메리카 북동 해안에 이르기까지 각지에 도달해 정착하였다. 이 시기에 노르드 문화가 다른 지역에 보급되고 역으로 외래문화도 바이킹을 통해 스칸디나비아 지역에 많은 영향을 끼쳤다.

덴마크 출신 바이킹은 프리슬란트(Friesland), 프랑스, 잉글랜드 남쪽에 진출하였고, 스웨덴 출신 바이킹은 동쪽의 발트족과 슬라브족의 땅(발트해 연안, 러시아, 벨라루스, 우크라이나)에 진출해 류리크(Ryurik, ?~879)를 중심으로 최초의 슬라브 국가를 건설하였다. 또한 이 지역의 강을 따라 흑해, 콘스탄티노폴리스(현 이스탄불), 비잔티움 제국까지 진출하였다. 노르웨이 출신 바이킹은 주로 북서쪽과 서쪽으로 향해하여 페로 제도, 셰틀랜드 제도, 오크니 제도, 아일랜드, 영국 북부와 아이슬란드까지 진출하였다. 정말 대단한 민족임에 틀림없다.

노르웨이에서 태어나 아이슬란드에 살던 에이리크 라우디(Eiríkr rauði, 950~1005?)는 그린란드에 최초로 식민지를 개척하였다고 전한다. 그는 아이슬란드에서 280㎞ 정도 떨어진 서쪽으로 향하였는데, 그곳은 깎아지른 듯한 지형과 높은 파도로 접근하기가 어려웠다고 전하면서, 그린란드 남쪽으로 내려가서 다시 서북 방향의 콰코르톡(Qaqortoq)으로 상륙하여 정착하였다고 한다.

바이킹의 활동 중심지였던 덴마크의 헤데비(Hedeby)는 서유럽과 동유럽 교역 및 유럽과 서아시아 교역의 중심지였다. 스칸디나비아반도에서 가장 오래된 도시인 헤데비는 8세기 말에 세워졌으며, 노예와 모피·직물·철·무기를 비롯한 교역품의 거래가 활발한 곳이었다. 앵글로색슨 전기에 따르면, 789년 포틀랜드가 습격당한 것이 바이킹이 벌인 최초의 약탈이라고 하지만, 잉글랜드 동쪽 린디스판(Lindisfarne)에 있는 수도원이 약탈당한 793년으로 보는 견해도 있다. 수 세기가 흐르면서 유럽 전역에 자리를 잡은 바이킹은 약탈과 해적질을 무수히 하였을 것으로 생각된다. 이 시기부터 잉글랜드 영토의 대부분이 바이킹 영향권 아래에 들어갔을 것으로 추측한다. 바이킹은 지역적으로 멀리 떨어진 프랑스와 스페인도 점령하였

바이킹이 타고 활약했던 오세베르그선

을 뿐만 아니라 인근의 발트해 해안, 러시아, 우크라이나, 지중해, 카스피해까지 장악하였다.

1000년 전에 신대륙에 도착하다
-레이프 에이릭손

960년경 에이리크의 아버지는 살인 사건에 연루되어 전 가족이 모국인 노르웨이를 떠날 수밖에 없었다. 당시 북서쪽으로 항해하면 새로운 땅이 있다는 소문을 따라 항해하여 오늘날의 아이슬란드에 도착하였다. 이때 아이슬란드에는 이미 바이킹의 한 무리가 마을을 이루어 살고 있었다고 한다. 아이슬란드에서 살던 에이리크는 어릴 때 머리카락이 붉었기 때문에 붉은 에이리크라고 불렸는데, 에이리크 역시 982년에 살인 사건에 연루되어 아이슬란드에서 추방당할 처지가 되었다. 이 시기에 군비에른(Gunnbjörn)이라는 탐험가가 아이슬란드 서쪽에 큰 땅(그린란드)이 있다는 것을 보고한 바 있었다. 그래서 에이리크는 가족을 데리고 그린란드에 도착하였다. 그곳에서 3년간 탐사를 하였지만 사람이 살 만한 곳은 두 군데밖에 없었다고 한다. 그는 결혼하여 딸 프레이디스(Freydís)와 아들 레이프 에이릭손(Leifr Eiríksson), 토르발드(Þorvaldr), 토르스테인(Þorsteinn) 등을 두었다.

에이리크가 북아메리카의 위쪽인 그린란드에 도착하였으므로 분명 콜럼버스보다 500년 앞서 아메리카에 도착한 것은 맞다. 그러나 확실한 탐험은 그다음에 이루어졌다. 아이슬란드에서 태어난 에이리크의 첫아들인 레이프 에이릭손이 캐나다의 뉴펀들랜드에 도착한 것이다. 당시 그린란드에 살고 있던 뱌르니 헤롤프손(Bjarni Herjólfsson)이 새 땅을 발견했다는 이야기를 들은 에이릭손이 아이슬란드인 토르핀 카를세프니(Þórfinnr Karlsefni) 등과 함께 그곳을 찾아 나선 것이다.

그들이 발견한 땅은 지금의 뉴펀들랜드섬 북쪽 반도의 란세오메도스(L'Ance aux

Meadows) 근처로 당시는 빈란드(Vinland)라고 불렀다. 마침 1960년에 란세오메도스에서 바이킹 거주지가 발견되었다. 이것은 북아메리카의 발견이 콜럼버스 이전에 일어났다는 것을 증명하는 중요한 발견인 것이다. 최근에는 그들이 빈란드[오늘날 노바스코샤(Nova Scotia)]라고 불렀던 곳은 그들이 정착하기 위해 넓은 지역으로 들어가는 입구일 뿐이라고 주장하고 있다. 아무튼 레이프 에이릭손이 북아메리카 해안에 당도한 최초의 유럽인으로 보인다.

에이릭손은 986년 풍랑으로 빈란드에 갔던 아일랜드의 상인 뱌르니 헤롤프손을 통해 그곳(북아메리카)을 알게 되었다는 설도 있다. 헤롤프손이 처음 발견한 육지는 '납작한 바위의 땅'이라는 뜻을 가진 헬룰란드(Helluland, 오늘날 래브라도반도)였으며, 두 번째는 '숲속의 땅'인 마르클란드(Markland, 오늘날 뉴펀들랜드섬)로 보이며, 세 번째로 발견한 곳이 빈란드라 불렸던 것이다. 일설에는 헤롤프손을 진정한 북아메리카에 최초로 도착한 탐험가로 여기기도 한다. 에이릭손은 그의 형제들과 토르핀 카를세프니와 함께 몇 차례 더 빈란드를 방문했다고 한다.

어떤 학자들은 바이킹이 아메리카의 토박이가 되었다고도 하고, 어떤 이는 모두 인디언에게 죽임을 당했다고 말하기도 한다. 그러나 1964년 미국의 존슨 대통령이 레이프 에이릭손이 최초로 북아메리카 땅을 밟았다고 하며 그를 기념하기 위해 매년 10월 9일을 '레이프 에이릭손의 날'로 지정함으로써 레이프 에이릭손에게 신대륙의 발견자라는 타이틀이 공식적으로 인정되었다. 아메리카 식민화를 위해 활동한 노르드인 탐험가로 에이리크 라우디, 레이프 에이릭손, 토르발드 에이릭손, 프레이디스 에이릭스도티르, 군비에른 울프손, 뱌르니 헤롤프손, 토르핀 카를세프니 등이 많이 알려졌다.

덴마크의 얼음 땅

스칸디나비아를 떠난 사람들이 아이슬란드에 정착하고, 다시 아이슬란드를 떠난 사람들이 그린란드에 정착하고, 그들이 그린란드를 떠나서 캐나다의 빈란드에 도착하였다. 그러므로 아이슬란드와 그린란드는 노르드인(바이킹)의 북아메리카 발견의 가교 역할을 한 곳이다. 아이슬란드는 화산 폭발에 의해 생긴 무인도로서 874년 노르웨이로부터 첫 정착민이 들어오고 1262년 노르웨이령이 되었다. 1380년 덴마크의 지배하에 있다가 1814년 킬 조약(Treaty of Kiel)으로 덴마크령이 되었다. 1918년 12월 1일 아이슬란드는 덴마크 국왕과의 동군연합으로 독립국이 되었다가 1944년부터 지금까지 공화국으로 운영되고 있다.

세계에서 가장 큰 섬인 그린란드는 캐나다와 인접해 있는 관계로 지역적으로는 북아메리카에 속하지만, 정치적으로는 유럽에 속한다. 그러나 2009년 6월 21일에 제한적으로 독립을 선언하였지만 여전히 덴마크의 속령으로 국방 외교 등은 덴마크에 있다. 한반도의 20%밖에 되지 않는 덴마크가 아이슬란드와 그린란드 두 섬의 주인인 셈이다. 그린란드에 사람이 살기 시작한 것은 기원전 2500년 무렵으로, 이누이트가 정착해 살기 시작하였다. 이후 986년에는 에이리크에 의해 발견되었는데, 그는 자신이 발견한 땅에 많은 사람들이 이주하기를 바랐고, 이에 따라 섬의 이름을 '초록의 땅'이라는 뜻의 '그린란드'라 지었다. 이때부터 그린란드에 노르드인이 정착하기 시작하였다.

그러나 이들은 원주민인 이누이트족과 충돌이 잦았고, 수천 년간 살아오면서 그린란드의 빙설기후에 완벽히 적응한 이누이트족과 달리 기후에 적응하지 못하였다. 척박한 환경 속에서 인구 증가에 큰 어려움을 겪어서 수적으로 이누이트족에 밀릴 수밖에 없었다. 1379년 이누이트족의 습격을 받아 18명이 사망했는데, 당시 노르드인은 4000명 정도 되었다고 한다. 열악한 환경 속에서도 본토와의 교류를 통해 15세기까지 유지되었으나, 소빙기(小氷期)로 해안에 유빙이 생겨나면서 본토와의 교류가 어려웠고, 유럽에서 흑사병이 유행하면서 교류가 완전히 중단되었다. 결국 그린란드의 노르만족 거주지는 소멸되었다.

동방으로 가는 바닷길을 뚫다
-인도항로의 개척

15세기 말경에 해양 탐험이 시작되어 새로운 땅과 새로운 항로가 많이 개척되었는데, 이 시기를 '지리상의 대발견'이라고 표현한다. 첫 항해는 포르투갈에 의해 시작되었다. 당시 유럽에서는 동방으로 가서 향료를 구입하고 그곳에 기독교를 전파하려는 목적이 있었다. 또한 육류를 저장하고 맛을 내는 데 동양의 향료가 필수적이었다. 그중 가장 일반적인 것이 후추로, 주로 인도(당시는 동방으로 통칭)를 비롯한 동인도 제도에서 생산되었다. 그뿐만 아니라 동방에서 들여오는 향료인 후추, 계피, 생강, 정향 등을 가져오면 유럽에서 큰 이익이 보장되었기 때문에 너나없이 동방으로 가려고 하였다. 하지만 당시에는 바다를 통해 동방으로 가는 길이 보편화되어 있지 않았다.

육로는 아랍 상인이나 이탈리아 상인을 거치지 않고는 직접무역을 할 수 없었다. 아랍과 이탈리아 상인은 동방에서 넘어오는 물건을 지중해의 항구로 운반해 주고 높은 관세와 이익을 챙겼다. 그래서 바다로 나아가면 아랍 상인과 이탈리아 상인의 횡포도 피할 수 있고, 한꺼번에 많은 양을 가져올 수 있기 때문에 뱃길을 찾게 되었다. 그뿐만 아니라 항상 이슬람의 침입에 시달리던 포르투갈과 스페인은 이슬람에 대한 적개심으로 동방에 기독교를 전파해야 한다는 열망도 가지고 있었다.

포르투갈은 주앙 1세(John I, 1357~1433)하에 중앙집권적인 통일국가로 성장하였으며, 그때부터 동방 진출을 본격화하였다. 탐험을 주도한 엔히크(Henrique, 1394~1460)는 주앙 1세의 셋째 아들로 몸이 쇠약하고 뱃멀미를 하는 탓에 직접 배를 타지는 않았다. 그러나 이탈리아를 비롯한 유럽 각지에서 항해사와 조선 기술자를 모집하여 선박을 개량하고 대서양 및 아프리카 서해안에 시험 항해를 시키는 동시에 고대의 지리서, 지도, 항해 관계 서적을 수집하였다. 또한 포르투갈 남부 사그레스(Sagres)에 항해연구소 겸 해양학교를 설립하여 바다로 나아가려는 사람들을 교육시키고, 수집한 자료를 바탕으로 대륙의 해안선 지도를 고쳤으며, 항해용 배도 만들었다. 이러한 것들이 포르투갈의 국력으로 작용하여 해양왕국으로 발전하는 계기가 되었다.

바르톨로메우 디아스(Bartholomeu Dias, 1450~1500)는 선조 때부터 항해가로 이름을 날린 가문 출신이었다. 1487년 8월 아프리카를 일주하라는 주앙 2세(John II, 1455~1495)의 명을 받고, 50톤짜리 배 두 척으로 아프리카 서해안을 따라 남쪽으로 내려갔다. 도중에 풍랑을 만나 계획한 항로를 지나쳤지만, 돌아오는 길에 아프리카 최남단의 희망봉을 발견하고 '폭풍의 곶'이라 이름 지었는데, 이는 나중에 불길한 명칭이라는 이유로 주앙 2세에 의해 '희망봉'으로 바뀌었다고 한다. 디아스의 희망봉 발견은 뒷날 인도항로 발견의 중요한 전환점이 되었다. 16개월에 걸친 항해를 마치고 이듬해 12월 리스본으로 귀항한 디아스는 그 뒤 아프리카를 상대로 무역업에 종사하였다. 1497년 바스쿠 다가마(Vasco da Gama, 1469~1524)와 함께 인도항로 발견에 동참하였지만, 1500년 카브랄(Pedro Cabral, 1467?~1520)의 인도 항해에 따라나섰다가 희망봉 부근에서 폭풍우를 만나 실종되었다.

바스쿠 다가마는 1497~1499년, 1502~1503년, 1524년 등 세 차례에 걸쳐 인도를 항해한 '인도항로의 발견자'이다. 첫 항해는 1497년 7월 상가브리엘호, 상라파엘호, 카라벨 베리오호, 수송선 등 4척의 배에 170명을 태우고 리스본을 출발하여 11월 말에 희망봉을 돌아 이듬해 초에 아프리카 동해안 말린디에 도착하였다. 여기에서 아라비아의 뱃길 안내인을 고용하여 아라비아해를 횡단하고 1498년 5월 20일에 목적지인 인도의 캘리컷(코지코드의 옛 이름)에 도달하였다.

왕의 측근 귀족인 카브랄은 인도로 가기 위해 13척의 함정을 지휘하는 총사령관

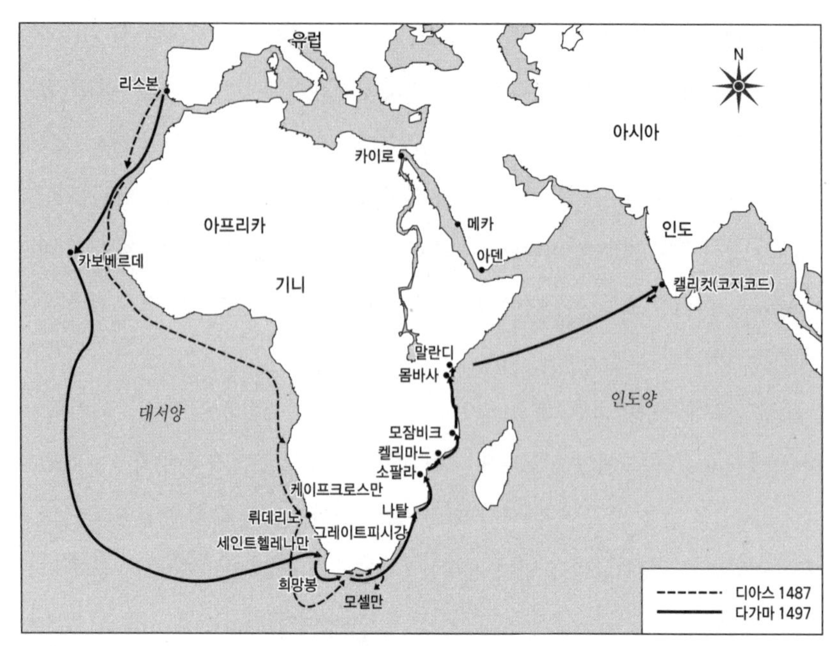

초기의 탐험 1485년부터 유럽인들이 아프리카 서해안을 탐험하였지만, 1487년 포르투갈의 바르톨로메우 디아스와 1497년 바스쿠 다가마에 의해서야 본격적인 탐험이 시작되었다.

으로 임명되어 1500년 3월 9일 리스본을 떠났다. 바스쿠 다가마의 첫 항해 때 겪은 바람이 많은 기니만을 피해 남서쪽으로 나아갔다가, 1494년 스페인과 맺은 토르데시야스 조약에 따라 포르투갈 영토가 된 남아메리카 해안 쪽으로 붙어서 항해하였다. 이 항로를 훗날 '브라질 우회로'라고 불렀다. 4월 22일에 해안을 따라 내려가면서 육지를 발견하고 '진정한 십자가의 섬(Island of the True Cross)'이라고 명명하였다.

나중에 포르투갈의 마누엘 1세(Manuel I, 1469~1521)가 '성 십자가(Holy Cross)'라고 개명한 이 나라는 지금의 브라질이다. 결국 그곳에서 발견된 염료 나무인 파우브라실(pau-brasil)의 이름을 따서 오늘날의 브라질이라는 이름을 갖게 되었다. 카브랄은 10일간 브라질에 머물고 인도로 떠난다고 자국의 왕에게 소식을 전하기 위해 배 한 척을 보냈다. 카브랄은 1500년 9월 13일 인도 캘리컷에 도착하였으며,

1501년 6월 23일 포르투갈로 돌아왔을 때는 4척의 배뿐이었다. 카브랄이 탄생한 지 500년이 되는 1968년에 브라질과 포르투갈은 합동 축제를 벌이고 카브랄을 함대 사령관으로 추모하였으며, 리우데자네이루와 리스본에는 그를 기리는 기념비가 세워져 있다.

이후 포르투갈의 탐험 선단은 인도에 자주 모습을 나타냈는데, 이때부터 포르투갈인과 이슬람계 상인의 상권을 둘러싼 갈등이 시작되었다. 당시 이 지역의 상권을 독점하고 있던 이슬람계 상인은 자신들의 생활 터전을 위협하는 포르투갈의 진출에 민감하게 반응하였다. 그러나 포르투갈의 인도 총독들은 인도 근해에 출몰하는 이슬람계의 해군을 격파하고 땅을 점령하는 등 그곳을 동방무역의 전진기지로 삼으려고 했다. 그들은 계속해서 말라카를 점령하고 1517년에는 중국에 진출하여 마카오를 점령하였고, 1543년에는 일본과도 통상을 시작하였다. 이렇게 해서 포르투갈은 16세기 전기에 동방무역을 독점하여 거대한 부를 얻었으며, 수도 리스본은 한때 세계 상업의 중심지가 되었다.

대서양을 건너 신대륙에 도착하다
-아메리카의 발견

콜럼버스는 당시 해상 활동이 활발히 전개되던 도시국가인 이탈리아 제노바 부근에서 태어나 어릴 적부터 항해에 대한 꿈을 가지고 있었다. 1478년 포르투갈로 건너간 콜럼버스는 삼각돛을 단 범선을 타고 지중해의 여러 항구를 돌아다니는 뱃사람으로 출발하였다. 장사와 항해술에 뛰어난 콜럼버스는 먼바다에 대한 정보를 익히고 라틴어와 스페인어를 틈틈이 배웠다. 그뿐만 아니라 해도를 제작하고 판매하면서 서쪽 항로 개척에 대한 열정도 키웠다. 또한 피렌체의 지리학자 토스카넬리(Paolo Toscanelli, 1397~1482)의 이야기를 듣고 15세기의 신학설인 지구구체설에 감명을 받아 더욱더 서쪽으로 항해해 보려고 마음을 굳혔다.

1484년 콜럼버스는 당시 활발한 해양 진출을 도모하던 포르투갈 국왕 주앙 2세에게 자기가 서쪽으로 탐험할 것을 제안하면서 발견된 토지에 대한 권리를 요구하였으나 거절당하였다. 영국, 프랑스 왕에게도 거절당한 끝에 마침내 1492년에 스페인의 이사벨 1세(Isabel I, 1451~1504)에게 동의를 얻어 재정적인 지원을 받을 수 있었다. 당시 스페인 왕국(아라곤과 카스티야 왕국이 통합되어 성립)은 그라나다를 함락시키고 막 국내 통일을 완성한 뒤였다. 하지만 포르투갈은 이미 1488년에 희망봉을 다녀왔을 때였다. 동방 진출이 늦었다고 생각한 스페인으로서는 콜럼버스가 서쪽으로 항해하여 인도로 가겠다고 제안한 계획에 모든 것을 걸 수밖에 없었다.

당시 콜럼버스의 탐험을 가능하게 했던 요인을 정리하면 다음과 같다.

첫째, 지구의 6/7을 육지로 생각하였기 때문에 좁은 바다로 항해하면 훨씬 빨리 인도에 도착할 것이라고 추측하였다. 당시는 넓은 태평양에 대한 지식이 없었던 때였고, 천문학자이며 지리학자인 프톨레마이오스(Ptolemaeos)의 세계지도에도 인도양이 유럽과 아주 가까운 내해로 표기되어 있었기 때문에 서쪽으로 돌아가면 인도에 금방 도착할 것으로 생각했던 것이다.

둘째, 콜럼버스의 용기와 출세 의욕, 돈벌이에 대한 욕심을 들 수 있다.

셋째, 그리스의 학자인 포시도니우스(Posidonius)는 지구 둘레 값을 2만 8800㎞(실제 약 4만 ㎞)로, 실제보다 작게 계산했다.

넷째, 1474년에 토스카넬리로부터 받은 한 장의 편지와 지도이다.

다섯째, 넓은 땅에서 부유하게 사는 동방으로 가면 금은보화를 가져올 수 있다는 마르코 폴로(Marco Polo, 1254~1324)의 『동방견문록』이 크게 영향을 미쳤다.

여섯째, 스페인 이사벨 여왕의 동방 진출 의지이다.

이 외에도 그 시대가 품고 있던 미지의 땅에 대한 정치적·경제적·사회적인 궁금증이 그를 바다로 내몰았을 것이다. 또한 십자군 원정의 실패로 인도에서 들여오던 향신료가 이슬람 세력에 의해 차단되었기 때문이기도 하다.

1492년 8월, 콜럼버스는 산타마리아호, 핀타호, 니나호 등 3척의 배에 120명의 선원을 이끌고 인도로 가기 위해 팔로스항을 출발하여 서쪽으로 향했다. 그의 선단은 온갖 고난을 극복하고 9월 12일 한 섬에 도착했는데, 원주민들이 '과니하니'라고 부르는 섬이었다고 한다. 콜럼버스는 그 섬을 '산살바도르(San Salvador: 성스러운 구세주)'라고 이름 지었다. 끝없는 항해로 절망에 빠진 선원들에게 구세주와 같은 섬이었기 때문이다. 그 후 산토도밍고와 쿠바를 차례로 발견하고, 산토도밍고에 '나비다드(Navidad: 성탄절)'라는 성채를 구축하였다. 이곳이 유럽인들이 아메리카에 세운 최초의 거점인 셈이다. 1493년 4월 그는 향료 대신 금속 제품, 앵무새, 담배 등 신기한 물건을 싣고 원주민 몇 명을 데리고서 바르셀로나항으로 개선하여 대대적인 환영을 받았다. 콜럼버스는 이때 인도에 다녀온 것으로 생각하였지만 사실은 중앙아메리카에 다녀온 것이다.

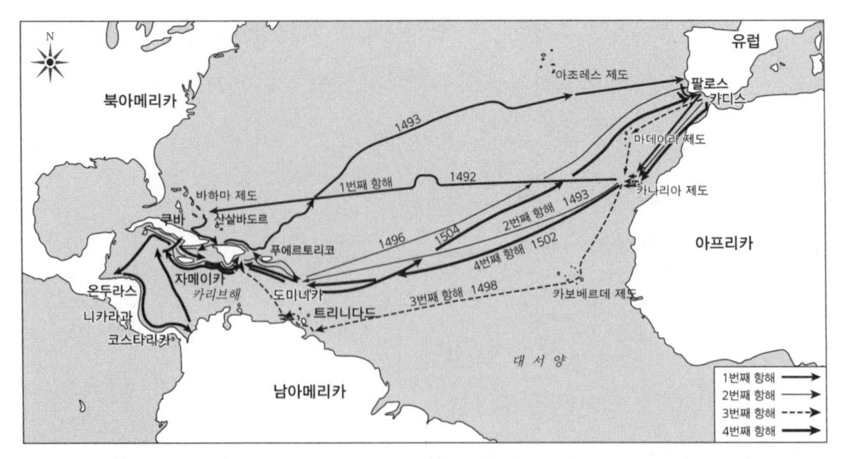

콜럼버스의 항해로 첫 번째 항해는 1492년 8월 3일 팔로스항을 떠나 1493년 3월 15일에 귀향, 두 번째 항해는 1493년 9월 25일 카디스를 출항, 1494년 9월 하순에 이사벨라에 도착, 1496년 6월 11일 인디오 30명을 태우고 귀국. 세 번째 항해는 1498년 5월 30일 산루카스항을 떠나 산토노밍고에서 체포, 감금되어 1500년 10월 본국으로 소환. 마지막 항해는 1502년 5월 9일 카디스 출발, 1504년 11월 7일 산루카르에 귀착.

콜럼버스는 포교, 무역 전진기지 건설, 금광 발굴, 식민지 개척 등의 임무를 띠고 1500여 명에 이르는 인원과 17척의 대선단을 이끌고 두 번째 항해를 시작하였다. 곧 3차 항해, 4차 항해도 이어졌다. 그러나 강력한 후원자였던 이사벨 여왕이 사망하자 콜럼버스도 점차 그 영향력을 잃어 갔으며, 1506년 56세를 일기로 쓸쓸한 최후를 맞았다. 콜럼버스의 유해는 유언에 따라 그가 처음 도착해 건설한 산토도밍고 성당에 안치되었다가, 1899년 스페인 남부의 세비야로 이장되었다. 그가 사망함으로써 신대륙에는 '발견자의 시대'가 끝나고 '정복자의 시대'가 열렸다. 다시 말해 원주민의 땅과 종족이 산산조각 나고 유린당하는 수탈의 역사가 시작된 것이다.

인디언의 유래

1492년 콜럼버스가 처음 발을 디딘 곳은 동방의 인도가 아니라 지금의 중남미 카리브 연안(산살바도르)이었다. 사람들은 콜럼버스가 인도에 다녀온 줄 알고 이 지역을 서인도 제도라고 불렀으며, 그곳의 원주민들도 인도인으로 생각하였다. 그로 인해 신대륙의 원주민은 자신들의 의지와는 관계없이 '인디언(인도인)'이 되었다. 훗날 인디언은 아메리칸 인디언으로 고쳐 불렸으며, 지금은 국제적으로 아메리카 원주민이라 부르고 있다. 콜럼버스가 도달한 인도(아메리카)에는 이미 많은 원주민이 독자적인 문명을 형성하여 살아가고 있었으므로 그가 처음 이 대륙을 발견했다는 말은 엄밀히 따지면 잘못된 것이다. 현재 아메리카 원주민은 9월 12일이 '콜럼버스의 날(아메리카 발견일)'이 아니라고 주장하고 있으며, 콜럼버스의 아메리카 발견 500주년이 되던 1992년의 축하 행사 때는 주최측과 원주민 사이에 마찰도 있었다. 한편, 노르웨이인 레이프 에이릭손은 지금으로부터 1000년 전에 이미 북아메리카 일대에 도착했었다.

지구를 한 바퀴 돈 사나이
-세계 일주

마젤란(Ferdinand Magellan, 1480?~1521)은 포르투갈 귀족 출신의 항해가이자 탐험가로 어린 시절을 포르투갈의 리스본에서 보냈다. 자국의 함대에 근무할 때 인도네시아 몰루카 제도 등 동방을 탐험하며 장사를 하고 많은 경험을 쌓은 결과 1512년에는 함장의 위치에 올랐다. 그러나 포르투갈의 마누엘 1세(Manuel I, 1469~1521) 국왕이 그를 '적과 거래한 사람'으로 생각하고 관계를 단절해 버리자, 마젤란은 더 이상 자국에 머물 필요가 없다고 생각하고 1517년 조국을 떠나 스페인으로 갔다. 마젤란은 자기가 동방을 잘 아는 사람이라면서 스페인의 국왕 카를로스 1세(Charles I, 1500~1558)에게 서쪽 바다로 항해하여 탐험할 것을 제안하였다. 당시 포르투갈은 1494년에 이루어진 토르데시야스 조약으로 향료가 생산되는 동방으로 빠르게 갈 수 있는 뱃길이 열렸지만, 스페인은 그렇지 못한 상황이었다.

이 시기에 아프리카 끝자락인 희망봉으로 가는 길은 많이 알려졌지만 서쪽으로 가는 뱃길은 자세히 알려지지 않았고, 서쪽에 태평양이란 큰 바다가 있는지도 알지 못한 상태였다. 한편 스페인의 탐험가 바스코 발보아(Vasco Balboa, 1475~1519)는 1513년 9월 25일(또는 27일) 파나마 인근의 다리엔(Darien)에서 태평양을 바라보았다고 한다. 그러므로 마젤란도 큰 바다가 있을 것이라고 어느 정도 인지한 것 같다. 스페인 국왕은 마젤란이 항해 경험이 많은 함장임을 알고, 탐험에 성공하면 총독 자리와 함께 항해에서 얻는 이익의 1/20을 주기로 약속하였다. 그래서 마젤란은 자국이 관리하고 있는 희망봉을 피해 서쪽으로 항해하면 될 것이라고 생각하고

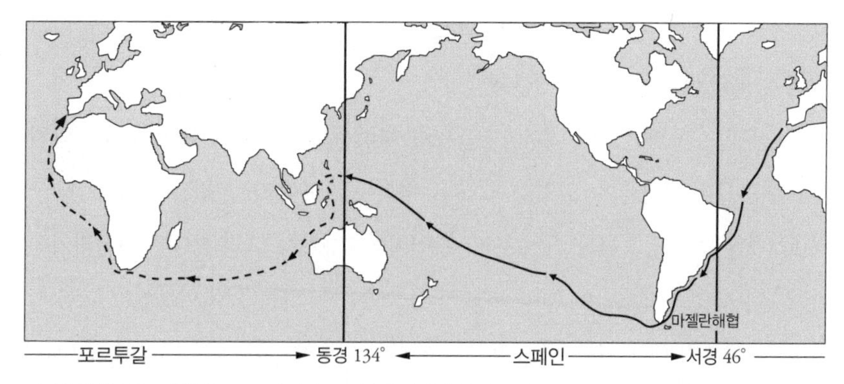

마젤란의 항해로 마젤란은 토르데시야스 조약에 의해 출입이 금지된 포르투갈의 영역을 피해 남아메리카를 돌아 세계 일주를 성공하였다. 당시에는 전 세계의 바다를 스페인과 포르투갈이 점령하고 있었기 때문에, 그 두 나라의 허락 없이는 어떤 나라도 함부로 바다로 항해할 수가 없었다.

1519년 9월 20일 5척의 배에 선원 270명을 태우고 산루카르항을 출발하였다. 선단에는 스페인인 외에 포르투갈, 이탈리아, 프랑스, 그리스, 영국 등 9개국에서 온 사람들이 뒤섞여 승선하였다. 스페인을 떠난 탐험대는 이듬해 3월 남위 49°20′ 지점인 푸에르토 산줄리안(Puerto San Julian) 항구에 도착하여 부활절 밤을 보내고 있었다. 그때 스페인 출신의 간부들이 포르투갈 태생의 지휘관인 마젤란에게 반항하는 폭동을 일으켰다. 하지만 마젤란은 반란을 평정하고 탐험대를 다시 꾸려 계속 항진하였다. 마젤란 선단이 남아메리카의 끝부분인 파타고니아 지방에 도착했을 때는 1520년 10월 말경이었다.

마젤란은 모든 것이 순조롭지 못하다는 것을 깨달았다. 자신도 몸이 아프고 인근 해안가로 정찰 나갔던 산티아고호는 강풍과 파도를 만나 배가 부서지는 등 위기의 연속이었다. 그뿐만 아니라 추위와 굶주림 그리고 절망으로 나날을 보내던 중 탐험선단에서 제일 큰 배인 산안토니오호가 본국으로 도망가고 말았다. 그러나 이에 굴하지 않은 마젤란은 탐험대를 정비하고 충분한 휴식을 취한 후 다시 항해를 시작하였다. 남아메리카 끝부분에 들어서니 이리저리 어지러울 정도로 만과 반도가 들쭉날쭉하여 어느 물길이 큰 바다로 연결되는지 알 수가 없었다. 480㎞의미로같이 생긴 좁고 긴 물길을 헤매는 힘겨운 나날이 38일 동안 계속되었다. 이곳이 바로 그의 이름을 붙인 마젤란해협이다.

미로를 힘겹게 빠져나와 태평양 2만 ㎞를 항해하는 동안 한 번도 태풍을 만나지 않고 순조롭게 횡단할 수 있었다. 그래서 '평화로운 바다'라는 뜻으로 'Mare Pacificum(태평양)'이라고 이름 지었다. 마젤란의 탐험선에는 그의 심복인 이탈리아인 피가페타(Antonio Pigafetta, 1491~1534)가 동승했는데, 그는 훗날 마젤란의 탐험 이야기를 『최초의 세계 일주』라는 책으로 출간하였다. 이 책에서는 외로움, 헐벗음, 굶주림, 괴혈병 등에도 불구하고 항해가 성공할 수 있었던 것은 마젤란의 인내력과 지도력이 이루어 낸 기적이라고 말하고 있다.

마젤란은 태평양을 지나는 동안 남태평양에 있는 두 개의 섬인 샤크(Shark)섬과 샌파블로(San Pablo)섬 외엔 만나지 못하고 바로 괌에 도착하였다. 그것은 남아메리카 대륙의 해안을 따라 북진한 후 무역풍을 따라 서쪽으로 배를 몰았기 때문이다. 어쩌면 마젤란은 남아메리카 대륙의 크기나 모양을 알아보기 위해 북쪽으로 항해했거나, 아니면 북쪽으로 흐르는 해류를 미리 인지하고 북상하였을지도 모른다. 그러나 그러지 않고 마젤란해협을 빠져나와 바로 서쪽(남태평양)으로 기수를 돌렸다면 남태평양의 타히티섬이나 사모아, 피지 제도 등 태평양상에 있는 수많은 섬들을 만났을지도 모른다.

아무튼 그는 1521년 3월 6일 마리아나 제도의 괌에 상륙하여 100일 만에 신선한 음식을 맛볼 수 있었다. 괌에서 3일간 머문 후 필리핀의 사마르섬을 거쳐 리마사와(Limasawa)섬으로 가서 십자가를 세우고 그곳을 스페인 땅으로 선언하였다. 이것이 필리핀이 스페인의 식민국가로 약 400년 동안 통치되는 계기가 되었다. 마젤란은 다음에 상륙한 세부섬에서 왕과 우호 조약을 맺고, 의형제를 맺는 등 세부 왕과 막역한 사이가 되었다. 세부 왕이 자기의 적인 막탄(Mactan) 왕을 공격해 줄 것을 부탁하자, 부하들의 만류에도 불구하고 남의 전쟁을 도와주다가 1521년 4월 27일 전사하였다. 마젤란이 필리핀에서 죽었기 때문에 완벽하게 세계 일주를 완수했다고 할 수는 없다. 그러나 그는 포르투갈의 함대에 있을 때 아프리카 희망봉을 돌아 필리핀의 아래쪽에 있는 인도네시아 말루쿠 제도까지 항해한 적이 있으며, 그의 죽음에도 부하들이 포기하지 않고 끝까지 완주했기 때문에 탐험대장인 마젤란을 지구를 한 바퀴 돈 첫 지구인으로 기록하고 있다.

마젤란이 죽은 뒤 그의 부하인 후안 세바스티안 엘카노(Juan Sebastián Elcano, 1476~1526)는 남은 탐험대원을 재정비하여 인도양과 아프리카의 케이프타운을 거치는 힘든 여정 끝에 1522년 9월 6일 3년 만에 스페인의 세비야항으로 돌아왔다. 출발 당시에는 5척의 배에 270명이 타고 떠났지만 돌아올 때는 빅토리아호 한 척에 선원 18명과 동방인 4명이 전부였다고 한다. 결국 세계 일주를 완벽히 해낸 것은 18명의 마젤란 부하들이라고 할 수 있다. 그들은 이때부터 지구가 완벽하게 둥글다는 사실과 아메리카 대륙 서쪽에는 지구에서 가장 넓은 태평양이라는 큰 바다가 있다는 것도 알게 되었다. 또한 지구를 한 바퀴 돌아 출발한 곳으로 되돌아오면 날짜가 하루 늦어진다는 사실도 이때 처음으로 밝혀졌다.

교황이 그은 바다 국경선
- 토르데시야스 조약

해양 진출을 먼저 시작한 포르투갈은 이미 아프리카 서해안을 거쳐 인도까지 다녀왔는데, 경쟁국인 스페인은 국내 통일 문제로 해양 진출이 늦어지다가 1492년에 이르러서야 콜럼버스를 인도에 보내게 된다. 하지만 전화위복이라고 할까. 콜럼버스는 인도가 아닌 신대륙(아메리카)을 발견하고, 발견된 땅과 바다가 모두 자기네 것이라고 공언하였다. 이때부터 아프리카 해안은 포르투갈 항로, 남아메리카 해안은 스페인 항로처럼 무언의 구분이 존재하고 있었다. 그 후 탐험 지역에 대한 소유권 분쟁을 해결할 목적으로 스페인과 포르투갈이 스페인의 북서부 토르데시야스에서 협정을 맺었다. 바로 토르데시야스 조약이다.

포르투갈과 스페인은 해상 세력을 놓고 서로의 주장을 굽히지 않았는데, 이때 처음으로 바다에 대한 경계를 정하게 되었다. 스페인은 1493년에 카보베르데(당시 프랑스 국왕 개인 소유) 제도 서쪽 100레구아(약 500㎞) 정도 떨어진 지점부터 서쪽 지역 모두를 스페인의 영역이라고 제안하였다. 그러나 포르투갈의 강력한 항의로 다시 조정하여 서쪽으로 270레구아 더 떨어진 370레구아(약 1850㎞) 지점으로 경계선 변경을 제안하였다.

양국은 1년쯤 협의를 거쳐 경계선을 서쪽으로 더 옮긴 서경 46°37′으로 수정하기로 하였고, 1506년에는 교황 율리우스 2세도 변경 사실을 재가하였다. 그 후에도 1518년(45°38′), 1524년(46°36′), 1529년(49°45′), 1545년(45°17′) 등 대서양의 토르데시야스 선은 몇 차례 더 변동이 있었으며, 1529년에는 태평양에도 일본 우측

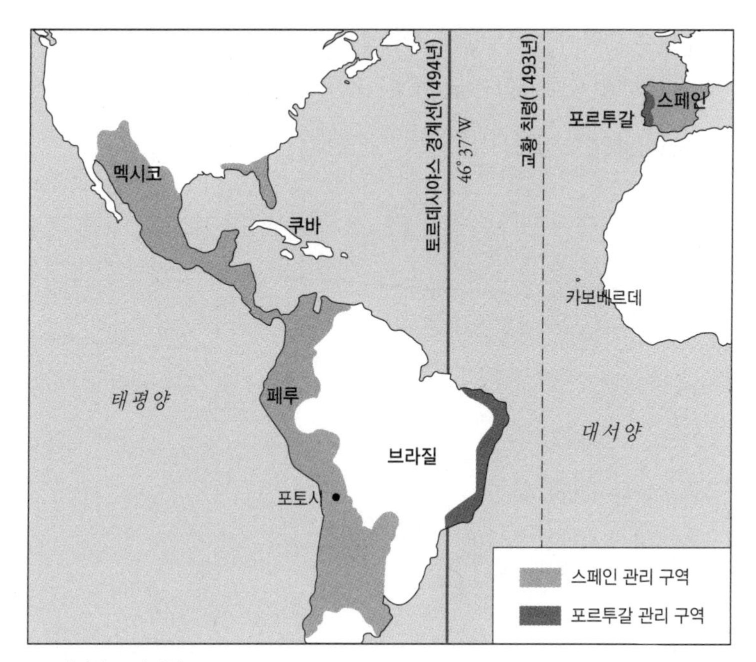

토르데시야스 경계선

지점(동경 142°)에 경계선이 그어졌다. 당시 유럽의 영국, 프랑스 등은 해외에 진출할 수 있는 역량이 되지 못하였고, 네덜란드는 스페인의 식민지 상태였다. 또 이탈리아의 도시국가들은 지중해 연안 무역에 치중하였으므로 토르데시야스 선에 대해 별 관심을 가지지 않았다. 즉 두 나라를 제외한 다른 나라는 관심이 없었고 탐험에 대해서는 얘기할 입장이 되지 않았다. 하지만 16세기 후반부터 교황의 역량이 점점 약해지고 유럽 열강들이 해상무역에 적극적으로 도전하면서 이 조약은 유명무실한 경계선으로 남고 말았다.

그럼에도 바다 경계선은 아주 중요한 결과를 낳았다. 1500년 포르투갈의 카브랄은 인도로 가다가 브라질 연안을 발견하였는데, 이때부터 브라질 땅을 자국의 영토에 편입시켰다. 이후 약 100년 동안 스페인과 포르투갈은 항로 권리 주장뿐만 아니라 경계선의 서쪽 지역인 남아메리카에 경쟁적으로 내륙 탐험을 시도하였다.

이때 브라질의 일부 지역이 포르투갈의 영역에 포함되어 오늘날 남아메리카에서 유일하게 포르투갈어를 쓰는 나라가 되었다. 나머지 남아메리카 대륙의 열두 나라는 지금도 스페인어를 쓰고 있다.

사라고사 조약

마젤란이 필리핀에서 전사하고 함대를 이끈 엘카노는 세계 일주 항해를 이룩하고, 1522년에 스페인으로 귀환하면서 새로운 의문이 생기게 된다. 그것은 지도에 남북으로 선을 그어 스페인과 포르투갈의 경계를 정하였지만, 지구가 둥글기 때문에 불완전한 경계라고 생각한 것이다. 당시 양국은 동남아의 인도네시아 말루쿠 제도의 귀속을 둘러싸고 치열한 다툼을 벌이고 있었다. 말루쿠 제도는 당시 귀중품이었던 향신료 산지였기 때문이다.

이러한 분쟁을 없애기 위해 1529년 4월 22일 사라고사 조약(Treaty of Saragossa)이 비준되었다. 이 조약은 말루쿠 제도의 동쪽을 통과하는 자오선을 경계로 했는데, 이 자오선은 뉴기니섬 중앙부를 통과한다. 포르투갈은 이 조약을 맺고 아시아의 지위를 보전받는 대신, 스페인에게 배상금을 지급하게 된다. 이에 따라 포르투갈은 마카오를 식민지로 삼고, 스페인은 오스트레일리아 전역에 대한 영향력을 확대해 나갔다. 이때 필리핀은 자오선의 서쪽인데도 불구하고 마젤란이 먼저 도착한 인연 때문인지 스페인령이 되었다.

동남아 바다를 주름잡은 무역 회사
-동인도회사

인도와 동남아 일대의 무역은 스페인과 포르투갈이 독점하고 있었으나, 1588년 영국이 스페인 함대를 격파함으로써 많은 변수가 생겼다. 그동안 영국을 비롯한 다른 나라들은 향료 무역에 나설 수 없었지만 이 시점을 계기로 향료 무역이 조금씩 열리기 시작하였다. 영국은 1600년 12월 31일 엘리자베스 1세의 허가를 받아 인도 및 극동 지역과의 무역을 촉진하기 위해 동인도회사를 설립하였다. 이 회사는 점차적으로 정치적 성격까지 띠게 되었고, 18세기 초에서 19세기 중엽까지 인도에서 영국 정부의 대리인 역할도 수행하였다.

18세기 중엽부터는 면(綿) 무역이 쇠퇴하자 중국의 차(茶)를 수입하였다. 자본금은 아편 수출로 충당하였는데, 이는 결국 아편 전쟁으로 이어졌다. 1813년경에는 무역이 더욱 쇠퇴하자 동인도회사는 1834년부터 인도에서 영국 정부의 경영 대리인(오늘날 영사관이나 대사관) 역할만 수행하였다. 그러나 영국 정부의 대리인 역할마저도 1857년 인도의 민족운동인 세포이 항쟁(Sepoy Mutiny) 이후 상실하였으며, 1876년 정식으로 동인도회사가 해산되었다. 그러나 1978년 영국 정부의 문장 사용 허가를 받아서 동인도회사가 재설립되었는데, 이때 설립 연도는 1600년으로 하고 영업은 홍차만 생산해 판매하였다.

1600년 영국을 시작으로 네덜란드(1602년, 규모가 제일 컸음), 덴마크(1616년), 포르투갈(1628년), 프랑스(1604년), 스웨덴(1731년) 등의 열강들도 잇따라 동인도회사를 설립하게 된다. 이때 동인도회사는 동양을 상대로 무역과 식민지 점거를 위한 전

초기지로 활용되었으며, 각국은 후추, 커피, 사탕, 실크, 염료, 소금, 차 등 동양의 특산품을 서로 차지하려고 치열한 경쟁을 벌였다. 이것은 중상주의를 내세운 유럽 국가들 간의 상업 전쟁이었다. 그뿐만 아니라 당시 유럽 여러 나라에서 설립한 동인도회사는 회사의 사장이 식민지 총독을 겸하였으므로, 완전 독립된 회사라기보다는 사실상 총독부나 마찬가지였다. 일본도 이를 본떠 조선과의 무역을 독점하는 동양척식주식회사를 세웠는데 나중에 조선총독부로 흡수되었다.

프랑스 동인도회사는 인도, 동아프리카, 마다가스카르와 무역을 하기 위해 루이 14세의 재정 장관이었던 장 바티스트 콜베르(Jean Baptiste Colbert, 1619~1683)가 1664년 재설립하였다. 콜베르는 상인들에게 금·후추·계피·목면을 외국으로부터 사들여야 한다고 설명하면서 국민들에게도 이 회사에 적극 참여해 줄 것을 권유하였다. 하지만 대부분의 상인들은 이를 얄팍하게 은폐된 세금징수 조치라고 여기고 참여를 거부하였다. 왜냐하면 당시 프랑스 동인도회사에 가장 많은 액수를 투자한 사람이 왕 자신이었기 때문이다. 특히 프랑스 동인도회사는 네덜란드 동인도회사와의 끊임없는 경쟁 속에서 지속적으로 시달림을 당했다. 결국 1670~1675년 동안 호황을 누리다가 1680년경에 이르러 수익을 거의 올리지 못하게 되자 프랑스 동인도회사는 인도 회사에 흡수되고 말았다.

바타비아에 설립한 네덜란드 무역관
-무역과 탐험

영국 동인도회사 설립에 자극받은 네덜란드도 1602년 동인도회사를 설립하였다. 1612년까지 투자가들로부터 자금을 모아 개별 무역업을 하다가 1657년에 체계적인 주식회사로 발족시켰는데, 세계 최초의 주식회사이자 17세기 세계 최대 규모의 회사였다. 이 회사는 후추 무역으로 얻은 자산의 대부분을 말라카, 스리랑카, 나가사키, 타이완, 광저우 등지에 상관을 설립하는 데 사용하였으며, 심지어 페르시아에까지 활동 영역을 넓혔다. 당시 네덜란드 정부는 원주민에게 요새를 짓고 군대를 보유할 수 있는 권한을 주고, 네덜란드 정부에 충성을 맹세한 관리에게는 행정 기능을 수행할 수 있도록 하였다. 그리고 얀 피터르스존 쿤(Jan Pieterszoon Coen, 1587~1629)과 안토니 판디멘(Antony van Diemen, 1593~1645) 같은 총독은 군대를 거느리며 영국 함대를 물리치고 포르투갈 세력을 몰아내면서 동인도 제도(말레이 제도를 가리킴)를 장악하였다.

네덜란드 동인도회사는 1619년 바타비아(오늘날 자카르타)를 거점으로 자바와 그 주변 섬을 정복하고, 특산품을 직접 재배하거나 현지인으로부터 강제 매입하여 무역을 독점하였다. 이 무렵 동인도회사가 물품 보급항으로 건설한 아프리카 남단의 상관이 훗날 남아프리카공화국의 초석이 되었다. 그뿐만 아니라 은행, 증권거래소, 유한회사를 하나의 금융체계로 통합시켜 폭발적으로 돈을 끌어모았으며, 전성기인 1670년대에는 150척의 상선, 40척의 군함, 1만 명의 군대, 5만 명의 직원을 거느린 서대 조직으로 성장해 갔다. 18세기에 들어와서는 상업에 집중해 있던 해운기업의 형태에서 농산물을 생산하는 회사로 변모하였다. 그러나 18세기 말경 부패와 더불어 막대한 부채에 휩싸이게 되자, 네덜란드 정부는 1798년 회사의 특허장을 취소하고 부채와 재산을 넘겨받고 회사를 폐쇄하였다.

한편 바타비아를 거점으로 한 네덜란드 동인도회사는 무역뿐만 아니라 남방대륙(오스트레일리아 또는 남극)의 발견에도 많은 관심을 가졌다. 당시 동인도회사는 네덜란드를 부유하게 만들었을 뿐만 아니라 남방 진출에 필요한 전진기지 역할도 하였다. 네덜란드인들은 뛰어난 항해술과 수로학을 토대로 미지의 해안과 육지를 지도로 그리는 데도 재주가 있었다. 특히 동인도회사의 수로 담당자인 페트뤼스 플란시우스(Petrus Plancius, 1552~1622), 헤셀 게리츠(Hessel Gerritsz, 1581~1632), 빌럼 블라외(Willem Blaeu, 1571~1638)와 그의 아들 요안 블라외(Joan Blaeu, 1596~1673) 등은 항해가들이 넘겨주는 항해 자료를 바탕으로 육지의 윤곽을 그리는 데 큰 공헌을 세웠다. 그리고 각 나라와 무역을 하면서 얻은 정보를 남방 대륙을 찾기 위한 자료로 활용하였다.

본국에서 오는 동인도회사의 네덜란드 선단은 아프리카의 해안을 따라 북쪽으로 향하지 않고, 아프리카의 희망봉에서 편서풍을 이용하여 동쪽으로 향하다가 오스트레일리아 서해안에 상륙하였다. 이 밖에도 네덜란드의 여러 선단이 오스트레일리아 대륙을 발견하였다. 1622~1623년 여러 차례 오스트레일리아 일대를 탐험한 기록을 근거로 오스트레일리아의 해안선 윤곽이 네덜란드인에 의해 알려지게 되었다. 동인도회사의 총독인 판디멘의 지원으로 아벌 타스만(Abel Tasman, 1603~1659)이 오스트레일리아 남쪽을 항해하면서 드디어 태즈메이니아섬과 뉴질랜드를 발견하게 된다.

네덜란드 사람들에 의해 오스트레일리아의 가장자리가 어느 정도 확인된 다음에도 사람들은 남반구에 보다 더 큰 무엇이 있을 것이라고 생각해 왔다. 왜냐하면 당시 사람들은 지구가 회전운동을 할 때 한쪽으로 쏠리지 않으려면 북반구의 거대한 대륙처럼 남반구에도 큰 대륙이 있어야 균형이 맞는다고 생각했기 때문이다.

그뿐만 아니라 당시 발간된 지도나 지리 관련 도서에도 남극 대륙을 뜻하는 글이나 그림이 어렴풋이 표시되어 있기도 했다. 그들의 생각은 틀리지 않았다. 실제로 남극 대륙이 미지의 땅으로 남겨져 있었던 것이다.

제주에 온 하멜

1653년 1월 10일 네덜란드를 떠난 하멜(Hamel)은 포겔 스트루이스호(Vogel Struuijs)를 타고 6월 초에 동인도 제도의 바타비아에 도착하였다. 그곳에서 며칠간 휴식을 취하고 새로 부임하는 타이완 총독 레세르(C. Lesser)를 임지로 데려다주게 되었다. 그런데 무역선 스페르베르호(Sperwer)로 타이완에 들렀다가 일본의 나가사키로 가던 중 갑작스러운 큰 풍랑을 만나서 배가 부서져 살아남을 수 있는 길이 없었다. 승선 인원 64명 중 28명은 현지에서 익사하고 36명은 제주도 남쪽의 산방산 인근까지 간신히 도착하였다.

제주 목사 이원진은 낯선 얼굴의 이들을 심문하고 일행을 가두어 두었다가 이듬해 서울로 압송하였다. 한편 1628년에 표류하여 조선에 머물고 있던 네덜란드인 벨테브레이(Weltevree, 박연)를 만났는데, 박연은 이들에게 통역도 하고 말도 가르치는 등 약 3년간 함께 지냈다고 한다. 하멜은 1657년 강진의 전라 병영, 1663년 여수의 전라 좌수영에 옮겨 다니면서 잡역에 종사하다가 동료 7명과 함께 1666년에 조선을 탈출하여, 일본을 거쳐 1668년 네덜란드의 수도인 암스테르담으로 귀국하였다. 탈출 전까지의 생존자는 모두 16명이었는데, 탈출에 가담하지 않았던 나머지 8명도 조선 정부의 인도적인 배려로 2년 후 모두 석방되어 네덜란드로 돌아갔다.

『하멜 표류기』는 당시 이 배의 서기였던 하멜이 조선에서 억류 생활을 하는 동안 보고 듣고 느낀 사실을 기록한 책이다. 하멜은 이 책에서 한국의 지리·풍속·정치·역사·교육·교역 등을 자세히 기록하였는데, 이 책은 당시 유럽인들이 동양을 이해하는 데 많은 도움이 되었다고 한다. 1980년 10월 12일 한국과 네덜란드 양국은 우호 증진을 위해 각각 1만 달러씩 출연하여 상륙지점으로 추정되는 남제주군 안덕면 산방산 해안 언덕에 높이 4m, 너비 6.6m의 하멜 기념비를 세웠다.

러시아 동쪽 끝에 물길이 있을까?
-베링해협

러시아 제국 로마노프 왕조의 표트르 1세(Pyotr I, 1672~1725)는 오래전부터 러시아의 동쪽이 다른 대륙과 육지로 연결되어 있다는 정보를 확인하고 싶어 했다. 1648년 러시아인 세묜 데즈뇨프(Semyon Dezhnyov, ?~1673)가 베링해협을 항해한 바 있으나, 이 사실은 1736년까지 알려지지 않았다. 러시아 정부에서는 그곳에 땅이 있다면 얼마나 크고 넓은지 알아보기 위해 동인도 제도를 항해하고 돌아온 비투스 베링(Vitus Bering, 1681~1741)에게 1724년 탐험을 지시하였다.

베링은 33대의 마차에 짐을 싣고 수도인 상트페테르부르크를 출발하여 육로로 약 9000㎞를 걸은 뒤, 다시 배를 타고 캄차카반도의 서해안에 도착하였다. 그곳에서 다시 썰매를 타고 북쪽으로 900㎞ 정도 올라가서 1728년에 베이스캠프를 설치하였는데, 수도를 떠난 지 꼬박 5년이 지나서였다. 그러므로 베링은 북태평양 일대의 바다를 탐험하기도 전에 시베리아 횡단 등의 육지 여정으로 엄청난 고난을 겪었던 것이다.

베링은 베이스캠프에서 약 3개월 동안 항해에 쓸 배인 브리엘호를 만들고 인원을 점검한 후 1728년 7월에 부하 43명을 데리고 첫 항해를 시작하였다. 해안가를 따라 계속 북쪽으로 올라가다가 8월 15일경에 북쪽 끝 지점(북위 67°18′)에서 해안선이 왼쪽으로 꺾어진다는 사실을 확인하였다. 1730년 수도로 돌아온 베링의 탐험으로 그동안 육지로 연결되었다고 잘못 알려진 소문들이 수그러들게 되었다. 그리고 베링의 이 항해는 당시 유럽에서 북서·북동 항로를 이용하면 태평양 및 아시

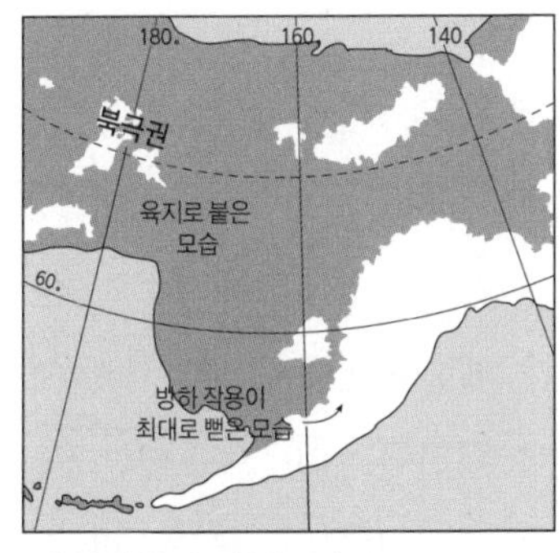

2만 년 전 육지로 붙은 모습

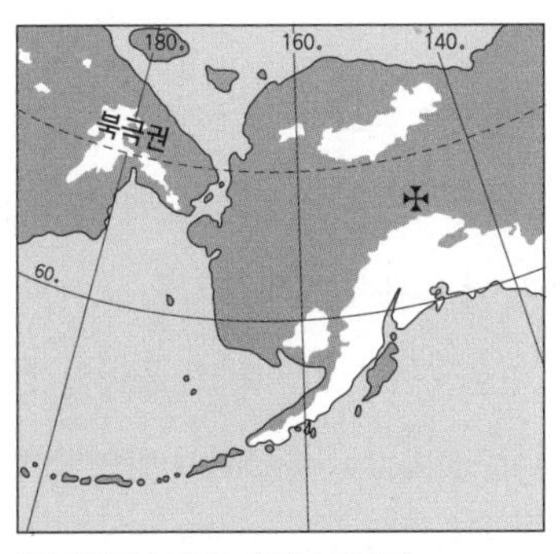

1만 2000년 전 두 대륙이 갈라짐

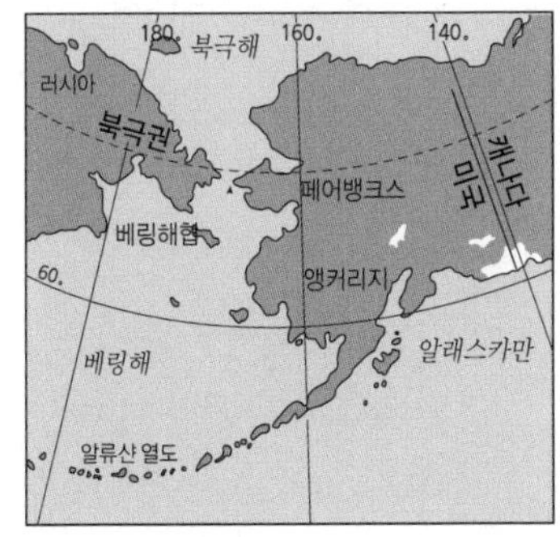

오늘날의 베링해

베링해의 형성 과정

아로 진입할 수 있는 바닷길이 있다는 것을 알려 주는 놀라운 소식이었다.

1733년 베링은 다시 탐험에 나섰는데, 이번에는 바다 건너편에 실제로 땅이 있는지 알아보기 위해서였다. 또 땅이 있으면 얼마나 멀리 떨어져 있고 얼마나 큰지 자세히 알아보기 위해 캄차카반도의 동해안에 있는 아바차(Avacha)만에 탐험기지를 세우고 그곳을 '페트로파블로프스크(Petropavlovsk)'라고 이름 지었다. 그리고 두 척의 배를 만들어 1741년 6월 두 번째 항해를 시작하였다. 상트페테르호는 베링이 지휘하고 상트파울호는 부대장인 치리코프(Aleksei Chirikov, 1703~1748)가 타고 떠났는데, 두 배는 출항한 지 얼마 되지 않아 안개와 돌풍을 만나 서로 떨어지고 말았다. 이때 베링이 탄 상트페테르호는 길을 잃어 바다를 떠돈 지 5개월 만에 베링섬(나중에 베링 이름을 따서 붙임)에 도달하였다.

섬에 도착한 베링 선단은 살을 찢는 듯한 추위와 칼날 같은 북극의 바람을 막기 위해 모래 구덩이를 파고 움집을 만들어 생활하였다. 괴혈병과 굶주림으로 선원 중 절반인 31명이 목숨을 잃었으며, 베링도 이때 죽고 말았다. 끈질기게 살아남은 사람들은 봄이 되자 부서진 배 조각을 모아 다시 배 한 척을 건조하여 기지로 돌아왔는데, 상트파울호는 이미 기지로 돌아와 있었다. 베링 탐험대에 의해 시베리아 끝에는 더 이상 땅이 없고 물길(바다)만이 있으며, 건너편에는 얼음으로 덮여 있는 큰 땅(오늘날 알래스카)이 하나 있다는 것이 알려졌다. 건너편의 땅이 궁금한 러시아 정부는 1741년 치리코프가 발견한 알래스카에 빌라노프를 총독으로 보내어 그 땅을 통치하기 시작하였다.

알래스카를 거머쥔 미국

알래스카를 점령한 지 120여 년이 지난 1867년, 러시아의 황실 살림이 어려워지자 아무짝에도 쓸모없는 얼음 땅이라고 생각하였던 알래스카를 미국의 국무장관 수어드(William H. Seward)에게 720만 달러를 받고 팔아 버린다. 이것으로 알래스카는 미국의 손에 들어가게 되었다. 그러나 당시만 해도 짐승의 털밖에 얻을 것이 없다고 생각하였던 알래스카가 20세기에 들어 엄청난 석유와 지하자원의 보고라는 사실이 알려지자 러시아는 안타까움을 금할 수 없었다. 결론적으로 미국은 쉽게 보물을 손에 넣었고, 러시아는 터무니없는 가격에 보물을 넘겨 버린 셈이 되었다. 특히 냉전시대에 미국은 알래스카를 소련을 상대로 한 군사적 요충지로 사용하여 러시아인들의 가슴을 더욱더 아프게 하였다.

얼음으로 덮인 바닷길을 뚫어라
-북극항로의 개척

바스쿠 다가마, 콜럼버스, 마젤란 등 초기의 탐험가들이 대륙 간의 바닷길을 뚫었지만, 북극항로는 알려지지 않았다. 그러다가 15, 16세기경에 대서양의 북부 그린란드 부근에서부터 서쪽으로 항해하면 태평양으로 진출할 수 있다는 말이 퍼지기 시작했다. 이는 스페인과 포르투갈의 방해를 받지 않고 중국 및 인도에 도달할 수 있는 방법이었기 때문에 영국인들이 가장 열심히 탐색하였다. 1728년 베링이 북극해와 태평양을 연결하는 해협이 있다는 것을 확인함으로써 그 가능성이 점점 더 높아진 것도 이유였다. 북서항로는 대서양에서 북아메리카의 북쪽 해안을 거쳐 태평양에 이르는 항로로, 이 항로를 통할 경우 유럽과 아시아를 잇는 거리가 약 1만 ㎞ 짧아진다.

북서항로가 개척되기 이전에는 유럽에서 아시아로 가려면 아프리카의 희망봉이나 남아메리카의 혼곶을 돌아가야 했다. 당시에는 파나마 운하도 없던 때였다. 그래서 유럽 사람들은 북아메리카 북쪽인 북극해를 지나 태평양으로 이어지는 항로를 찾기 위해 심혈을 기울였지만, 북서항로는 수백 년간 인간의 발길을 거부해 왔다. 그리고 북서항로의 개척에는 특히 많은 탐험가들의 희생이 따랐는데, 1497년 이탈리아 태생의 영국 탐험가 존 캐벗(John Cabot)을 필두로 자크 카르티에(Jacques Cartier), 마틴 프로비셔(Martin Frobisher), 프랜시스 드레이크(Françis Drake), 존 데이비스(John Davis), 제임스 쿡(James Cook) 등도 도전하였다. 험프리 길버트(Humphrey Gilbert), 헨리 허드슨(Henry Hudson) 같은 이는 목숨까지 잃었다. 이들 중 가장 끔찍했던 일은 탐험대원 129명 모두가 살아 돌아오지 못한 프랭클린(John Franklin) 탐험대의 비극이었다.

1906년 400년을 도전하고도 개척하지 못한 북서항로가 노르웨이의 청년 로알 아문센(Roald Amundsen, 1872~1928)에 의해 뚫렸다. 그는 47톤짜리 고깃배인 예아호(Gjøa)에 선원 6명을 태워 북극해 6400㎞를 헤치고 살아 돌아왔다. 1872년 오슬로 근처 보르게에서 태어난 아문센은 15살 때부터 북서항로 탐험기를 읽었으며, 25살에는 1등 항해사 자격을 따서 벨기에 남극 탐험대를 따라나섰다. 선장 자격을 딴 아문센은 청어잡이에 쓰던 돛대 하나짜리 목선을 구해 1903년 6월 오슬로항을 떠나 그린란드로 향하였다. 도중에 비치섬에 들어가 북자극을 관측하였고, 여러 차례 어려운 고비가 닥쳐왔지만 킹윌리엄섬에서 2년을 지낸 후 항해를 계속하였다. 1905년 8월 26일 드디어 맞은편에서 오던 포경선을 만났다. 마침내 북서항로가 개척된 것이다. 그리고 베링해협을 통과하여 3년 4개월 만인 1906년 10월 샌프란시스코에 도착하였다.

험난한 얼음 바다를 헤쳐 나간다는 것은 결코 쉬운 일이 아니다. 하지만 1942년 캐나다의 범선이 태평양에서 대서양을 통과한 다음, 1944년에는 대서양에서 출발해 태평양으로 나왔으며, 1954년에는 캐나다의 해군 쇄빙선도 이를 통과하였다. 이후 1960년에는 미국 원자력잠수함이 통과하고, 1969년 미국의 쇄빙선도 왕복 통과하였으며, 1977년 네덜란드 요트가 통과하였다. 1980년 미국의 모터보트, 1984년 바하마 여객선, 1988년 미국의 요트도 연이어 통과하는 등 북서항로를 이용한 항해가 점차적으로 늘어났다.

북동항로

북동항로는 대서양에서 태평양까지 러시아 북쪽 해안을 따르는 항로이다. 16세기경 영국에서 북쪽으로 항해하여 북극해로 들어가 동시베리아해 연안으로 동진하여 극동으로 갈 수 있다고 믿었던 항로이다. 북서항로와 같이 스페인, 포르투갈의 방해를 받지 않고 동방으로 갈 수 있다고 믿은 영국인들이 열심히 탐구하였다. 처음 시도한 사람은 세바스티아노 카보토(Sebastiano Caboto)로 1553년부터 여러 차례 도전하였으나 성공하지 못하였다. 하지만 이것이 계기가 되어 영국과 러시아와의 통상이 열리게 되었다.

그 후 네덜란드의 빌럼 바렌츠(Willem Barentsz)가 1594년에 시도하였으며, 1607년에는 헨리 허드슨, 1648년에 세묜 데즈뇨프 등도 항로 개척을 시도하였다. 빌럼 바렌츠는 북동항로를 완벽하게 개척하지는 못했지만 뱃길을 해도에 기입하고 기상 자료를 남기는 중요한 역할을 했다. 도중에 스발바르 제도 스피츠베르겐섬을 발견하였으며 세 차례의 항해일지도 남겼다. 바렌츠가 죽고 280여 년 뒤 1879년 스웨덴 지리학자이자 탐험가 아돌프 에이리크 노르덴셸드(Adolf Erik Nordenskjöld, 1832~1901)가 처음으로 항로 개척에 성공하였다. 그는 1875년과 1876년 두 차례에 걸쳐 예비 항해를 하고 1878년 7월 증기선 베가호(Vega)를 타고 노르웨이의 최북단 트롬쇠(Tromsö)항을 출발하여 이듬해인 1879년 7월에 알래스카의 클래런스(Clarence)항에 도착하여 북동항로를 완벽히 통과하였다. 아문센도 1918~1920년 사이에 남극점 탐험을 함께하였던 오스카 위스팅(Oscar Wisting), 헬머 한센(Helmer Hanssen) 등과 함께 북동항로를 통과하였다.

옷도 갈아입지 말고 면도도 하지 말라
-섀클턴의 귀환

남극을 탐험한 어니스트 섀클턴(Ernest Shackleton, 1874~1922)은 북극을 탐험한 프랭클린과 달리 634일간이나 남극의 얼음 해역에 갇혀 있다가 27명 전 대원과 함께 살아 돌아온 영웅이다. 그의 귀환은 남극을 탐험한 지 100년이 지난 오늘날도 큰 감동과 교훈을 주고 있다. 신화 같은 이야기의 주인공 섀클턴은 탐험 시대의 마지막 영웅이기도 하다. 섀클턴은 1874년 아일랜드의 킬키어(Kilkea)에서 태어나 런던 교외에서 유년 시절을 보냈다. 섀클턴의 아버지는 아들이 의사가 되기를 바랐지만 쥘 베른의 연재소설 『해저 2만 리』를 보고 성장한 섀클턴은 모험과 신비한 세상에 대해 궁금해하였다. 그러나 목표인 해군사관학교에 입학하지 못하고, 가정형편상 16세에 휴학을 하고 호튼타워호(Houghton Tower)에 선원이 되었으며, 24세에 선장이 되어 본격적인 바닷사람이 되었다.

섀클턴은 로버트 스콧(Robert Scott, 1868~1912) 대령이 이끄는 제1차 남극 탐험대(Discovery, 1901~1904)에 참가하였는데, 이때 남위 82°16′33″에 도달하였으나 탐험대원들이 괴혈병에 걸린 탓에 남극점까지는 도달할 수 없었다. 1908년 1월에는 제2차 남극 탐험대(Nimrod, 1907~1909) 님로드호의 탐험대장으로 활동하였다. 1912년 1월 18일 로버트 스콧 탐험대가 남극점에 도달하였는데, 이때는 이미 36일 전에 아문센이 먼저 남극점에 도달한 뒤였다. 그러므로 남극점의 정복마저도 아문센에게 빼앗긴 섀클턴은 남극 대륙 횡단으로 목표를 수정하였다. 그러고는 남극 탐험을 위한 대원을 모집하면서 신문광고에 '위험천만한 여행', '임금은 많지 않음', '혹독한 추위', '수개월 동안 계속되는 칠흑 같은 어둠', '무사 귀환이 의심스러운 여행' 등 엄포를 잔뜩 놓았다고 한다. 이런 단어에는 죽음을 각오하라는 메시지가 들어 있었다고 볼 수 있다.

남극 대륙 도전의 꿈을 버리지 않았던 새클턴은 1914년 3월 세 번째로 남극횡단 탐험대를 구성하였다. 그는 웨들해에서 남극점을 지나 맥머도기지까지 가로지르기로 마음먹고, 탐험선 인듀어런스호에 27명의 대원을 태우고 출항하여, 1914년 11월경에는 사우스조지아섬에 도착하였다. 이 섬은 제임스 쿡에 의해 발견되어 영국의 고래잡이 전진기지가 된 섬이다. 남극의 바다는 갑자기 날씨가 추워지면 흩어져 있던 얼음들이 모두 얼어붙어서 배가 꼼짝달싹 못하게 된다. 여기에 한번 갇히면 어지간해서는 빠져나올 수가 없고, 그 얼음이 떠도는 대로 흘러갈 수밖에 없다. 그러나 남극 바다를 건너기 위해서는 이러한 유빙을 반드시 돌파해야 한다.

사우스조지아섬을 출항한 지 며칠이 지나지 않아 배는 유빙에 갇히고 말았다. 1시간에 25㎞ 이상 달릴 수 있는 배는 얼음이 가는 대로 움직일 수밖에 없었다. 1915년 1월 새클턴은 25㎞ 전방에 나타난 남극 대륙을 확인하였지만 그것도 잠시, 얼음과 함께 배가 흘러가는 바람에 어느새 남극 대륙은 눈앞에서 점점 멀어지고 말았다. 2월 말경, 유빙은 북서쪽으로 흘러가고 기온은 자꾸 떨어졌다. 얼음은 점점 더 두텁게 얼어 배를 조여 왔다. 그뿐만 아니라 태양이 수평선 너머로 사라져 버렸다. 앞으로 5~6개월은 깜깜한 밤인데 이 얼음 바다에서 어떻게 버틸 것인가? 그러므로 남극 인근에 도달하였지만 빙하에 막혀 목표 지점에 도달하지 못하고 맥머도만의 로스섬에서 겨울을 보내게 되었다. 한편 정찰차 보낸 썰매 탐험대는 남극에서 156㎞ 떨어진 지점까지 접근했으나 식량 부족으로 돌아와야만 했다.

암흑의 6개월 동안 배는 남위 69°까지 흘러갔다. 점점 추워지고 커다란 얼음덩어리가 배를 뚫고 들어왔다. 새클턴은 스웨덴 탐험대가 겨울을 났던 인근의 폴렛(Paulet)섬으로 가기 위해 썰매와 보트로 시도해 보았지만 실패하고 말았다. 그들은 텐트를 치고 죽음을 기다리는 처지가 되었다. 그러던 중 봄이 되자 물길이 열렸다.

섀클턴의 탐험로 영국의 제임스 쿡이 발견하여 고래잡이 전진기지로 이용하던 사우스조지아섬에 도착한 섀클턴은 유빙을 피하려고 하지 않았다. 암흑의 6개월간 얼음에 갇혀 있던 섀클턴이 27명의 전 대원을 이끌고 귀환한 사실은 실로 놀라운 일이다.

이때를 놓치지 않고 그들은 3척의 보트로 인근의 무인도(사우스셰틀랜드 제도의 엘리펀트섬)에 당도하였다. 467일 만에 뭍을 밟은 것이었다.

다행히 펭귄들이 많아 식량 문제는 어느 정도 해결되었지만, 처절한 싸움은 그때부터 시작이었다. 텐트는 바람에 갈기갈기 찢어지고 식량인 펭귄도 점점 줄어들어 갔다. 모두가 섀클턴만 믿었지만, "배를 구할 수 있는 곳까지 가야 하오. 그곳은 우리가 떠나왔던 사우스조지아섬인데 여기서부터 약 1300㎞ 떨어진 곳이오."라는 그의 말에 대원들은 넋을 잃고 말았다. 그러나 섀클턴은 두 척의 보트와 22명의 대원들을 남겨 두고 사우스조지아섬으로 떠나기로 하였다. 7m짜리 조그마한 보트 한 척으로 험한 바다를 건너간다는 것이 썩 내키지는 않았다. 게다가 성공률은 0%에 가까웠다. 그러나 그대로 있으면 거센 바람과 산더미 같은 파도와 영하 20~30℃의 추위와 배고픔으로 모두가 죽는 길뿐이었다.

섀클턴은 지원자 다섯 사람과 함께 출발하고, 나머지 대원들은 구조대가 올 때까지 기다리기로 하였다. 출발한 지 약 2주일 만에 목표한 섬에 도착하였지만 고래기지의 반대편이었다. 그러나 대원들은 얼음 바다 위에 떠 있는 것에 지긋지긋함을 느꼈던 터라 그곳에 상륙하여 걸어서 고래기지까지 가기로 하였다. 섬에 올라가 새를 잡아 요기를 하고, 시냇물을 마음껏 마시고, 동굴에서 단잠도 잤다. 여섯 사람 중 지친 세 사람을 동굴에 남겨 두고 세 사람이 다시 얼음산을 기어올랐다. 힘겹게 올라와 보니 그다음은 내려가는 것이 더 큰 문제였다. 산꼭대기에 그대로 머물다가는 얼어 죽을 판이었고 온 길을 되돌아갈 수도 없었다. 그들은 로프를 이용해 썰매를 만들고 세 사람이 한 덩어리가 되어 썰매를 타고 36시간 만에 고래잡이 기지에 당도하였다. 이후 섀클턴이 직접 구조대를 이끌고 엘리펀트섬에 돌아가 보니 22명 모두가 끈질기게 살아 있었다. 그들은 남은 보트 두 척을 뒤집어쓰고 추위와 굶주림을 견뎌 냈던 것이다.

그들을 살아남게 한 힘은 아마도 섀클턴의 용기와 지혜 그리고 그에 대한 믿음이었을 것이다. 전 대원과 함께 귀환하던 날 섀클턴은 대원들에게 '옷도 갈아입지 말고 면도도 하지 말라.'라고 하였다. 그들을 기다리던 사람들 앞에 야성적이고 낭만적인 모습으로 나타나기 위해서였다고 한다. 섀클턴은 1907년 로열 빅토리아 훈장 4등급(LVO), 1909년 로열 빅토리아 훈장 3등급(CVO), 1909년 기사 작위 서임, 1919년 군(軍) 부문 대영 제국 훈장 4등급(OBE)을 포함해 미국지리학회의 컬럼 지오그래피컬 메달, 영국 정부의 폴러 메달을 받았다. 그는 네 번째 남극 탐험대 퀘스트호를 끌고 원정을 떠난 후 사우스조지아섬에서 심장마비로 48세에 생을 마감하였다.

영국의 체면을 세운 세계 일주
- 드레이크

1519~1522년 마젤란이 최초로 세계 일주를 했다면 영국의 프랜시스 드레이크 경은 1577~1580년 세계에서 두 번째이자 영국인 최초로 완벽하게 세계 일주를 한 사람이다. 그는 일찍이 뱃사람으로 생활하면서 기니와 서인도 제도를 항해하였으며, 1567년에는 존 호킨스호(John Howkins)의 노예선단을 지휘하였다. 1568년에는 멕시코 인근에서 스페인 함대의 습격을 받고 많은 금은보화를 빼앗긴 일도 있었다. 이때 빼앗긴 재화를 만회하기 위해 늘 보복 기회를 노리다가 1572년에 영국 정부로부터 해적 허가증인 사략증을 받고 출항하였다. 사략선은 군함은 아니지만 교전국의 선박을 공격할 수 있는 권한을 정부로부터 인정받은 민간 소유의 무장 선박을 일컫는다. 그래서 드레이크를 탐험가 또는 군인으로 부른다.

1577년에 영국을 출발한 드레이크는 영국인 최초로 마젤란해협을 통과하고, 1579년 3월에 칠레 해역에서 스페인 보물선 카카푸에고호(Cacafuego)를 나포하여 은화 26톤과 금화 36kg을 약탈한다. 드레이크는 약탈한 선박을 돌려보내면서 안전통행증과 약탈한 물품의 명세서까지 발급해 주었다. 이런 조치는 만약 다른 사략선에 다시 붙잡혔을 때 무사 항해를 보장하고 스페인 정부로부터도 선장이 화물을 착복했다고 추궁받을 것을 염려한 '배려' 차원이었다고 한다. 그 후 항해 중 강력한 폭풍으로 배 한 척이 파괴되고 또 다른 한 척은 영국으로 회항하였지만 드레이크 배는 홀로 북쪽으로 계속 항진하였다.

미국의 서북쪽 끝인 워싱턴주까지 북상하였으나 대서양으로 통하는 바닷길은 찾을 수 없었다. 어쩔 수 없이 기수를 좌로 돌려 넓은 바다(태평양)로 항해하여 말루쿠 제도, 셀레베스섬, 자바섬 등를 지나 남아프리카 희망봉을 거쳐서 1580년에 영국으로 되돌아왔다. 그 후에도 스페인 함대를 여러 차례 격파하고 스페인이 점령한 해안도시들을 약탈하였다. 그래서 드레이크를 해적이라고 부르기도 한다. 그러나 한편으로 그는 '두 번째 세계 일주자' 또는 '자기 배로 완전히 세계를 돈 최초의 선장'이라는 명예까지 차지하였다. 왜냐하면 마젤란이 첫 세계 일주자로 알려졌지만 그는 항해 도중 필리핀에서 사망한 반면 드레이크는 단 한 차례의 항해로 지구를 한 바퀴 돈 최초의 인물이었기 때문이다.

샌프란시스코 서북쪽으로 50㎞ 거리에 드레이크만이란 곳이 있는데, 이는 드레이크를 기념하여 붙인 것이다. 그는 1579년 아메리카 대륙 북쪽으로 통하는 뱃길을 찾고자 골든하인드호를 타고 항해하면서 북위 38°에 위치한 이곳에 들렀다.

13세부터 배를 탄 드레이크는 사략질로 부와 명성을 쌓았다. 세계 일주도 당시 최강이던 스페인의 세력을 약화시키려는 의도에서 한 것이다. 1580년 영국 플리머스항으로 귀환한 드레이크는 배에 직접 올라온 엘리자베스 여왕으로부터 기사 작위를 받았다.

태평양 30만 ㎞를 항해한 탐험가
- 제임스 쿡

1769년 6월 금성이 태양을 가로지른다는 계산이 발표되었다. 이런 현상을 '금성 일면통과'라고 하는데, 내행성인 금성이 지구와 태양 사이에 정확하게 위치하여 생기는 천문 현상으로 지구에서 관측할 때 금성은 마치 태양 원반 위를 지나가는 조그마한 점처럼 보인다. 영국 왕립지리학회는 이를 관측하기 위해 남태평양 타히티에 사람을 보내기로 하였다. 그곳에 가서 관측과 더불어 미지의 땅(남극)도 탐험하여 수수께끼를 풀어 주기를 바랐던 것이다. 이 시기에 태평양에 점점이 떠 있는 섬에 대한 정보가 들려오기 시작하였는데, 이것도 탐험가를 보내는 데 큰 자극제가 되었다. 그래서 이에 합당한 인물을 물색하기에 이르렀으며 여기에 제임스 쿡(James Cook, 1728~1779)이 선발된 것이다.

제임스 쿡은 스코틀랜드인 아버지와 영국인 어머니에게서 8형제 중 2남으로 태어났다. 1736년 아버지가 농장의 감독으로 일하게 되면서 농장으로 이사를 간 쿡은 농장주로부터 학자금을 지원받아 학교에 다녔다. 13세부터는 농장에서 아버지 일을 거들었으며, 16세가 되던 해부터는 32㎞ 떨어진 어촌의 잡화점에서 점원으로 일하였다. 1년 반 후 가게가 문을 닫자 주인의 소개로 인근 항구도시의 워커 가문에 들어가서 석탄운반선인 콜리어(Collier) 선단의 견습 선원으로 일하게 되었다. 이때부터 배를 항해할 때 필수적인 대수학, 삼각측량, 항해술, 천문학을 공부하였고 1752년에는 항해사가 되었다. 1755년에는 같은 선박의 항해장이 되었으며, 한 달 후에는 갑판원 자격으로 영국 해군에 입대하게 된다. 군 생활도 열심히 한 쿡은

1757년에 국왕이 승선하는 함선의 조종사를 뽑는 시험에 합격한다.

7년 전쟁(1756~1763년, 오스트리아 왕위 계승 전쟁)에 참전하였으며, 캐나다의 세인트로렌스만의 지리 조사 및 해도 작성을 잘하여 프랑스군을 무찌르는 데도 큰 공을 세웠다. 전쟁이 끝난 뒤 그는 해양측량사로 일했으며 뉴펀들랜드섬에서 일식을 관측하기도 하였다. 또한 1760년대에는 뉴펀들랜드섬의 복잡한 해안선 지도를 작성했는데 1763~1764년에 북서부, 1765~1766년에는 브린반도, 1767년에는 서해안 등 5년에 걸쳐 뉴펀들랜드섬의 해안 지도를 제작하였다. 해군성과 영국왕립학회는 쿡의 이런 경력에 비추어 미지의 땅을 찾는 일에 쿡보다 나은 적임자가 없다고 판단하였던 것이다.

1768년 대위로 진급한 쿡은 인데버호(Endeavour)에 동식물학자, 화가 등 94명과 함께 제1차 항해를 위해 플리머스항을 떠났다. 탐험대는 남아메리카의 마젤란해협을 돌아 1769년 4월에 타히티에 도착하여 그리니치천문대의 천문학자 찰스 그린(Charles Green, 1735~1771)과 함께 금성의 일면통과 관측을 7주간 실시하였다.

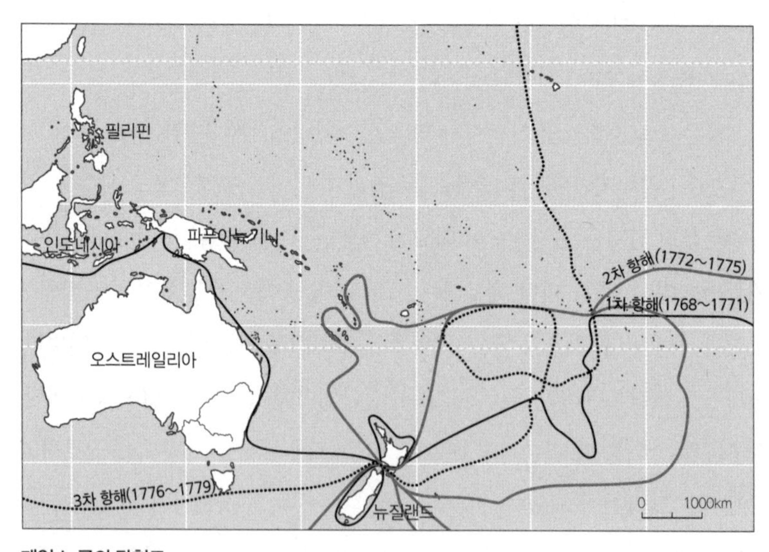

제임스 쿡의 탐험로

업무를 마치고 출발 당시 받은 해군성 비밀 명령에 따라 남태평양 지리를 잘 아는 타이티인 '트우파이아'를 데리고 남쪽으로 향하였다. 항해 중 소시에테 제도를 거쳐 1769년 10월 7일 뉴질랜드 기즈번(Gisborne) 해안에 다다랐다. 쿡은 6개월 동안 뉴질랜드 해안을 살펴보고 정확한 해안 지도를 그렸는데 이 소식이 전 유럽에 알려졌다. 이때 뉴질랜드가 남섬과 북섬으로 나누어진 것을 처음 확인하였으며, 당시 마오리족은 어림잡아 10만 명 정도 되었을 것으로 추정한다.

1770년 3월 말 네덜란드인들이 '뉴홀랜드(New Holland)'라고 이름 붙인 오스트레일리아로 건너가서 동해안을 자세히 살핀 후 한 섬에 영국 국기를 꽂았다. 그러고는 오스트레일리아 동해안이 영국 땅임을 선포하고 이름을 뉴사우스웨일스(New South Wales)라고 붙였다. 그곳에서 한 달쯤 머물며 배를 수리한 후 인도양과 아프리카 희망봉을 거쳐 1771년 7월 12일, 2년 11개월 만에 영국으로 귀환하여 조지 3세를 배알한 뒤 중령으로 진급하였다.

1년 뒤 1772년 7월에는 오직 미지의 남방 대륙(Terra Australis)을 찾기 위해 레졸루션호와 어드벤처호를 이끌고 이번에는 아프리카 희망봉을 돌아 동진하였다. 1773년 1월 17일에는 처음으로 남극권(남위 60°)에 진입하였지만, 산처럼 큰 빙산과 매서운 바람에 밀려 이리저리 떠돌다가 뉴질랜드로 뱃머리를 돌렸다. 그는 "그때까지 어느 누구도 가 본 적이 없는 험한 바다"라고 전하였다. 쿡은 뉴질랜드에서 1년 정도 남극 탐험 준비를 한 후 재도전하여, 1774년 1월 30일에 오늘날 아문센해 부근(남위 71°10′, 서경 106°54′)까지 도달하였다. 쿡은 남방 대륙도 보통 기온일 것으로 추측하였지만 그곳은 너무나도 추웠으며 흙도 보이지 않았다고 전하였다.

영국으로 돌아가던 1774년에 통가, 이스터섬, 뉴칼레도니아섬, 바누아투를 발견한 후 남아메리카 남단을 돌아 사우스조지아섬과 사우스샌드위치 제도를 발견하고, 탐험을 떠난 지 3년 만인 1775년 7월 영국으로 돌아왔다. 특히 이번 탐험에서 해리슨(John Harrison, 1693~1776)의 크로노미터(Chronometer)를 이용하여 정확한 경도를 결정한 것도 큰 성과였다. 귀국 후 해군 대령으로 승진하고 그리니치 해군

병원의 병원장으로 잠시 근무하였다. 1776년 2월 괴혈병 예방에 기여한 공로로 왕립학회는 그에게 최고 영예인 코플리 메달도 주고, 평민 출신인 그를 왕립학회 정회원으로 선출하였다. 쿡은 제2차 항해 기록을 자필로 정리하여 남겼으며, 뉴질랜드의 해도도 직접 제작하였다.

쿡의 마지막 탐험인 제3차 항해에서는 북서항로를 탐색하는 것이 목적이었다. 이번에는 2차 항해 때 사용한 레졸루션호와 새로 건조한 디스커버리호를 이끌고 2차 항해 때와 동일하게 희망봉을 돌아 태평양으로 들어갔다. 약 50년 전에 베링에 의해 유라시아 대륙과 북아메리카 대륙 사이가 바다로 갈라져 있다는 사실이 알려졌지만, 베링해에서부터 영국까지 이어지는 뱃길을 연결하기 위함이었다. 일단 뉴질랜드에 도착하여 휴식을 취하고 계속 북진하여 1777년 12월 24일 조그마한 섬을 발견하고 크리스마스섬이라 명명하였고, 1778년 1월에는 하와이를 발견하였다. 쿡은 하와이 제도의 카우아이섬에 상륙하여 해군 장관인 샌드위치 백작(Earl of Sandwich, 1718~1792) 4세를 기념하여 샌드위치 제도라고 이름 지었다.

그 후 북아메리카 해안 서쪽으로 북상하여 베링해협에 이르기까지 탐사를 하고 해도를 제작하였다. 북서항로 개척을 위해 베링해협을 지나 북위 70°의 지점까지 올라갔으나 강력한 파도와 많은 유빙으로 더 이상 전진하지 못하고 휴식과 재도전을 위해 하와이로 되돌아왔다. 그러던 중 원주민이 훔쳐 간 선단의 보트를 되찾기 위해 나섰다가 원주민의 창에 맞아 1779년 2월 14일 사망하였다. 비록 쿡은 사망하였지만 그는 영국의 탐험가, 항해사, 해양측량사 및 지도제작자로 불리었다. 그와 함께했던 선원 17명은 1779년 영국으로 귀환하였다. 하와이 사람들은 쿡이 하와이를 발견한 지 150년이 되는 1928년, 하와이 케알라케콰(Kealakekua)만의 물속에 쿡의 위령판을 만들어 8년 반 동안 30만 ㎞의 바다를 누빈 그를 애도하였다.

북극해 해저를 누빈 핵잠수함
- 노틸러스호

1945년 원자폭탄의 위력이 증명되자, 미국은 엄청난 에너지를 내면서 연료 탱크는 아주 작은 원자력잠수함 개발을 시작하였다. 일반 디젤잠수함이 물 밖으로 자주 얼굴을 내밀고 숨을 쉬어야 하는 물개라면 원자력잠수함은 물속을 휘젓고 다니는 상어에 비유된다. 1951년 원자력잠수함 건조 계획이 승인되고, 1954년 1월 드디어 잠수함이 만들어졌다. 최초의 원자력잠수함인 노틸러스호다. 프랑스 과학소설가인 쥘 베른의 소설『해저 2만 리』에서 활약한 잠수함 이름에서 따왔다. 이 잠수함은 원자로에서 만들어진 증기로 추진 터빈을 돌려 동력을 공급받으므로 잠수 상태에서 20노트(약 37㎞/h)의 속력을 유지할 수 있었다. 또 길이 98m, 배수량 3533톤으로 이전 잠수함들보다 훨씬 크게 만들어졌다. 더욱 진기한 것은 물속에서 50일 동안 다닐 수 있다는 점인데, 당시로서는 획기적인 사건이었다.

2년간의 시험 항해를 끝낸 노틸러스호에 첫 번째 임무가 내려졌다. 얼음으로 덮인 북극해 밑을 통과하되 반드시 북극점을 통과하라는 것이었다. 역사적인 대모험을 이끌 함장 자리는 윌리엄 R. 앤더슨(William R. Anderson, 1921~2007)이 맡았다. 알래스카 배로곶을 출발하여 북극의 만년빙 밑을 지나 그린란드해까지 가는 역사적인 잠수 항해를 시작하였다. 1957년 8월 27일에 아이슬란드 근해에 도착하였지만 북극점 통과는 실패하였다. 자북점 근처에서는 자북극에서 나오는 강력한 자력 때문에 나침반이 갈팡질팡하고, 북위 86° 부근에서는 나침반이 뒤죽박죽되어 얼음 밑에서 사흘이나 갇혀 있었다. 이때 잠수함이 방향감각을 잃자 승무원들도 신경이 날카로워져서 간신히 기지로 귀환하였다. 실패의 원인은 많은 빙산 때문인데 1958년 4월 두 번째 항해에서는 태평양의 베링해협에서 진입하였지만 또 얼음에 갇혀서 항해를 포기하였다.

1958년 7월, 세 번째 출항에서는 정찰기가 얼음이 없는 곳을 알려 주는 등 양면 작전으로 북극해에 진입하였다. 큰 빙산을 만나는 어려움도 닥쳤지만 노틸러스호는 200m까지 잠수할 수 있었으므로 큰 문제가 되지 않았다. 8월 1일에 북극점에서 1750㎞ 떨어진 곳에 이르렀고, 8월 3일에 북위 87°를 지났다. 극점을 400m쯤 앞두고 잠수함의 사람들은 모두 흥분의 도가니 속으로 빠져들었다. 드디어 1958년 8월 3일 23시 15분에 해저 북극점에 도착하였다. 약 50년 전인 1909년 4월에 자국의 피어리(Robert Peary, 1856~1920)가 얼음 위로 북극점에 도달하였으므로 바다 위와 아래 모두를 미국이 정복한 것이다. 당시 북극점의 바다 깊이는 4087m로 나타났으며, 노틸러스호는 세 차례에 걸쳐 북극 바다 밑 약 11만 ㎞를 항해하였다. 노틸러스호는 방사능 오염을 방지하고, 디젤-전기 동력을 보조 동력으로 사용하는 등 여러 면에서 미래 핵잠수함의 표준이 되었다. 1980년 항해 임무를 마치고 퇴역하여 1985년부터 코네티컷주 뉴런던의 노틸러스호 기념박물관에 전시되어 있다.

퇴역하여 박물관에 정박 중인 노틸러스호
자료: Victor-ny_Wikimedia Commons

조국이여! 마침내 북극점에 왔소이다
-북극점의 정복

유럽인들에 의해 지구의 대륙과 바닷길이 대부분 밝혀졌지만, 유럽과 가까운 북극점은 1800년대에 들어서면서 점점 관심이 고조되었다. 흔히 북극지방(또는 북극권)이라고 일컫는 이곳은 얼음이 얼어서 땅같이 보이는 바다와 동토를 일컫는다. 2500만~3000만 ㎢의 얼음 중 1400만 ㎢ 정도는 북극해로 이루어져 있고 나머지는 그린란드, 스피츠베르겐 제도 등의 섬과 알래스카, 캐나다 북부, 아이슬란드, 스칸디나비아반도 북부 등으로 이루어져 있다.

북극 탐험에 가장 큰 족적을 남긴 인물은 난센(Fridtjof Nansen, 1861~1930)이다. 그는 1861년 노르웨이의 오슬로에서 태어났는데, 젊었을 때 바이킹호를 타고 그린란드 동쪽 바다를 항해하면서 풍향, 해류, 생물 분포 등을 조사하는 일에 참여하면서 북극해의 빙산, 해류, 백야 현상 등에 대한 많은 지식을 쌓았다. 1888년 8월에는 5명의 대원과 함께 자신이 고안한 난센 썰매를 타고 그린란드를 탐험하였다. 52일 만에 그린란드의 동쪽에서 서쪽으로 탐험을 끝내고 노르웨이로 돌아온 난센은 영웅이 되었다.

이에 용기를 얻은 난센은 북극점에 도달하기 위해 직접 배를 건조하여 프람호(Fram)라고 이름 지었다. 프람호는 정상적인 배보다 길이는 짧고 옆 부분이 볼록하여 사방에서 얼음이 조여 와도 배가 얼음 위로 떠오르도록 설계되었으며, 동력을 배 안으로 끌어들이고 보온을 위해 짐승의 가죽을 바닥에 깔았다고 한다. 1893년 6월 3년 계획으로 6년분의 식량과 8년분의 땔감을 싣고 13명의 대원을 태운 프람

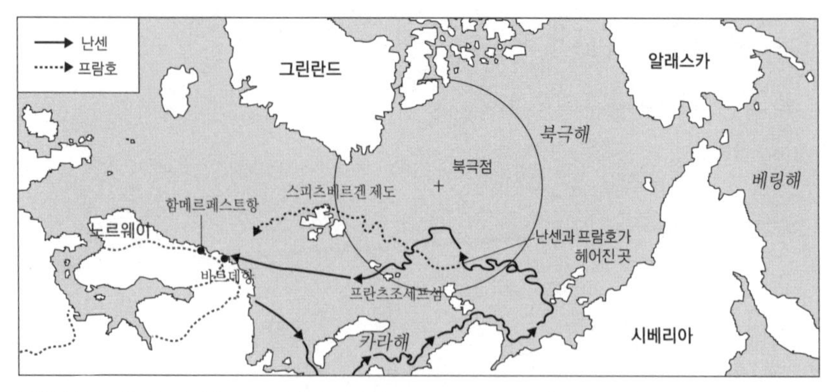

난센의 북극 탐험로 난센은 1893년 오슬로를 출발하여 극점 부근까지 도달하였다가 3년 만에 되돌아오고 말았다.

호가 오슬로를 출항하였다. 항해 도중 엄청난 조수와 해류에 밀려 선체가 얼음 밑으로 깔릴 위험도 겪었지만, 프람호는 그때마다 매끄럽게 빠져나오곤 하였다.

그러나 바다 전체가 얼어 버리는 경우에는 어쩔 수 없었다. 더 이상 항해할 수가 없게 되자 난센은 요한센(Johannsen)과 함께 배를 떠나 개썰매로 얼음 위를 달리기 시작하였다. 배를 떠난 지 24일 만에 북위 86°14′까지 도달하였지만, 그들이 올라 있는 얼음이 극점의 반대 방향으로 흘러간다는 것을 파악하고 가까운 섬으로 피신하였다. 그곳에서 이듬해 6월까지 지내다가 영국의 탐험대를 만나 1896년 8월 13일 노르웨이로 되돌아오고 말았다. 배를 떠날 때 남겨 둔 대원들도 무사히 귀국하였는데, 이때부터 북극점 탐험의 길이 본격적으로 열리기 시작하였다고 할 수 있다.

또 다른 북극 영웅은 미국의 피어리이다. 그는 해군 토목기사로 일한 경험이 있으며, 1886년과 1891년 두 차례에 걸쳐 그린란드의 북극권 2000㎞ 이상을 탐험하였다. 1902년에는 북극해의 84°17′까지 나아갔으나, 동상 때문에 발가락 8개를 자르고 탐험을 포기하고 말았다. 1905년 루스벨트호를 타고 다시 도전하였으나, 북극점을 300㎞ 남겨 둔 북위 87°6′에서 식량과 연료 부족으로 다시 포기하고 돌아왔다. 두 번에 걸쳐 실패한 피어리는 늘 '북극점의 정복'이라는 무거운 짐에 짓눌려

살았다.

그러던 중 그에게 기쁜 소식이 하나 생긴다. 1908년 루스벨트 대통령이 50세가 넘은 피어리에게 북극점 탐험 지시를 내렸다. 지난 20년간 이루지 못한 북극 탐험의 종지부를 찍을 수 있는 기회인 것이다. 22명의 탐험대원과 함께 뉴욕을 떠나 7월 26일 북극권인 66°33′을 넘었다. 8월 1일에는 그린란드 북서쪽의 요크곶에 닻을 내리고 에스키모 22명과 개썰매를 동원하여 본격적인 탐험에 나섰다. 9월 5일에는 북위 82°30′에 위치한 세리단곶 북쪽 끝에 있는 컬럼비아곶에 전진기지를 만들고 그곳에서 겨울을 보냈다.

거기서부터 북극점까지는 직선거리 660㎞이지만 빙산과 골짜기, 살을 찢는 추위, 출렁이는 바닷물 등 결코 쉬운 여정은 아니었다. 1909년 3월 1일 피어리는 대원들을 재정비하고 '극지법'이란 공격 방법을 고안하여 출발하였다. 전 대원을 6팀으로 나누어 1조가 길을 개척하여 캠프를 설치하고 나머지 다섯 조는 뒤를 따르며, 다음은 2조가 길을 열면 나머지 네 조가 바통을 잇는 식으로 마지막 공격조가 힘을 아꼈다가 북극점에 도달한다는 계획이었다. 3월 27일 피어리는 3년 전에 눈물을 머금고 되돌아섰던 87°06′에 도달하였다.

4월 1일에는 87°47′에 다다라서 마지막으로 버틀렛 선장이 이끄는 팀도 돌려보내고 자신의 개인 조수인 핸슨(Marthew Henson)과 에스키모 네 사람으로 극점 공격 계획을 수립하였다. 공격조 여섯 사람을 태운 개썰매는 남은 94㎞를 하루 20~25㎞씩 전진하였으며, 4월 6일 오후에 북극점에 도달하였다. "조국이여! 마침내 북극점에 왔소이다. 300년 동안 사람들의 경쟁 표적이었던 북극!"이라고 일기를 적은 피어리는 15년 전 부인이 만들어 준 성조기를 극점에 세움으로써 북극 탐험에 종지부를 찍었다. 한편 이 일기는 추후 피어리가 북극점에 도달하지 못했다는 것을 주장하는 데 사용되는 등 여러 의혹을 불러일으키기도 했다.

하나님! 이곳은 끔찍한 곳입니다
-남극점의 탐험

사람이 남극 대륙에 처음 상륙한 1895년부터 1922년까지를 남극 탐험의 '영웅 시대'라고 부른다. 모두 어려운 여건 속에서 생명을 걸고 남극을 탐험했기 때문인데, 당시만 해도 남극을 제대로 아는 사람도 없었고, 남극 인근의 해도도 제대로 알려진 것이 없었다. 오로지 남극을 탐험하겠다는 숭고한 의지와 위대한 사명감으로 남극을 탐험했던 것이다. 무전기나 GPS(위성 항법 장치) 같은 현대적인 장비도 없었다. 가지고 있는 것이라고는 초보적인 망원경과 경위도 측정 장치 그리고 나무로 만든 고래잡이배나 물개잡이배가 전부였다. 1895년 이전에도 상황은 비슷했는데, 멀리서 남극 대륙을 바라보거나 각국의 해군이 남극 바다 부근을 항해하는 것이 고작이었다. 설사 해안에 상륙했다고 하더라도 내륙으로 깊이 들어갈 수는 없었다. 그만큼 남극 대륙은 인간의 발길을 거부해 온 것이다.

영국을 탐험 왕국으로 만든 제임스 쿡은 비록 남극 대륙에 상륙하지는 못하였지만 남극의 모습이 빙하로 이루어진 산과 같다고 전 세계에 알린 최초의 인물이다. 그때 보고한 얼음덩어리가 남극 대륙의 일부분인지 아니면 바다에 떠 있는 큰 빙산의 일부인지는 알 수 없었다. 그 후 벨링스하우젠(Fabian von Bellingshausen, 1778~1852)이 이끄는 러시아 해군 탐험대가 1819년에 남극 해역을 다녀갔고, 영국의 필드도 1820년에 남극해 일대를 탐험하고 돌아갔다.

남극이 대륙이라는 것을 알아낸 사람은 미국의 찰스 윌크스(Charles Willkes, 1798~1877)이고, 1840년에 남극 일대 해안을 지도로 그린 사람은 영국의 제임스 로스

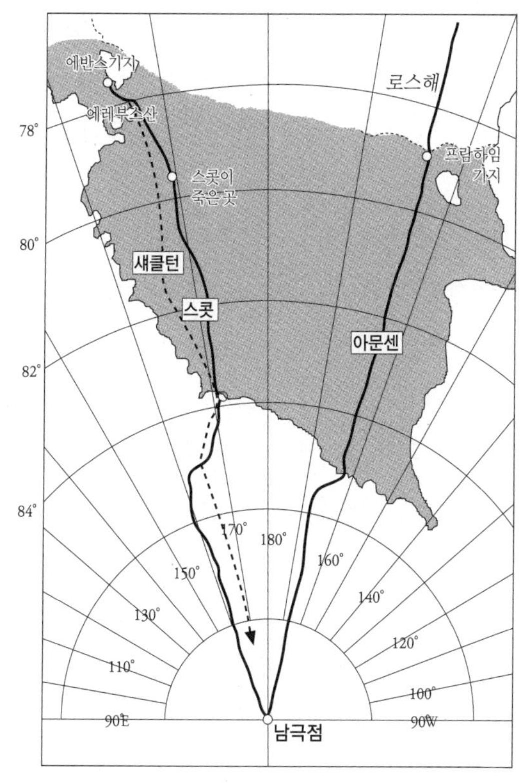

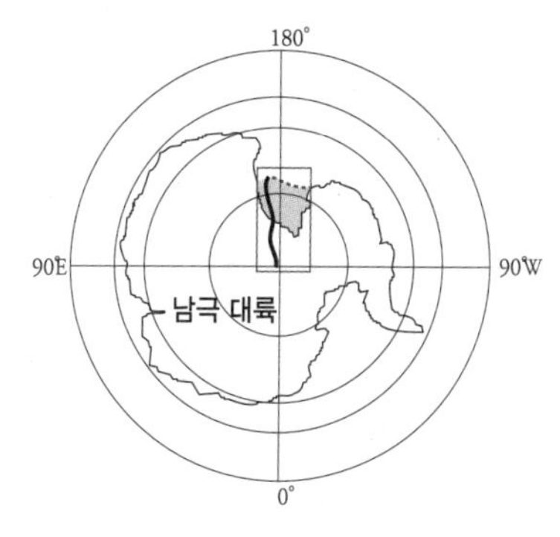

남극점의 탐험 1910년 6월 영국의 스콧과 노르웨이의 아문센이 거의 동시에 남극점으로 향했지만, 스콧은 돌아오지 못했다.

(James Ross, 1800~1862) 경이다. 1895년 노르웨이의 크리스 텐센 이후, 벨기에의 해군 장교 아드리엔 드겔라쉬, 스웨덴의 지질학자인 오토 노르덴쉘드 등 수많은 사람이 남극 또는 그 인근을 다녀갔다. 그 외에도 웨들, 비스코, 섀클턴, 힐러리 등 주로 영국인이 남극과 그 주변 일대를 많이 탐험하였다. 특히 남극에 가장 큰 발자취를 남긴 탐험가로는 영국의 스콧과 노르웨이의 아문센, 그리고 미국의 버드(Richard Byrd, 1888~1957)를 꼽을 수 있다.

로버트 스콧은 1868년 영국의 데번포트(Devonport)에서 태어났다. 1880년에 해군에 들어가 1901년부터 4년간 디스커버리호를 이끌고 남위 82°16′33″까지 1차 탐험을 하였다. 이때부터 남극점의 정복이 결코 불가능하지 않다는 생각을 하게 되었고, 1910년 6월 남극점의 정복을 위해 탐험대를 이끌고 다시 영국을 떠났다. 북극점의 정복을 미국에 빼앗긴 영국으로서는 양보할 수 없는 한판의 싸움이나 다름없었다. 왜냐하면 이제까지 남극해는 제임스 쿡 선장을 비롯한 많은 영국인들이 개척해 왔기 때문이다.

또 하나의 탐험대가 남극으로 향하고 있었는데, 바로 노르웨이의 아문센이었다. 아문센은 난센과 함께 북극해를 탐험한 일이 있으며, 1906년 47톤짜리 예아호로 처음 북서항로를 개척하고 자북극을 발견하여 탐험가로서 이름을 떨쳤다. 그러나 아문센 역시 미국의 피어리에게 북극점의 정복을 빼앗긴 후, "피어리에게 북극점을 되돌려 달라고 할 수는 없지 않은가? 그러니 남극으로 갑시다!"라고 대원들을 달래며 남극 탐험 준비를 시작하였다. 아문센도 1897년에 벨기에 탐험대 대원으로 남극에 다녀갔으며, 남극점의 정복은 누구에게도 빼앗겨서는 안 될 절대적인 목표였다. 그는 노르웨이의 영웅 난센이 사용하던 프람호를 타고 남극으로 향했다.

아문센은 1910년 6월 오슬로를 떠나며 남극으로 떠난다는 통지문을 스콧에게 보냈는데, 이것이 남극점 정복을 두고 벌어진 세기의 대결이었다. 아문센은 1911년 1월 14일 남극점으로부터 1300㎞ 지점인 남위 78°30′에 전진기지를 세웠으며, 스콧은 4일 뒤인 1월 18일에 바닷가에 상륙하여 기지를 건설하였다.

남극의 탐험에는 식량과 장비를 군데군데 파묻어 두는 데포(depot)를 준비하는 것이 가장 중요하다. 아문센은 2월 14일에 위도 80°에 첫 데포를 세워 550kg의 식량을 저장하고 제2의 데포, 제3의 데포를 만들면서 '썰매가 무겁다.' '스키 구두가 작고 딱딱하다.' '데포를 찾기 어렵다.' 등 대원들로부터 들은 이야기를 토대로 75kg이던 썰매를 22kg으로 줄였다. 그리고 데포를 설치한 좌우에 찾기 쉽게 깃발을 더 많이 세우고 텐트를 빨간색으로 바꾸었으며, 썰매에 수레를 달아 거리를 알 수 있게 준비하였다. 그 후 개썰매와 스키를 이용하면서 1911년 12월 7일에 제10의 데포를 88°16′ 지점에 만들고 계속 항진하였다. 마침내 12월 14일 점심때가 지난 후 관측기의 바늘이 90°에서 멎었다. 바로 남극점이었다. 아문센 일행은 남극점

위에 노르웨이 국기를 꽂고 국가를 불렀다.

한편 스콧은 10월 24일 아문센이 제1의 데포(남위 80°)에 가 있을 때 베이스캠프를 출발하였는데, 남위 83°30′에 도달한 후부터는 만주산 조랑말이 지쳐 쓰러지고 썰매 개들도 지치자 사람들이 썰매를 끌면서 걸어갔다. 12월 31일 남위 87°34′에 이르러서는 일곱 사람을 다시 돌려보내고 윌슨, 바우어즈, 오츠, 에번스 그리고 스콧 등 다섯 사람만 가기로 하였다. 그들은 기지를 출발한 지 약 석 달 만인 1912년 1월 17일 남극점에 도달하였으나 거기에는 이미 노르웨이의 깃발이 펄럭이고 있었다. 스콧을 비롯한 일행은 허탈감에 빠져 걸음을 떼지 못했다. 그 후 아문센은 1월 25일 무사히 기지로 돌아왔지만 스콧 일행 5명은 끝내 남극의 영혼이 되어 돌아오지 못하였다. 스콧의 일기에는 '최악의 일이다.' '위대한 하나님! 이곳은 끔찍한 곳입니다.' 뿐만 아니라 1912년 3월 29일 마지막 일기에는 '신이여, 우리 가족을 돌보아 주소서.'라고 적혀 있었다고 한다.

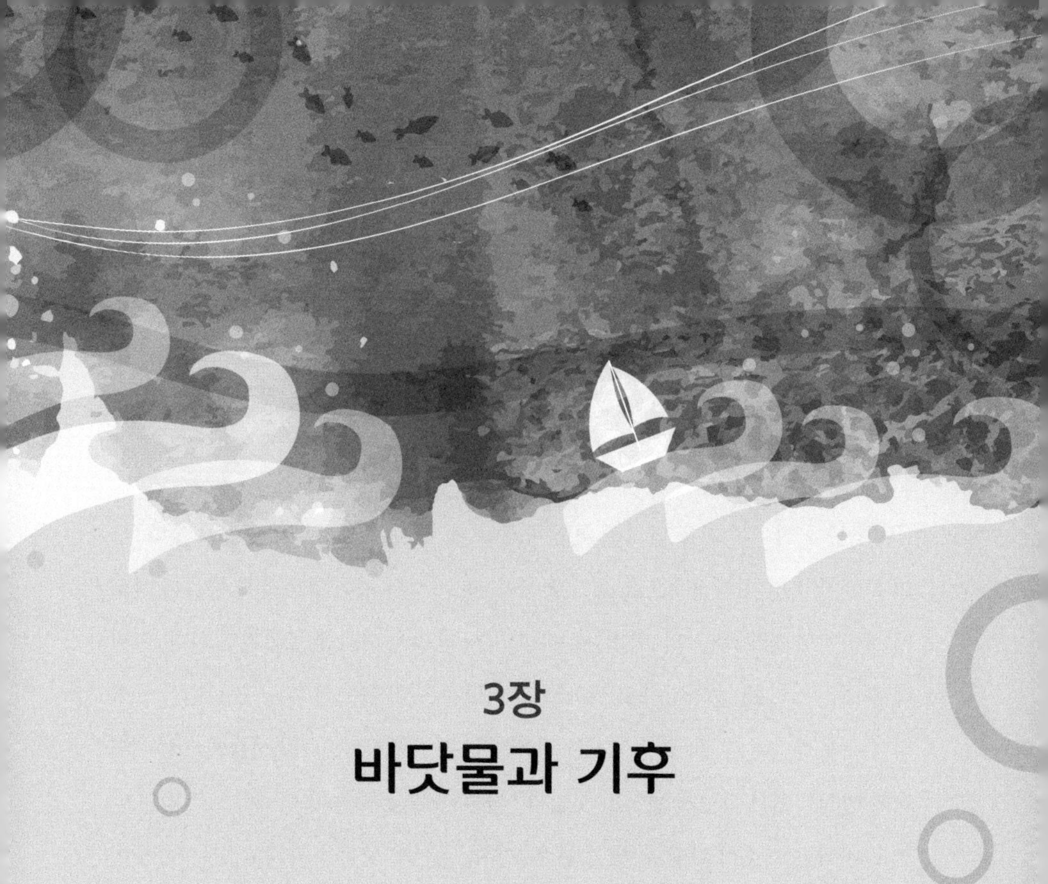

3장
바닷물과 기후

바닷물은 왜 파란색일까
-바닷물의 색깔

바닷물에 흰 손수건을 담그면 파랗게 물들 것 같지만 실제로는 그렇지 않다. 우리 눈에만 바다가 파란색으로 보일 뿐이다. 또 바다는 깊이에 따라서 색깔이 다르게 보이기도 하고, 바닥의 토양 재질에 따라서 색깔이 다르게 보이기도 한다. 그런데 우리는 바다를 늘 파랗다고 생각한다. 바닷물을 흰 그릇에 떠 놓고 보면 강물이나 수돗물과 같은데 말이다. 그러면 왜 바닷물은 파랗게 보일까? 하늘이 파란색이니까 반사되어서 그렇게 보이는 것일까? 물론 아니다. 하늘이 비구름으로 덮인 날에도 바다는 여전히 파랗다. 빛은 흡수, 반사, 분산의 성질을 가지고 있는데, 빛이 바다에 비칠 때도 이 성질은 그대로 유지된다. 결론적으로 바닷물의 색깔은 물을 투과하는 빛의 파장에 따라 다른데, 이때 물속을 통과하는 빛의 파장이 길고 짧음에 따라 색깔이 결정된다.

태양광선이 프리즘을 통과하면 빨강에서 보라까지 무지개 색깔로 나타난다. 이러한 색깔은 태양광선이 어느 빛을 흡수하고 어느 빛을 반사하느냐에 따라 나타난다. 모든 빛을 흡수하는 물체는 검은색, 모든 빛을 반사하는 물체는 흰색으로 보인다. 일반적으로 태양광선이 맑은 물에 부딪히면 붉은색과 적외선이 먼저 흡수되고, 깊은 물속까지 내려가면 적색광은 완전히 흡수되고 사라져서 보이지 않는다. 반면 청색광은 흡수 속도가 가장 느리다. 그래서 청색광이 물을 관통해 들어가면 극히 일부는 흡수되고 나머지는 물 분자에 부딪혀 사방으로 산란된다. 이때 푸른 빛이 물을 뚫고 밖으로 나와 바다를 파랗게 보이게 하는 것이다.

물이 파란색으로 보이게 하려면 물 깊이가 최소 3m는 넘어야 하므로 컵의 물은 파랗게 보이지 않는다. 또한 바다가 아니더라도 깊은 호수나 강도 파랗게 보일 수 있다. 바다 밑으로 150m 정도 내려가면 모든 빛이 흡수되어 바닷속은 깜깜한 암흑의 세계가 된다. 바다 중에는 녹색이나 적색으로 보이는 곳도 있다. 이것은 태양광

바다 이름에 붙은 색깔

바다가 파랗게 보이는 것이 정상이지만 지역에 따라 바다 색깔이 다르게 보여서 바다 이름에 누런색, 붉은색, 검은색 등의 색이름이 붙어 있는 경우가 있다. 그 대표적인 것이 우리나라와 중국 사이에 위치한 바다인 황해이다. 황해는 중국의 황하에서 유입되는 누런 황토물 때문이기도 하지만, 오랜 세월 동안 황토가 바다 밑바닥에 침적되어 물빛이 누렇게 보이기도 한다. 지중해에서 수에즈 운하로 연결되는 홍해는 붉은 바다로 알려져 있다. 이는 적도에 가깝기 때문에 수온이 29℃로 높을 뿐만 아니라 긴 대롱 속에 갇혀 있는 형국이라서 붉은 색깔의 미생물이 많아 붉게 보이기도 한다. 유럽 남동부와 아시아 사이에 있는 검은 색깔의 흑해는 물빛이 군청색으로 진한 편이다. 이유는 18% 내외의 저염분 때문에 생물이 살지 못해 그런 이름이 붙여진 것이지 원래 물 색깔이 검은 것이 아니다. 이 바다는 대양에서 분리되어 점차적으로 염도가 낮아졌는데, 특히 황화수소 응집체가 퍼져 있기 때문에 산소가 없다. 그 결과 이 바다는 '죽은 바다' 또는 '검은 바다'라는 의미에서 흑해라고 부른다.

인공위성에서 찍은 흑해

선의 흡수나 반사에 따른 광학적 효과가 아니라, 바닷물에 섞여 있는 유기물, 해조류, 부유물 등 때문이다. 노란색 계통의 이물질이 많이 섞여 있는 바다는 파란빛에 노란색이 합쳐져 녹색으로 보인다. 적색 바다는 해안에서 자주 볼 수 있는데, 주로 물 표면 가까이 떠 있는 조류나 플랑크톤 탓이다. 이렇듯 바닷물의 색깔은 원래 파란색이 아니고 광학적 역할 때문에 파랗게 보일 뿐이다.

바다는 왜 쉽게 얼지 않을까
-바닷물의 빙점

같은 물이라도 민물은 0℃에서 얼지만 바닷물은 약 -2℃에서 얼기 시작하는데, 북극해에서도 -2℃ 정도가 되어야 얼어붙는다. 바닷물에는 염분이 녹아 있기 때문에 표면 수온이 -2℃(정확하게는 -1.91℃) 이하로 내려가야 얼어붙는다. 또한 바닷물의 무게도 이때가 가장 무겁다고 한다. 참고로 민물 1ℓ는 1kg이고, 바닷물 1ℓ는 1.25kg이다. 겨울철 기온이 -10℃로 떨어지면 강릉의 경포호는 얼어붙지만 바로 옆에 있는 경포해수욕장의 바다는 얼지 않는다. 바다는 너무나 넓고 깊기 때문에 바닷물 전체를 -2℃ 이하로 내려가게 하는 데는 아주 오랜 시간이 걸리기 때문이다. 바닷물 속에는 염화나트륨이 78%, 나머지는 염화마그네슘 등 여러 성분이 들어 있으며, 평균 농도는 35‰이다. 이는 바닷물에는 3.5%의 소금이 들어 있다는 말인데, 바닷물 100㎖를 증류하면 3.5g 정도의 소금을 얻을 수 있다는 말이다.

바닷물이 쉽게 얼지 않는 또 다른 이유는 온도뿐만 아니라 파도, 해류, 조류에 의해 바닷물이 항상 출렁이고 있기 때문이다. 세숫대야에 바닷물을 가득 담아 놓았을 때는 -2℃가 되면 서서히 얼어붙는다. 또한 0℃에서 물속에 얼음을 넣으면 물보다 가벼운 얼음이 떠오르는데, 이러한 현상도 바닷물이 잘 얼지 않는 원리이다. 바닷물에 많이 함유되어 있는 소금(염화나트륨)은 녹을 때 주위의 열을 빼앗아 간다. 즉 겨울철 눈이 오면 염소와 칼슘의 화합물인 염화칼슘을 뿌리는데, 이는 공기와 수분의 반응으로 열을 발생시켜 눈과 얼음을 녹이는 것이다. 또한 겨울철 물을 담아 둔 독은 얼어서 터지더라도 김장독은 잘 터지지 않는 것도 염분 때문이다.

북극해는 얼음으로 뒤덮여 있다. 이곳은 1년 내내 상상도 못할 만큼 추운 날씨가 계속되므로 바닷물의 온도가 대부분 −2℃ 이하로 내려가 있어서 항상 얼어 있는 편이다. 반면에 추운 지방인데도 얼지 않는 바다가 있다. 위도가 높은 북극 바다라 하더라도 난류가 흐르거나 수온이 높은 곳에서는 바닷물이 얼지 않는다. 북위 43°로 위도가 비교적 낮은 러시아의 블라디보스토크 항구는 11월부터 이듬해 3월까지 얼어붙는 반면에, 북위 70°인 노르웨이의 함메르페스트 항구나 북위 69°인 러시아의 무르만스크 항구는 최북단 항구임에도 불구하고 난류의 영향으로 겨울에도 얼지 않기로 유명하다.

민물의 빙점

호수가 얼 때는 반드시 수면 위에서부터 어는 것을 볼 수 있다. 그 이유는 물의 특성과 관련이 있다. 민물은 온도가 4℃(정확하게는 3.98℃)일 때 가장 무겁다. 즉 그때의 밀도 또는 비중이 가장 높다는 말이다. 4℃가 되었을 때 가장 무겁고, 4℃ 이하로 떨어지면 다시 가벼워진다. 바깥 기온이 떨어져 호수 표면의 온도가 내려가면 표면에 있는 물의 무게는 무거워져서 바닥으로 가라앉고, 호수 바닥에 있던 가벼운 물은 위로 떠오른다. 이러한 대류 현상은 호수 표면의 물 온도가 4℃ 이하가 될 때까지 계속된다. 호수 표면의 온도가 4℃ 이하가 되면 아랫부분에 있는 물의 무게보다 표면의 물이 가볍기 때문에 더 이상 대류 현상은 발생하지 않고 호수 표면에 그대로 머물게 된다. 이때 바깥 기온이 더욱 떨어진다면 호수 표면의 온도는 3℃→2℃→1℃로 내려가다가 어는점 0℃에서 점차 얼기 시작한다. 이렇게 해서 언 얼음은 물보다 가볍기 때문에 수면을 덮은 채 남아 있게 되고 얼음층은 점차 두꺼워진다. 이때 호수 밑바닥의 물의 온도는 4℃로 남아 있다. 이러한 이유로 호수나 강물은 윗부분부터 얼기 시작한다.

바닷물의 온도는 어디서나 같을까
-바닷물의 온도

바닷물도 태양열을 받아 따뜻해진다. 그러므로 바닷물의 온도도 태양열이 강하게 비치는 적도 쪽으로 갈수록 높아지고, 극지방으로 갈수록 낮아진다. 전 해양의 바닷물 평균 수온은 약 17.5℃이지만, 열대지방에서는 30℃, 한대지방에서는 −2℃ 정도 된다. 또 같은 위치에서도 바다의 깊고 낮음에 따라 온도가 다르며, 밤낮의 온도 또한 다르다. 페르시아만은 바닷물의 표면 온도가 비교적 높은 해역으로서 평균 32℃ 정도 되고, 수심이 얕은 곳에서는 36℃까지 올라간다. 또한 표면에서부터 1000m 이내에는 다소 변화를 보이지만 그 이하에서는 큰 변화가 없으며, 2000~3000m까지 내려가면 1℃ 이하로 별 차이를 보이지 않는다. 더 깊은 곳으로 내려가면 적도 부근이나 극지방이라도 큰 차이를 보이지 않으며, −1~4℃(냉장실 온도)의 범위 안에서 변화한다.

바닷물은 열 함유량이 아주 높기 때문에 수온이 약간 높거나 낮아질 때 대기에 미치는 영향이 매우 크다. 전체적으로 수온이 높아지면 대기로 증발할 수 있는 수증기 양이 많아져서 구름이 많이 생길 수 있다. 열대 해역의 수온이 높아지면 극지방과 동서 방향에서 수온 차이가 커지므로 더운 곳에서 공기가 올라가고 찬 곳에서 공기가 내려와 대기의 동서 방향 순환에 의한 열전달이 강해진다. 구름은 이러한 온도 차이를 줄이는 완충 작용을 한다. 전 세계 바다 수온은 점차 올라가고 있는데, 미국 샌프란시스코 남쪽의 태평양 연안은 1931년 이후 60년 동안 평균 0.3℃가 올라갔고, 그 남쪽 해안도 1951년 이후 40년 동안 1.6℃가 올라갔다고 한다. 또 캘리포니아주 앞바다의 수온이 올라가면서 물고기의 먹이가 줄어 어획량(특히 정어리)이 30%나 줄었고, 물새도 종류에 따라 90%나 줄어들었다고 한다.

바다 표면의 수온만 올라가는 것이 아니라 바닷속 깊은 곳의 수온도 함께 올라가고 있다. 대서양 수심 2㎞ 지점의 온도는 1957년 이후 35년 동안 평균 0.32℃가 올라간 것으로 1992년에 확인되었다. 이 정도 추세라면 100년에 1℃가 올라가는 셈이다. 육지에서 사과 재배 지역이 점점 북쪽으로 올라가듯이, 바다에서도 물고기의 생장 분포가 난류 지역에서 한류 지역으로 심해에서 낮은 곳으로 조금씩 이동하게 될 것이다. 인위적으로 바닷물의 온도를 상승시키는 원자력발전소는 우리나라에는 울진, 월성, 고리, 영광 등에 총 23기가 건설되어 있으며, 추후 계획 중이거나 건설 중인 것까지 합하면 약 30기 정도 된다. 1000MW급 원자로 1기에서 배출

해양온도차발전

바닷물의 온도 차이를 이용하여 전기를 생산할 수 있다. 이른바 '해양온도차발전'이다. 표면의 따뜻한 해수와 심해의 차가운 해수의 온도차를 이용하여 열에너지를 기계적으로 변환시켜 발전하는 기술이다. 이러한 온도차발전의 원리는 냉장고의 원리와 같다. 냉장고는 프레온가스 같은 기체를 압축해 액체로 만든 뒤, 이 액체를 기체로 바꿀 때 주위의 열을 빼앗는 성질을 이용해 음식물을 차게 만든다. 온도차발전을 하기 위해서는 깊은 곳과 수면 가까운 곳의 바닷물 온도 차이가 적어도 20℃ 이상은 되어야 한다. 해양온도차발전은 1881년 프랑스에서 최초로 제안된 이후 1960년대에 여러 번 실험이 이루어졌으나 기술상의 어려움 등으로 성공하지는 못하였다.

그러다가 1973년 1차 석유파동 이후 다시 연구가 시작되어 개발 속도가 가속화되었으며, 미국, 일본 등지에서 해상 실험이 실시되었다. 미국은 1978년 하와이 근해에서 59㎾급의 소규모 실험 발전에 성공하였고, 1981년에는 또 다른 실험 발전기를 제작하여 해상 실험을 마친 바 있는데, 앞으로 출력 10만 ㎾급 발전소를 건설하기 위해 상세한 설계와 함께 모형 수조 실험을 실시하고 있다. 일본도 온도차발전 실험을 계속하고 있는데, 1981년 남태평양의 나우루공화국 해역에서 120㎾의 실험 발전에 성공하였고, 1982년 말에는 규슈 서남쪽에 위치한 도쿠시마에서 50㎾급 실험에 성공하였으며 1989년에는 도야마만에 1㎿급 실험용 발전 시설을 설치하였다고 한다.

되는 온배수량은 초당 약 50~60톤 정도 된다. 온배수의 배출 수온은 지역별·계절별 편차가 존재하지만 대부분 바닷물 취수 시보다 약 7℃가량 높아진 상태로 배출되고 있는 실정이다.

바닷물은 왜 짤까
- 염분과 염류

태초의 바닷물은 짠물이 아닌 민물이었는데, 암석을 잘 녹이는 황이나 염소 등의 산성 물질 때문에 짜게 되었다고 한다. 원시 지구의 바닥에 깔려 있던 암석에 나트륨, 마그네슘, 칼슘 등 여러 종류의 염류가 용해되어 점차 짠물이 된 것이다. 흔히 염분이라고 하면 바닷물에 녹아 있는 소금 성분을 생각하는데, 이들은 여러 종류의 염류로 나누어져 있다. 일반적으로 바닷물 1kg에는 약 35g의 염류가 녹아 있는데, 염화나트륨 77.7%, 염화마그네슘 10.8%, 황산마그네슘 4.8%, 황산칼슘 3.7%, 황산칼륨 2.5% 등의 비율로 녹아 있다. 즉 바닷물의 염분 농도는 약간 다를 수 있으나 바닷물에 녹아 있는 염류들의 비율은 거의 일정하다는 말이다.

염분의 농도는 태평양, 대서양, 인도양 등 바다에 따라 약간의 차이가 있는데, 대체적으로 33~37‰이고, 전 세계의 평균값은 35‰(바닷물 1000g에 염분 35g)이다. 염분과 염류의 관계를 쉽게 설명하자면, 출퇴근 때 지하철은 한가로운 점심 때보다 훨씬 많은 사람이 타고 있어 혼잡도(염분 농도)가 높지만, 사실 어느 때든지 타고 있는 남녀노소의 비율(염류)은 거의 일정하다면, 혼잡도가 높든 낮든 관계없이 그 속에 녹아 있는 염류의 비율은 일정하다는 말이다.

바닷물의 염분 농도는 지리적으로 다르게 나타나는데, 북반구의 해수는 남반구의 해수보다 염분이 낮다. 이는 북반구에는 많은 대륙들이 분포해 있어서 많은 양의 담수가 대륙으로부터 유입되기 때문이다. 그러나 대서양은 다르다. 강을 통해 유입되는 담수 총량의 약 80%가 대서양으로 흘러들어 가지만 대서양 해수의 염분

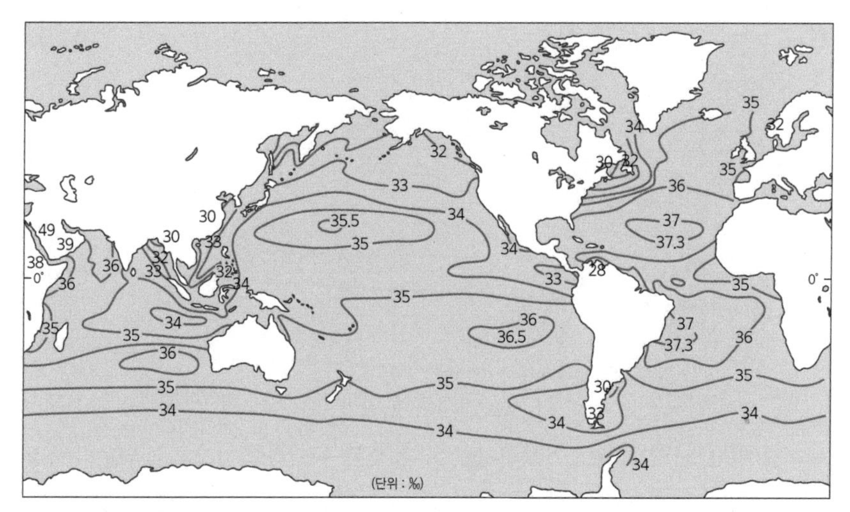

해양 표층수의 염분 분포도

은 태평양 해수에 비해 다소 높다. 이는 강수량보다 증발량이 훨씬 더 큰 지중해의 고온, 고염분 해수가 대서양으로 유입되기 때문이다. 태평양은 무역풍을 따라 열대수렴대로 운반되는 막대한 양의 수증기 때문에 대서양보다 염분이 다소 낮다.

비가 많이 와서 대량의 강물이 바다로 들어가면 바닷물이 묽어지고(염분도 감소), 바다에서 증발이 많이 이루어지면 바닷물이 짜진다(염분도 증가). 이런 이유로 비가 자주 오는 저위도 지역(0~10°)의 바다는 염분도가 낮고, 바람이 자주 불고 비가 많이 오지 않는 중위도 지역(20~30°)의 바다는 염분도가 높다. 또한 고위도 지역(50~70°)으로 올라가면 염분도는 더욱 낮아진다. 그 이유는 극지방에서 빙하가 녹아 바다로 유입될 뿐만 아니라 차가운 날씨 때문에 증발도 왕성하지 않기 때문이다.

바다는 왜 갈라지는가
-신비의 바닷길

바다가 갈라지는 모세의 기적은 이스라엘 민족이 이집트를 탈출하는 과정에서 일어난 일로, 일명 홍해의 기적이라고 한다. 오늘날 모세의 기적은 주위보다 높은 해저지형이 바닷물이 빠질 때 드러나는 것을 일컫는데, 마치 바닷물이 갈라지는 것처럼 보일 뿐이다. 즉 조석의 영향으로 바닷물이 빠지면서 드러난 해저지형인 것이다. 이 현상을 해할(海割)이라고 하는데, 이는 지구와 달의 인력 때문에 생긴다. 이로 인해 해면이 하루에 두 번씩 오르락내리락하는 조석이 생기는데, 특히 보름과 그믐에 큰 조차가 발생한다. 또 달이 지구를 도는 궤도(백도)가 타원형을 이루고 있는데, 이때 지구와 달의 경사도 등 복합적인 요인 때문에 봄과 가을에 조차가 더 커진다. 아무튼 바닷길은 바닷물이 좌우로 갈라지는 것이 아니라 조석 때문에 바닷물이 빠지면서 주위보다 높은 지형이 물위로 드러나는 것을 우리는 모세의 기적이라고 부르는 것이다. 우리나라의 남해안이나 서해안은 고조와 저조의 차가 다른 나라보다 크고, 해안선이 복잡하고 길며, 연안의 바다 밑 모양이 울퉁불퉁해서 바닷길이 드러나는 지역이 많은 편이다.

1년 중 물이 가장 많이 빠지는 날이 있는 반면, 가장 많이 들어오는 날도 있다. 한 해 가운데 대략 음력 7월 보름인 백중(百中)에 조차가 가장 크다. 이른바 '백중사리'란 이때(달=태양=지구가 일직선)를 말하는 것이다. 백중사리 때에는 썰물 때 물이 낮아져서 남해안이나 서해안에 바다 갈라짐 현상이 일어난다. 즉 현대판 모세의 기적이 일어나는 것이다. 특히 전라남도의 진도는 가장 먼저 '신비의 바닷길'로 유명해지면서 매년 축제가 개최되고 있다. 음력 3월 대사리 기간에 열리는 이 축제(연등제)는 국가지정 명승 제9호로 문화체육관광부가 지정한 향토 축제이다. 진도의 회동과 모도 사이에 2.8㎞의 바닷길이 갈라지는 시기는 해마다 약간의 차이가 있지만 대략 음력 2월 말부터 4월 초 정도이다.

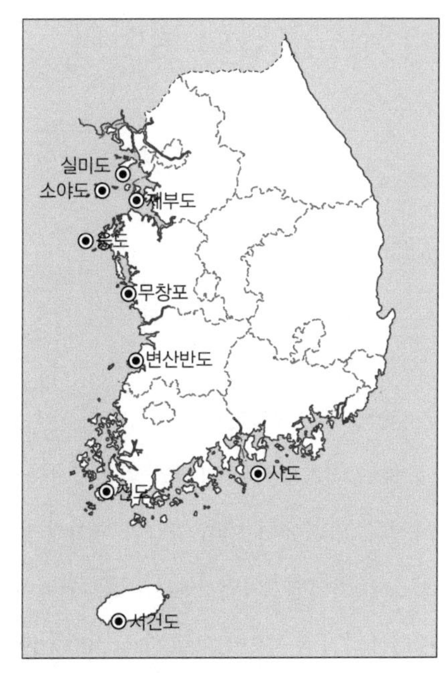

바닷길이 열리는 지역

충청남도 보령시의 무창포는 한 달에 4~5차례씩 바다가 갈라져서 전국적으로 유명세를 떨치고 있다. 석대도까지 1.5㎞의 갈라진 바닷길을 걸으며 해삼, 소라, 낙지 등을 맨손으로 건져 올리는 재미를 느낄 수 있다. 그 외에도 전라남도 영광군 안마군도의 각이리, 전라남도 여수시 화정면 사도리, 경기도 화성시의 제부도, 부안군 하섬, 인천시 옹진군 선재도-측도, 태안군 섬꼬챙이, 서천군 유부도, 서귀포시 서건도, 인천시 무의도 등 전국의 20여 곳에서 바닷길 갈라짐 현상이 나타난다. 국립해양조사원에서는 1년 이상의 조석 관측 및 표척 관측, 바닷길 지형에 대한 수준 측량 등을 실시하여 바다 갈라짐의 기준면을 결정하고, 조석 관측 자료를 이용하여 바다 갈라짐 예측 시간을 결정한다. 이를 토대로 국립해양조사원 홈페이지에 해저지형이 노출되는 시간대를 예측하여 국민들에게 알려 준다.

바닷속은 압력 덩어리
-수압

수압은 물의 무게로 생기는 압력으로 물속에서 물체에 작용하는 힘을 일컫는다. 즉 물이 내리누르는 힘이라고 생각하면 되는데, 이때 깊이 들어갈수록 압력이 높아진다. 바다에서 10m 하강할 때마다 1기압씩 증가하는데, 수면(대기 중)이면 1기압, −10m이면 2기압, −40m 물속이면 5기압의 힘이 가해진다. 따라서 10m 깊이마다 1기압씩 높아지므로 수심 5000m에서는 약 500기압이 작용한다. 그래서 깊은 바닷속으로 들어가는 잠수정은 강한 수압에 찌그러지지 않도록 티타늄과 강철로 아주 단단하게 만들어져야 한다. 실제로 500기압이 작용하는 바닷속은 손톱만한 면적에 소형자동차를 올려놓고 누르는 정도의 압력이 발생한다. 그뿐만 아니라 깊은 바닷속은 빛이 들어가지 않는 암흑세계이므로 우주 탐사에 버금가는 첨단 기술이 필요하다.

사람이 아무런 장비 없이 바다 밑으로 내려갈 수 있는 한계는 −20~−30m라고 한다. 튼튼하게 만든 잠수함도 보통은 −300~−800m 정도밖에 내려갈 수 없는데, 더 깊은 바다에 사는 게나 물고기는 어떻게 수압을 지탱할 수 있을까? 특히 게, 새우, 조개 따위는 단단한 껍데기를 가지고 있지만, 그것은 수압에 견디기 위해서가 아니라 적에게 쉽게 잡아먹히지 않기 위해서이다. 그렇다면 바닷속에 사는 생물들은 어떻게 수압을 견딜까? 물고기는 끊임없이 입을 뻐끔거리면서 물을 들이켜고 있다. 이렇게 빨아들인 물은 물고기 몸 안으로 들어오면서 몸 밖의 수압을 몸 안의 압력과 같게 만들어 주는 역할을 한다. 이러한 원리로 물고기는 수압 걱정 없이 살

수 있다고 한다.

예를 들어 통조림 같은 깡통을 수심 100m 아래로 내려서 다시 건져 보면 찌그러져 있기 마련이다. 하지만 미리 군데군데 구멍을 뚫어서 내려 보면 그 구멍으로 물이 들어가서 인근의 수압과 같아지기 때문에 찌그러지지 않는다. 깊은 바다에 사는 물고기들도 몸속에 수분을 집어넣어서 물의 압력과 채내의 압력을 비슷하게 유지하고 있기 때문에 수압의 영향을 받지 않는다. 그리고 심해 생물의 구조 자체가 수압과 균형을 유지해 살아갈 수 있도록 만들어졌기 때문에 −5000m 깊이에도 갯지렁이와 같은 벌레들이 살아가고 있다. 만약 깊은 곳에 사는 물고기가 갑자기 수면 위로 올라오면 갑자기 압력이 낮아지기 때문에 죽을 수도 있다. 그래서 천천히 올라오면서 얕은 수심에 적응해 가야 한다.

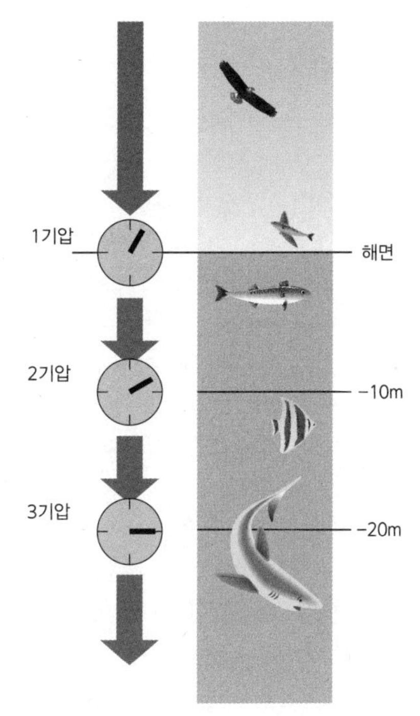

수압의 작용

한편, 인간이 잠수할 수 있는 깊이는 얼마나 될까? 앞서 말했다시피 일반적으로 호흡 장치 없이 내려갈 수 있는 깊이는 약 −20~−30m 내외이며, 잠수 시간도 2분 이내가 보통이다. 잠수복을 입고 압축공기를 사용할 경우에도 −60m 정도가 한계이지만, 헬륨가스를 이용한 혼합 기체를 사용하면 −250~−330m까지 잠수할 수 있고, 최고 −500m까지도 수압에 견딜 수 있다고 한다. 최근에는 각종 장비의 발달로 더 깊이 내려갈 수도 있다. 1960년 1월 23일 미국 해군 소속의 잠수정 트리에스트호(Trieste)가 3명의 조종사를 태우고 수심 1만 916m의 챌린저해연까지 내려간 기록이 있으므로 장비의 발달이 수압을 능가한 셈이다.

대기압

하늘에서 받는 압력을 대기압이라고 하는데, 지구 상공을 둘러싸고 있는 공기의 무게 때문에 생긴다. 고도에 따라 다르지만 대략 지상으로부터 30㎞ 이내에 대기압이 생기는 것으로 알려져 있다. 대기의 압력은 대략 1㎠의 단면적을 가진 높이 약 760㎜의 수은 기둥의 무게와 동일한 압력이다. 만약 우리가 해수면을 기준으로 수중 10m의 물속에 들어간다면 대기 중의 1기압(Atmosphere, 기호: atm)과 10m 물속의 수중 압력이 합쳐져서 약 2기압의 압력을 받게 된다.

대기압을 측정하는 기압계는 1643년 이탈리아 과학자 토리첼리(Evangelista Torricelli, 1608~1647)가 고안하였다. 토리첼리의 고안에 따라 실시된 대기의 압력과 진공의 존재를 나타내는 원리는 다음과 같다. 길이가 1m인 유리관에 수은을 가득 넣고, 막히지 않은 위쪽을 손으로 막아 관 속에 공기가 들어가지 않도록 주의하면서, 용기를 거꾸로 세운다. 이때 유리관 속의 수은면이 내려와서 일정한 높이(약 760㎜)에서 멎는다. 이것은 관 속의 수은주가 대기압에 의해 받쳐져 있기 때문이다. 이때 관의 위쪽에는 미량의 수은 증기 외에는 아무것도 존재하지 않는 진공이 생긴다. 이것을 토리첼리의 진공이라고 한다. 대기가 높이 약 760㎜의 수은주가 미치는 압력과 같은 압력을 유리관 속의 수은면에 미치고 있다는 것을 알 수 있다.

1기압=1atm=760㎜Hg(㎜Hg는 수은주의 압력을 ㎜단위로 나타낸 것)

여기서 1㎜Hg는 1토르(Torr)라고도 하는데, 이것은 토리첼리의 이름을 따서 만든 단위이다. 그러므로 1기압은 760Torr이다. 보통 1기압이 누르는 힘을 1013.25헥토파스칼(hpa)로 표시하는데, 1기압=1atm=76㎝Hg=760㎜Hg=1013.25hPa로 나타낸다. 이 수치보다 대기압이 높으면 고기압, 낮으면 저기압이라고 한다.

하루에 두 차례 들락거리는 바닷물
- 밀물과 썰물

바닷물은 항상 움직이고 있다. 물이 들어올 때, 즉 외해에서 내해로 흘러들어 오면 만수위가 되고, 그 물이 다시 외해로 빠져나가면 저수위가 되어 갯벌이 보인다. 이러한 밀물과 썰물을 조류라고 한다. 육지 쪽으로 들어오는 것을 밀물(들물)이라 하고, 외해로 빠져나가는 것을 썰물(날물)이라고 하는데, 이 두 가지를 왕복성 조류라고 부른다. 국립해양조사원의 용어사전은 다소 이해하기가 어려운 듯하여 국어사전에서 정의한 내용을 나열하였다.

- 조석: 밀물과 썰물을 아울러 이르는 말
- 조류: 밀물과 썰물 때문에 일어나는 바닷물의 흐름
- 조위: 밀물과 썰물의 흐름에 따라 변하는 해수면의 높이[일명 조고(潮高)]
- 조차: 밀물 때와 썰물 때의 해수면 높이의 차[일명 조수간만차(潮水干滿差)]
- 사리: 매달 음력 보름과 그믐날에 조수가 가장 많이 밀려오는 때
- 조금: 조수가 가장 낮은 때(매달 음력 7, 8일과 22, 23일)

지구, 태양, 달 사이의 인력 작용으로 인해 바닷물이 하루에 2회(때와 장소에 따라 1일 1회) 오르내리는데, 이러한 힘을 기조력(起潮力) 또는 조석력(潮汐力)이라고 한다. 지구에서 가장 가까이 있는 달의 영향이 가장 크며, 다음으로 태양이 영향을 미친다. 태양은 덩치는 크지만 지구에서 멀리 떨어져 있기 때문에 달의 기조력에 못 미친다. 지구가 하루에 한 번 자전하는 동안 밀물과 썰물이 일어나는 시간은 일정하지 않고 매일 달라지는데, 이는 달이 하루에 약 1°씩 지구를 공전하기 때문이다.

달은 지구의 자전 방향으로 약 27.3일을 주기로 지구를 자전 공전한다. 따라서 달은 하루에 약 13°(360÷27.3)씩 움직인다. 그리고 달은 매일 13°씩 동진하여 다음날 약 52분(60÷15×13)분 늦게 뜬다는 의미이다(지구는 1시간에 15°씩 돌고, 달은 약 13°만큼 움직인다). 예를 들어 오늘 저녁 9시에 달이 떴다면 내일은 저녁 9시 52분에 뜬다. 따라서 달은 24시간 52분 만에 지구를 한 바퀴 도는데, 지구의 반대편에서도 같은 현상이 일어나므로 이것을 반으로 나누면 12시간 26분마다 밀물과 썰물이 일어나며 매번 26분씩, 매일 52분씩 간조와 만조가 늦추어지는 것이다.

간만의 차도 계속 변화하는데 28일을 주기로 사리와 조금이 반복된다. 사리는 간만의 차가 가장 큰 때이며 조금은 가장 작은 때이다. 이러한 조석 주기는 태양과 달과 지구의 상대적 위치에 따라 결정되는데, 특히 태양-달-지구가 일직선을 이루는 초승달일 때는 달의 인력과 태양의 인력도 일직선을 이루면서 지구의 바닷물을 크게 끌어당겨 백중사리가 나타난다. 만조 시에는 바닷물이 들어와 해수면이 올라가고 간조 시에는 바닷물이 빠져나가는데, 이때 서해의 물이 차오를 때 동해의 물이 빠지는 것은 아니다. 왜냐하면 바닷물은 물통 안의 물처럼 이리저리 쏠리는 것이 아니기 때문이다.

국립해양조사원에서는 부표식, 음파식, 수압식 등의 방법으로 조위를 관측하고

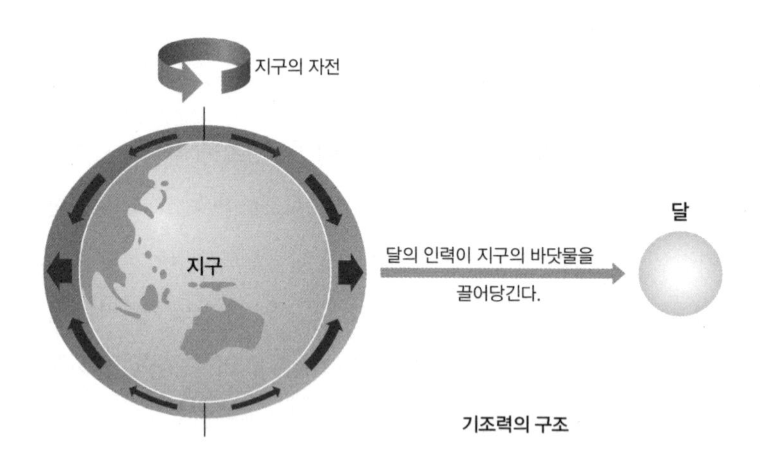

기조력의 구조

있는데, 1분 또는 10분 간격으로 우리나라 주요 연안에 대해 관측하고 있다. 관측 자료를 이용하여 매월 연평균, 고·저조위, 최고·최저조위, 평균 해면 등의 조석 통계자료와 일정 기간(월, 년, 10년, 100년 등)의 적정한 통계분석 방법에 의해 해수면 변동률을 산출하고 있을 뿐만 아니라 관측 자료를 이용하여 주요 항만 및 연안에 대해 매일 조석 예보와 조류 예측을 알리고 있다.

우리나라의 조위관측소는 동해안에는 속초·묵호·후포·포항·울산·울릉도 등 6개소, 서해안에 대청도·강화대교·영종대교·인천·인천(송도)·영흥도·안산·굴업도·대산·평택·태안·안흥·격렬비열도·보령·마량·어청도·군산외항·위도·영광·목포·대흑산도 등 21개소, 남해안에 부산·마산·가덕도·통영·거제도·여수·고흥·거문도·제주·서귀포·성산포·모슬포·추자도·진도·완도 등 15개소 외에 규모가 작은 해양관측소를 포함하면 51개소가 운영되고 있다.

서해안처럼 바다가 얕고 넓은 갯벌이 많은 곳에서는 빠른 조류의 모습을 볼 수 없지만, 남해안에는 섬이 많고 해협이 좁아 빠른 조류 현상이 나타난다. 이 경우에는 비록 조차가 작더라도 좁은 통로를 통해 짧은 시간 내에 많은 물(조수)이 통과해

조차와 조력발전소

밀물과 썰물의 높이 차이인 조차는 눈금이 그려져 있는 자를 이용한 표척 관측과 기계식 관측인 검조의(부표식, 수압식)로 측정하고 있다. 우리나라 서해안의 조차는 세계적으로 큰 편인데, 특히 아산만과 경기만의 조차는 약 8.6m로 최대 조차지이다. 이곳에서 북쪽과 남쪽으로 갈수록 감소하여 인천 8.2m, 남포 6.2m, 용암포 4.9m, 군산 4.4m, 목포 3.1m, 여수 2.5m, 부산 1.2m 순으로 조차가 줄어든다. 특히 인천만의 큰 조차 때문에 옛날에는 바닷물이 서울의 서빙고까지 올라왔으며, 홍수 때는 빗물이 빠지지 않아 대규모 수해를 당하기도 하였다. 이러한 바닷물의 역류 현상은 한때 간첩 침투에 이용되기도 하였다. 조력(조류)발전소는 조차를 이용하여 전기를 생산하는데, 현재 시화호조력발전소(254㎿)가 가동되고 있다. 세계적으로 조차가 큰 지역은 프랑스 서부 해안, 영국과 네덜란드의 북부 해안, 캐나다의 동부 해안 등이 있으며 캐나다, 중국, 러시아, 프랑스, 영국 등에서 조력발전소를 가동 중에 있다.

야 하므로 조류가 매우 강해, 퇴적물을 빠르게 운반하기도 한다. 특히 전라남도 해남군 화원반도와 진도 사이에 있는 명량해협이 그러하다. 일명 '울돌목(바다가 우는 길목)'은 물이 거칠고 빠르게 흘러 굉음을 낸다고 붙여진 이름이다. 가장 좁은 부분의 너비는 약 300m, 유속은 6.0m/s(약 12노트)나 된다. 이곳을 지날 때 작은 선박들은 조류를 타고 항해하지 않으면 거슬러 올라갈 수가 없다. 임진왜란 때 이순신 장군이 이 거센 조류를 이용해 왜적을 크게 물리친 곳이기도 하다.

전 지구를 돌아다니는 바닷물
-해류의 이동

사람들은 해안가에 떠내려온 나뭇조각이나 생전 처음 보는 물체를 보고 해류의 존재를 알게 되었으며, 그 외에 생소한 물고기류 채집, 빙산의 이동 등을 보고 어느 정도 해류를 인지하였을 것이다. 미국의 해양학자 매슈 모리(Matthew Moury, 1806~1873)는 "바다 가운데 큰 하천이 있다."라는 글을 남겼다. 이는 대서양 연안의 멕시코만류를 보고 설명한 것이라고 생각된다. 세계 일주를 한 마젤란의 경우도 태평양을 건널 때 남아메리카 끝자락을 지나서부터는 북상하는 페루해류를 따라 올라가다가, 적도에서부터는 서쪽으로 흐르는 남적도해류를 따라 필리핀에 도착했을 것으로 추측되고 있다. 그러므로 대양의 바닷물도 가만히 있지 않고 일정한 방향과 속도로 끊임없이 움직인다는 말이다. 특히 거대한 물의 띠인 해류는 바람의 마찰력에 의해 생기는 표층해류와 바닷물의 밀도 차이로 생기는 심층해류로 구분된다. 또한 바다에서 나는 조류를 통틀어 해조류라고 한다.

표층해류의 순환은 시계 방향 또는 반시계 방향으로 회전하는 몇 개의 환류로 나눌 수 있다. 북반구에서는 중심 기압이 높고 시계 방향으로 회전하는 것을 고기압성 환류라고 하며, 중심 기압이 낮고 반시계 방향으로 회전하는 것을 저기압성 환류라고 한다. 남반구에서는 코리올리효과로 북반구와 정반대로 회전하는 환류들이 존재한다. 또한 해류는 난류와 한류로 구분하는데, 난류는 적도 지방에서 북쪽으로 흐르고, 한류는 추운 극지방에서 남쪽으로 흐르는 것을 말한다. 해류의 속도는 보통 시속 3km인데, 좁은 해협에서는 시속 5~8km로 빨라지기도 한다. 폭이

80㎞로 넓은 것도 있으며, 하루에 220㎞까지 흐르는 것도 있다. 또한 남극 주위에서 흐르는 표층해류는 아마존강의 2000배나 되는 물을 운반하며 세계의 기후에 영향을 미치기도 한다.

심층해류는 물속에 직접 들어가서 측정할 수 없으므로 간접적인 방법으로 측정할 뿐이다. 즉 해수의 수온, 염분, 용존산소, 다른 화학적 요소들의 분포를 파악하여 정보를 얻을 수 있다. 심층해류는 근본적으로 수온과 염분의 차이에 좌우되는 열 염분 순환에 의해 발생한다는 것으로 알려졌지만, 이 또한 표층해류와 무관하지 않다는 것이 대체적인 이론이다. 세계에서 가장 깊은 곳의 심층해류는 남극 대륙의 대륙붕에서 형성되어 북쪽과 동쪽으로 이동되고 있는 것이라고 한다. 극지방의 얼음 아래에 있는 바닷물은 아주 차갑고 염도도 높아 무겁다. 무거운 물, 즉 밀도가 높은 물은 심해에 가라앉고, 따뜻하고 염도가 낮아 가벼운 물은 상승하는데 이러한 해류의 순환은 열과 염분에 의한 현상이다. 이 심층해류의 속도는 아주 느려서 하루에 몇 미터 또는 거의 움직이지 않는 것도 있다고 한다.

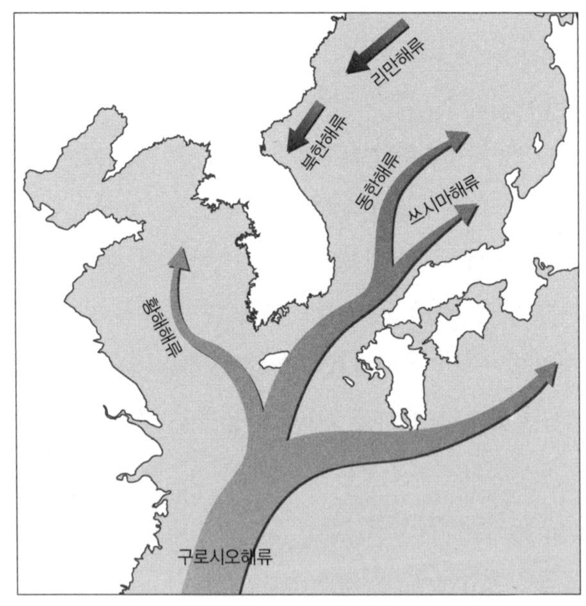

구로시오해류의 이동 경로

해류의 역할 중 가장 중요한 것은 지구의 바닷물을 섞는 일이다. 한반도 주변 바다에는 구로시오해류가 지나는데, 이 해류의 평균 속도가 시간당 5.4~9km(초속 30~50m)이다. 이 해류의 원류는 필리핀 동쪽 해상의 북적도해류로서 오키나와 서쪽에서 갈라져 쓰시마해류가 되어 우리나라 동해와 황해로 북상한다. 최근 들어 한반도의 동해와 남해의 경우 강한 난류인 구로시오해류가 세력을 확장하면서 수온이 급격히 상승하고 있다. 독도 주변 바다에서 아열대성 어종이 발견되고 있는 것도 구로시오해류 탓으로 분석되며, 남해안 갯녹음(사막화)의 원인도 강한 구로시오해류 때문이라고 한다. 겨울철 우리나라에 영향을 미치는 북태평양고기압의 세력이 약해지는 것도 구로시오해류가 점점 강해지기 때문이라는 분석도 있다.

지구 기후에 영향을 주는 바다
-물의 순환

바닷물은 대기 중의 열과 습기의 순환에 막대한 영향을 끼쳐 육지 기후를 결정하는 데 중요한 역할을 한다. 특히 기온이 급격히 변화하는 것을 방지할 뿐 아니라 지구 전체의 기후를 조절하는 역할도 한다. 또한 태양으로부터 흡수한 복사열을 해류를 통해 시공간적으로 지구의 곳곳으로 운반한 후 다시 대기로 방출시키는 중요한 역할을 한다. 우리가 살고 있는 지구의 기후는 바다에 의해 조절되고 있다는 말이다. 또한 바다는 겨울에 많은 양의 열을 공기 중으로 내보내고, 여름에는 공기 중의 열을 흡수하기 때문에 온풍기나 에어컨 역할을 하기도 한다. 따라서 바닷가 지역의 기온은 1년에 17℃ 이상 변하지 않는 데 반해 대륙 내부의 경우는 55℃ 이상이나 변한다.

바닷물은 비열(어떤 물질 1g을 1℃ 올리는 데 필요한 열량)이 크기 때문에 천천히 데워지고 천천히 식지만, 육지는 비열이 작기 때문에 빨리 데워지고 빨리 식는다. 그래서 낮 동안 육지 쪽은 빨리 데워져서 가벼워진 공기가 높은 곳으로 상승하고, 그 빈 공간으로 상대적으로 차갑고 무거운 공기가 바다 쪽에서 이동해 온다. 그리고 밤에는 반대의 현상이 일어나며 이렇게 해서 공기는 육지와 바다를 순환한다. 이것이 이른바 1년을 주기로 부는 계절풍의 순환이자, 하루를 주기로 부는 해륙풍의 원인이다. 또 대기권으로 증발한 물은 비, 눈, 우박 등으로 변해 바다로 다시 돌아온다. 이른바 물의 순환이다. 표면수의 증발은 대기에 습기를 보급하는 역할을 하는데, 이 습기는 강수를 통해 지구로 되돌아온다. 물의 순환에 포함되는 많은 과정

중 가장 중요한 과정은 증발 때문인데, 식물의 증산 작용, 응결(凝結), 강수, 유수(流水) 등 다양한 이유로 순환된다. 순환계 내에서 물의 총량은 항상 유지되지만 다양한 변화 과정을 거치면서 물의 분포는 계속적으로 변화한다.

바닷물은 저장한 태양열을 운반하면서 극지방을 데우고 열대지방을 식히는 거대한 순환을 하는데, 이러한 순환은 세계의 날씨에 영향을 준다. 특히 지구에서 해류 순환의 평형을 유지시키는 원동력은 북대서양의 차고 짠 바닷물이다. 이 물은 따뜻한 바닷물보다 밀도가 더 크기 때문에 바다 밑에 가라앉았다가 바닷물을 밀어 올리는 역할을 한다. 이렇게 운반되는 바다 밑 해류의 양은 세계의 모든 강물을 합친 것보다 16배나 더 많다고 한다. 북대서양에서 출발한 바닷물은 브라질해류를 따라 남진하여 아프리카 남단의 남극에서 흘러온 물과 합쳐져서 수온을 내리게 된다. 다시 이 물이 벵겔라해류를 따라 북쪽으로 되돌아오면서 태평양과 인도양에서 온도가 상승해 떠오른다. 이런 과정(해류 순환)을 되풀이하는 동안 바닷물은 지구의 기온을 조절하는 것이다.

매년 여름철에 발생하는 장마전선이나 태풍도 바다에서 만들어진다. 그뿐만 아니라 온대성저기압이 발달하면서 동반하는 강풍과 호우 또는 폭설의 피해도 무시할 수 없다. 겨울철에 발생하는 대설도 찬 대륙성고기압 세력이 시베리아에서 우리나라의 호남 지방과 동해상으로 확장할 때 일어나는데, 이 또한 바다가 조정한다. 아무튼 바다 기후는 육지 기후에 직접적으로 영향을 주어서 많은 피해를 일으키기도 하지만, 동시에 우리가 살아가기 좋도록 적당한 온도를 유지해 주는 역할도 한다.

따뜻한 바닷물이 정어리떼를 쫓아 냈다
- 엘니뇨

오늘날 지구의 대기와 각종 기상 요소들은 과거에 비해 정상적이지 못할 때가 많은데, 기상학자들은 이같은 현상들이 엘니뇨(el Niño)와 라니냐(la Niña) 때문이라고 한다. 엘니뇨는 페루와 칠레 연안에서 일어나는 일종의 해수온난화 현상으로, 주기적으로 수온이 평소보다 높아지는 현상을 말한다. 태양으로부터 받는 복사에너지는 인간이 살아가기에 적당하지만, 반면에 인간이 만들어 내는 공해 때문에 바람, 일사량, 일조 시간, 구름, 비, 눈, 이슬, 서리, 얼음 등의 기상요소들이 정상적이지 못하다는 말이다. 이렇게 지구의 기상 상태가 예전 같지 않은 시점에 엘니뇨라는 기상 용어가 탄생한 것이다. 엘니뇨는 남아메리카의 태평양 연안에서 보통 이상의 따뜻한 해수로 인해 정어리가 잘 잡히지 않는 기간에 일어나는 기상 현상이다. 이것은 12월 말경에 발생하기 때문에 크리스마스와 연관시켜 스페인어로 '어린아이(아기 예수)'라는 뜻이다. 오늘날에는 장기간 지속되는 전 지구적인 이상 기온과 자연재해를 통틀어 엘니뇨라고 부르기도 한다.

1966년에 캘리포니아대학교의 대기과학자인 교수 야코브 비에르크네스(Jacob Bjerknes)는 엘니뇨를 태평양 적도 지역의 기압이 동부와 서부 사이에서 일진일퇴하는 변화, 즉 엘리뇨의 남방진동(El Niño Southern Oscillation, ENSO)으로 설명하였다. 이렇게 동·서 태평양 사이의 기압차가 발생하면 무역풍을 약화시키고 대기의 변화와 해류의 방향을 바꾸며 바다 표면 온도를 변화시킨다고 한다. 광활한 태평양 적도상의 해양과 대기의 관계는 매우 밀접하여 어느 한쪽의 변화는 다른 한쪽

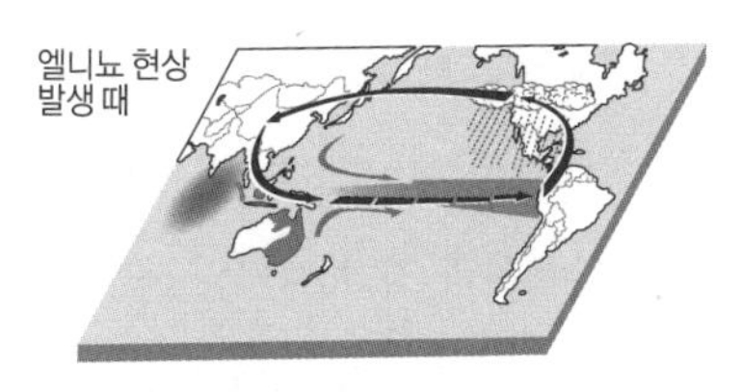

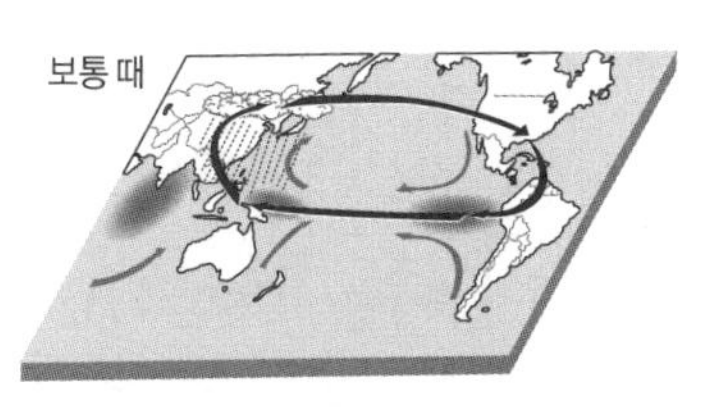

엘니뇨 적도 서태평양의 바람이 강해지면 동태평양의 무역풍이 약해져서 엘니뇨가 발생하고, 동태평양의 무역풍이 강해져서 서태평양의 약한 바람과 마주치면 엘니뇨가 종식되거나 라니냐가 발생한다. 라니냐는 엘니뇨의 반대 현상으로 적도 무역풍이 평년보다 강해지고 태평양 중동부의 해면 온도가 낮아지는 현상이다.

에도 영향을 준다. 따라서 어느 한쪽의 바람이 약해진다든가 동서 간의 수온차가 생기면 연쇄반응으로 다른 한쪽의 대기와 해양이 변화를 일으켜 엘니뇨 현상이 발생하는 것이다.

남반구에서 부는 남동무역풍은 바다의 따뜻한 표층수를 서쪽으로 이동시킨다. 이때 표층수가 이동한 자리에는 200~1000m 깊이에서 상승(용승)하는 영양분이 가득한 찬 해수가 올라와 대체된다. 비록 상승이 일어나는 지역은 200㎞ 미만으로 좁지만, 이때 올라온 풍부한 영양분은 부유성 생물의 빠른 성장과 어업 활동에 도움을 준다. 이러한 기상 조건이 정어리를 잘 자라게 하기 때문에 한때 페루는 세계에서 정어리가 가장 많이 잡혔다고 한다. 당시 어부들의 무절제한 남획도 한몫을 하였지만 지금은 엘니뇨 현상과 더불어 어족자원이 거의 고갈되었다고 한다. 엘리뇨 현상에서 정상적인 수온과 정상적인 어업 활동으로 되돌아갈 때까지 짧게는 1~3개월 정도 지속되며, 길게는 1~2년이 걸리기도 한다.

엘니뇨의 피해는 1950년부터는 2~3년에 한 번씩 발생하다가 최근 들어 1년에 몇 차례씩 국지적으로 발생하기도 한다. 엘니뇨는 기상, 어업, 경제 등 여러 방면에 영향을 주지만 특히 홍수나 가뭄 같은 직접적인 피해를 야기하기도 한다. 1982~1983년에 발생한 엘니뇨로 인해 에콰도르에서 홍수로 600명의 인명 피해가 있었고, 로키산맥에는 폭설이 내렸으며, 캘리포니아에서는 대형 허리케인이 발생하였다. 또한 타히티에는 강력한 사이클론이, 오스트레일리아에서는 건조한 모래폭풍이 일어났고, 필리핀, 볼리비아, 페루 등지에는 심각한 가뭄이 있었다. 1998

년에 발생한 엘니뇨는 인도와 오스트레일리아의 동부 지역을 심한 가뭄으로 강타하였으며, 인도에서는 40℃ 이상의 고온으로 말미암아 약 2500명이 목숨을 잃었다. 우리나라의 경우도 1998년 1월 영동 지역의 폭설과 영남 지역의 폭우가 엘니뇨 현상 때문이라고 추정되며, 2002년 여름에 김천, 강릉 등에 내린 게릴라성 폭우도 엘니뇨의 여파일 것으로 추측한다.

한편 다우 지역은 소우 지역으로, 소우 지역은 다우 지역으로 바뀐다든가, 태풍의 발생 지역이 적도 중앙으로 옮겨 가고 발생 빈도나 태풍의 위력이 더 강해지는 현상도 일어난다. 인도네시아에서 바람의 방향은 주로 바다에서 육지 쪽으로 불기 때문에 평소에는 많은 비가 내리지만, 엘니뇨 기간에는 육지에서 바다 쪽으로 바람이 불어 인도네시아의 날씨가 건조해져 큰 산불이 일어나기도 한다. 또 남아메리카 서해안의 정상보다 따뜻한 해수는 대기의 대류를 촉진시켜 평상시 건조한 해안평야 지대에 많은 비를 내리게 하여 홍수를 일으키는 반면에, 식물들에게는 도움을 준다. 엘니뇨 현상으로 멕시코만 연안 지역의 겨울은 평상시와 달리 비가 자주 내리며, 캐나다의 서부 지역과 미국의 북서부 지역은 유달리 온화해진다. 이러한 이상 기후로 인해 농산물의 공급이 불안정해져 가격이 폭등하고 계절상품의 생산이나 유통업체 등 거의 모든 산업과 경제활동에 막대한 피해를 주고 있다.

라니냐

엘니뇨 현상과 반대로, 해수면 온도가 주변보다 낮은 상태로 일정 기간 지속되는 현상을 라니냐라고 하며, 반(反)엘니뇨라고도 한다. 라니냐는 엘니뇨 현상이 시작되기 전이나 끝난 뒤에 찾아오는 경향이 있는 것으로 알려졌다. 엘니뇨가 기온 상승을 불러 폭우와 가뭄 등의 이상 기온 현상을 일으킨다면, 라니냐는 기온 하강을 불러 해당 지역마다 반대의 기온 현상을 일으킨다. 예를 들어, 극심한 가뭄 피해를 입었던 지역에는 폭우가 쏟아지고, 물난리를 겪은 지역에는 가뭄이 찾아오는 식이다. 라니냐라는 말은, 엘니뇨가 '남자아이'를 뜻하는 말이라는 것에서 힌트를 얻어 미국의 한 연구자가 스페인어로 '여자아이'를 뜻하는 라니냐라 부르면서 널리 사용하게 되었다.

바람이 파도를 일군다
-파랑

사람들이 바닷가에 접근하여 가장 먼저 관찰할 수 있는 것이 파도이다. 이때 관찰되는 파도의 대부분은 바람에 의해 생기는데, 연안에 이르러 부서지면서 바위와 자갈을 닳게 한다. 파도는 해안의 모습을 끊임없이 변화시키기도 하지만 해안을 풍성하게도 해 준다. 해역의 표면파는 바람의 영향에 따라 해파(sea wave), 너울(swell), 쇄파(surf: 부서지는 파도)로 구분한다. 특히 해파는 바람에 의해 직접 생긴 모든 표면파의 총칭을 일컫는데, 각각의 파형은 대체로 뾰족한 마루(crest)와 둥근 골(trough)을 만든다.

파도를 만드는 요인 중에 표면파는 바람으로 인해 에너지의 양이 변할 때 생긴다. 이는 바람이 불기 시작한 초기에는 파도 속도가 바람 속도보다 느리지만, 바람이 계속 불어옴에 따라 파도 속도가 증가하여 힘을 받으면 나중에는 바람의 속도보다 파도가 더 빨라진다. 그러므로 파도의 높이(파고)와 속도는 바람의 속도와 관련되어 있다. 풍속이 클수록 파도도 크다. 하지만 짧은 시간에 발생하는 강한 돌풍은 그렇지 않다.

파도의 크기는 마루와 마루 사이의 폭이나 골과 골 사이의 깊이로 정해진다. 비록 파도가 약하더라도 오랫동안 지속적으로 바람이 불면 파고는 점점 커지게 된다. 다시 말해 파도의 크기는 바람의 속도, 바람의 지속 시간, 바람이 불어온 거리에 의해 결정된다. 바람이 강하고 불어온 거리가 길수록 파도는 크게 인다. 기록에 의하면 가장 큰 파도는 약 34m나 되었다고 한다. 폭풍해일에 의한 파도나 지진해

쇄파

일에 의한 파도, 강력한 태풍에 의한 파도 등은 우리가 알아차릴 수 없을 만큼 순간적으로 발생하는 거대 파도가 되어 대형 선박을 수장시키는 일도 일어난다. 그리고 물속에서도 파도가 생긴다.

예고 없이 일어나는 살인 파도
- 너울성 파도

너울성 파도는 넓은 바다에서 바람에 의해 만들어진 작은 파도가 그 해역을 떠나 큰 물결을 일으키는 너울로 변하는 파도를 일컫는다. 너울은 마루와 골이 둥그스름하고, 사인곡선(sine curve)으로 진행한다. 바람이 전혀 없는 날에도 먼 곳에서 전달되어 오는 긴 파장의 파랑으로서 그 주기는 최대 30초, 파장은 200~ 800m에 이르며, 파속은 매시 수십 해리로 보통의 저기압 진행 속도보다 빠르다. 우리나라 남해안이나 제주도에서 태풍이 오기 전에 너울이 먼저 전달되어 오는 것은 너울의 진행 속도가 태풍의 진행 속도보다 빠르기 때문이다.

2008년 5월 보령의 죽도 해변에서 일어난 너울파도로 9명이 숨진 사고가 있었다. 이 사건은 만조 시 해안을 따라 흐르던 강한 조류가 인공적으로 구축된 방파제의 영향을 받아 발생한 것으로 밝혀졌다. 일부에서는 서해안의 강한 조류와 수심이 얕고 움푹 팬 만의 지형적 특수성이 맞아떨어져 생긴 기상 현상으로도 보고 있다. 완만한 경사를 지닌 자연 상태의 해안은 파도의 충격을 분산하지만 인공 구조물은 파도의 흐름을 역류시키기도 한다. 이때 역류된 파와 간만의 차가 6~7m에 달하는 강한 조류와 부딪히게 되면 순간적으로 강력한 에너지를 내뿜을 수 있다고 한다. 이른바 '공명효과'를 일으키는 것이다. 또는 서해 먼바다에서 어떤 외부적인 요인으로 생긴 너울이 해안가로 밀려온 것이라는 해석도 있다.

보령 사고가 나기 3시간 전에 인천 지역에서 바닷물이 수 미터가량 빠지는 현상이 일어났고, 보령보다 남쪽인 군산에서도 너울성 파도가 들이닥쳤다고 한다. 인공적으로 만든 야외 파도풀을 생각해 보자. 풀장의 물은 무릎 정도로 차는 곳이다. 물이 깊은 곳은 너울에 의한 파도가 밀려오더라도 너울의 골이 그리 크지 않기 때문에 큰 위험이 없겠지만, 물이 얕은 곳에서는 너울의 속도가 증폭되어 갑자기 더 큰 높이로 너울이 밀려온다. 이때 사람들은 허리 정도의 물만 밀려와도 힘을 쓰지 못하고 쓸려 나간다. 야외 파도 풀장처럼 바닥이 평평한 곳은 다치지 않는다. 하지만 바닥이 울퉁불퉁한 자연 상태의 바닥이라면 넘어진 후 다치기도 하고, 바다로 쓸려 나갈 수밖에 없다. 2014년 7월 초 강릉 부근 해변에서 너울성 파도와 이안류(離岸流)에 휩쓸린 피서객이 숨진 일이 있다.

이안류

너울성 파도와 달리 이안류는 수면 위에서 관찰할 수 없다. 이안류는 매우 빠른 속도로 1~2시간 정도의 짧은 시간에 해안에서 바다 쪽으로 흐르는 폭이 좁은 표면 해류로서, 파도가 해안으로 밀려와 해변 한곳에 잠시 머물렀다가 다시 바다 쪽으로 되돌아가면서 되살아나는 파도의 흐름이다. 더구나 이안류는 수면 아래에서 형성되고 바다(외해) 쪽으로 강한 흐름을 형성하기 때문에 피서객들에게는 너울성 파도보다 이안류가 더 위협적일 수밖에 없다. 이안류에 휩쓸리면 웬만한 수영 실력을 갖춘 어른이라도 빠져나오기 힘들다는 것이 전문가들의 판단이다. 이안류는 눈으로 관찰하기 어려울 뿐 아니라 일반 해류처럼 정상적으로 오래 존재하지도 않고 파고, 해안지형, 해저지형 등에 따라 변화하며 장소나 강도도 일정하지 않아 더욱 위협적이다.

바다 밑에서 올라오는 거대 파도
-쓰나미

바다 밑에서 일어나는 지진이나 화산 폭발 때문에 해수면에 갑작스럽게 발생하는 쓰나미는 현재 알려진 파랑 중에서 에너지가 가장 크고 파괴력도 엄청나다. 쓰나미가 발생했을 때 만에 하나 태풍과 겹치게 된다면 바닷물이 내륙 깊숙한 곳까지 밀려 들어와 상상보다 더 큰 피해와 재산상의 손실을 입힌다. 쓰나미는 일반적인 파도와 달리 크고 사나운 물결인 너울로 발전하기도 한다. 이때 물결의 마루가 둥글고 파장이 길기 때문에 해안가에서 보면 그렇게 위험해 보이지 않지만, 실제로는 그 위력에 놀라지 않을 수 없다. 쓰나미를 일으키는 진원지는 대개 30~50㎞ 정도의 심도를 가지며, 규모 7 이상의 지진일 경우에 발생 빈도가 높다.

해저지진의 발생 강도나 발생 지점을 파악하면 도착 정보를 어느 정도 예측이 가능하나 그 규모를 분석하는 데는 상당한 시간이 걸린다. 지진 발생 후 쓰나미가 발생할 것인가에 대한 확실한 증거를 찾는 데 많은 시간이 소요되므로, 해저에서 일정 규모 이상의 지진이 발생할 경우 주의보나 경보를 먼저 발령하는 것이 국제적인 관례이다. 한반도는 지진대에서 비켜나 있다고 하지만, 일본 서해안에서 지진이 발생한다면 방심할 수 없다. 왜냐하면 그 지진은 1~2시간 내에 우리나라 동해안에 영향을 미치기 때문이다. 지형 특성상 가까운 울진 근처로 지진해일이 밀려올 가능성이 가장 높은데, 울진에는 원자력발전소가 있다.

1896년 일본 동해에서 발생한 지진해일로 인해 25~30m의 지진 해파가 발생하여 1만여 채의 가옥이 파손되고 2만 6000명에 달하는 인명 피해가 났다고 한다.

1933년 일본의 산리쿠(三陸) 쓰나미는 파고가 20m 이상이었으며, 1946년 4월 1일에는 알류샨 열도에서 발생한 지진으로 해발 30m 이상의 높은 곳에 있던 송신탑이 파괴된 일도 있었다. 1972년 마유야마산 지진으로 발생한 해일은 1만 4920명의 사망자와 함께 막대한 재산 손실을 가져왔다. 우리나라에서는 1741년 강원도 평해, 1940년 나진·묵호, 1983년 동해안 일대에서 지진해일이 있었고, 1983년과 1993년에도 일본 근해에서 발생한 지진으로 피해를 입은 일이 있었다.

근래 일어난 쓰나미 중 가장 피해가 컸던 것은 2004년 12월 26일 인도네시아 서쪽 수마트라섬 해저에서 발생한 지진이다. 이로 인해 인도양 연안 국가에서 28만 명 이상이 사망하고 수만 명이 실종되었으며, 100만 명이 넘는 이재민이 생겼다. 지진해일로 인한 피해로 기록된 역사상 가장 많은 인명 피해였다. 당시 인도네시아, 스리랑카, 인도, 타이 등의 인근 국가들은 15m 높이의 해일로 피해를 입었고, 4500㎞ 떨어진 아프리카 소말리아를 비롯한 동아프리카 국가들도 이 지진해일로 피해를 입었다. 특히 지진 진앙지와 가장 가까운 수마트라 서부 지역은 지진 발생 후 15분 만에 완전 초토화되다시피 하였다.

인도네시아 쓰나미 발생의 진앙지

태풍은 바다가 고향이다
-태풍

강렬한 태양열로 바닷물이 증발하고 구름이 형성되어 만들어지는 태풍은 고위도지방으로부터 차고 무거운 공기가 흘러들어 와서 생긴다. 적도 지역의 따뜻한 공기는 높은 하늘에서 찬 공기와 만나 구름을 형성한다. 이때 구름은 선회운동을 하면서 더 큰 구름으로 성장하여 태풍으로 성장하게 된다. 태풍은 우리에게 큰 피해를 입힐 때도 있지만 늘 해로운 것만은 아니다. 왜냐하면 태풍은 수자원의 공급원으로서 물 부족 현상을 해소시키기 때문이다. 또한 태풍은 저위도지방에 축적된 대기 중의 에너지를 고위도지방으로 운반하여 지구상의 남북 온도를 유지시켜 주고, 해수를 뒤섞어 순환시킴으로써 바다의 적조 현상을 소멸시키기도 한다.

태풍의 '태(颱)'라는 글자가 처음 사용된 예는 1634년에 중국에서 간행된 『복건통지(福建通志)』 제56권 「토풍지(土風志)」에서이다. 중국에서는 옛날에 태풍과 같이 바람이 강하고 빙빙 도는 풍계를 '구풍(颶風)'이라고 하였는데, 이것을 광둥어로는 '타이푼'이라고 발음하였다. 영어의 'typhoon'은 1588년에 영국에서 사용한 예가 있으며, 프랑스에서도 1504년 'typhoon'이란 용어를 사용하였다고 한다. 태풍은 발생 지역에 따라 다른 이름으로 불린다. 적도 인근의 태평양에서 발생하여 우리나라 쪽으로 불어오는 태풍(typhoon), 대서양 서부에서 발생하는 허리케인(hurricane), 인도양에서 발생하는 사이클론(cyclone), 오스트레일리아에서 발생하는 윌리윌리(willy-willy) 등이 있다. 세계기상기구(WMO)는 열대저기압 중에서 최대 풍속 32.7m/s 이상인 것을 태풍(TY)이라고 규정하고, 그 이하를 강한 열대폭풍(STS),

열대폭풍(TS), 열대 저압부(TD) 등으로 구분한다. 북아메리카 지역에서 자주 발생하는 소용돌이 바람인 토네이도(tornado)도 태풍에 버금가는 피해를 입힌다.

태풍에 이름을 붙이기 시작한 것은 1953년부터이며, 1978년까지는 여성의 이름을 붙였다가 그 이후부터 남자와 여자 이름을 번갈아 사용하고 있다. 1999년까지 미국 태풍합동경보센터에서 정한 이름을 사용하였으나, 아시아 각국 국민들에게 태풍에 대한 관심을 높이기 위해 2000년부터는 서양식 이름 대신 아시아(14개국) 각국에서 제시한 이름을 사용하고 있다. 각 국가별로 10개씩 제출한 총 140개를 동경태풍센터에서 5개씩 28조로 편성하여 순차적으로 부여한다. 2000년 1월 1일부터 부여한 태풍의 이름에는 우리말 이름도 20개가 들어 있다. 우리나라가 제출한 '개미, 나리, 장미, 수달, 노루, 제비, 너구리, 고니, 메기, 나비'와 북한이 제출한 '기러기, 도라지, 갈매기, 매미, 메아리, 소나무, 버들, 봉선화, 민들레, 날개'가 그것이다. 그 외에 타이, 미국, 캄보디아, 중국, 홍콩, 일본, 라오스, 마카오, 말레이시아, 미크로네시아, 필리핀, 베트남 등 주로 동남아시아와 동북아시아에 위치한 태평양 주변 국가들의 고유명사가 붙여지고 있다.

소용돌이바람

소용돌이바람은 회오리바람, 돌개바람 등으로 부르기도 하며, 보통은 사람들에게 피해를 끼치지 않지만 가끔 사람과 재산을 위협할 때도 있다. 회오리바람은 회전하는 기류운동으로, 큰 것은 두께가 10m가 넘고, 높이가 1㎞가 넘는 것도 있다. 토네이도는 뇌우의 뒤쪽 구름 벽에 붙어서 생성되는 상승기류인 반면, 소용돌이바람은 햇살이 비치는 좋은 날씨에 생성되는 상승기류이다. 바다 위의 소용돌이는 적운이나 적란운의 밑부분에서 해면까지 이어진 공기의 통로로 소용돌이치는 공기가 수면에 닿으면 기둥 모양으로 물을 빨아올려 흩날린다. 소용돌이는 따뜻한 열대의 바다에서 자주 생기며, 폭이 300m에 이르고 높이는 보통 폭의 3배나 된다. 소용돌이는 구름과 함께 바다 위에서 이동하면서 소용돌이치기 때문에 붙여진 이름이다. 빨려 올라간 물이 갑자기 떨어질 때 인근에 배가 지나간다면 큰 피해를 입을 수도 있다. 물기둥이 생기는 이런 소용돌이를 우리나라에서는 예부터 용오름(waterspout)이라고 불렀다.

4장
대양과 근해

바다 이름에도 차등이 있다
-양과 해

지구의 바다 이름에는 양(洋)과 해(海)가 붙어 있다. 양과 해 모두 바다라는 의미이지만 그 쓰임에 있어서 특별한 규정은 없지만 편의상 약간 다르다. 양은 큰 바다로서 대양(大洋, ocean) 또는 해양(海洋)으로 쓰이고, 해는 부분적으로 또는 전체가 육지에 둘러싸인 바다(海, sea)로 이해하면 된다. 국어사전에서 바다는 "지구 위에서 육지를 제외한 부분으로 짠물이 괴어 하나로 이어진 넓고 큰 부분"으로 설명하고 있다. 해양은 "넓고 큰 바다"로 설명한다.

영어로는 sea, ocean으로 표기하는데, sea는 ①바다 ②해양 ③파도 등으로 해석되며, ocean은 ①대양 ②바다 등으로 나타나 있다. 이로 미루어 바다와 해양을 엄밀히 구분하기는 참 애매한 듯하다. sea와 ocean의 차이를 '해류의 유무'나 '바다의 크기'로 구분한 자료는 아직 발견되지 않았다. 이 책에서 양과 해의 구분은 세계적인 출판사인 영국의 옥스퍼드대학출판사, 영국의 필립스출판사, 미국의 내셔널지오그래픽 등에서 출판한 10여 권의 아틀라스를 참고한 것이다. 결론적으로 지구에는 육지와 바다가 있고, 그 바다에는 큰 바다인 해양이 존재하며, 각 대륙과 육지 사이에 형성된 작은 바다가 있다.

바다와 해양을 명확하게 구분하기란 참 애매모호하지만 지구상의 큰 바다는 태평양(太平洋, Pacific Ocean), 인도양(印度洋, India Ocean), 대서양(大西洋, Atlantic Ocean)을 비롯하여 북극해(北極海, Arctic Ocean), 남극해(南極海, Southern Ocean) 등으로 나눌 수 있다. 그중 태평양은 다시 북태평양과 남태평양, 대서양은 북대서양과 남대서양으로 나누어진다. 북극해(북빙양)과 남극해(남빙양)는 사실 큰 대양에 비해 훨씬 규모가 작지만 대양으로 분류하기도 하고, 통계를 낼 때는 삼대양의 면적에 포함하기도 한다.

양보다는 좁은 의미로 쓰이는 해(海, sea)는 주로 육지에 둘러싸인 바다를 의미한다. 흑해(Black Sea), 지중해(Mediterranean Sea), 홍해(Red Sea)를 비롯하여 동해(East Sea), 남중국해(South China Sea), 베링해(Bering Sea), 카리브해(Caribbean Sea), 태즈먼해(Tasman Sea), 발트해(Baltic Sea), 북해(North Sea), 오호츠크해(Sea of Okhotsk) 등 수없이 많다. 반면에 카스피해(Caspian Sea)는 '해(sea)'라고 표현되어 있지만 세계에서 가장 큰 염호로서, 바다와 호수의 성질을 모두 지니고 있다고 해도 과언이 아니다. 사해(死海, Dead Sea)는 바다가 아니고 호수인데, 물에 염분이 많이 들어 있는 함수호(鹹水湖)이다.

양과 해보다는 작은 규모인 만(灣)은 육지가 바다를 오목하게 감싼 지형으로 보통 gulf와 bay로 표현하는데, gulf가 bay보다는 크며 폭에 비해 안길이가 길다는 의미를 지니고 있다. 인도의 벵골만(Bay of Bengal), 홍해 입구의 아덴만(Gulf of Aden), 멕시코만(Gulf of Mexico), 알래스카만(Gulf of Alaska), 허드슨만(Hudson Bay), 타이만(Gulf of Thailand) 등 수없이 많이 있다. 한편 바다 이름에 cove라는 용어가 쓰이면 이것은 후미진 곳이나 내해(內海)를 의미한다. 길목을 뜻하는 수로(channel 혹은 strait)에는 우리나라와 일본 사이를 흐르는 대한해협(Korea Strait)을 비롯하여 도버해협(Strait of Dover), 베링해협(Bering Strait), 영국해협(English Channel) 등이 있다. channel은 strait보다 규모가 크고 더 넓다는 의미가 내포되어 있다.

인류와 가장 밀접한 바다
-대륙붕

바다에 관한 용어 중 일반인들에게 가장 많이 알려진 것이 대륙붕이다. 신문이나 방송에도 자주 오르내리고, 특히 석유 탐사와 관련된 뉴스를 전할 때도 반드시 언급된다. 말하자면 대륙붕은 우리 인간에게 가장 가까운 바다이자 경제적 가치 또한 엄청나다고 할 수 있다. 한반도의 식탁에 올라오는 물고기도 동해의 대륙붕에서 가장 많이 잡힌다. 대륙붕은 대체적으로 수심 200m 내의 평탄면으로 이루어졌다. 즉 대륙의 연장 부분으로 해수면의 상승과 파도의 침식 작용에 의해 운반된 퇴적물이 쌓여서 만들어진 지형으로, 영해의 밖에 있는 비교적 얕은 해저 부분을 말한다. 대륙붕은 인류에게 가장 가까운 곳에 있는 해저로 생물자원, 광물자원도 풍부하다. 대륙붕 해역은 수심이 낮은 편이므로 다양한 식물성 플랑크톤이 살고 있으며, 광합성 작용이 잘 되고 바닷물의 온도가 생물의 성장에 알맞은 곳이기도 하다. 세계 해양의 9% 정도가 대륙붕에 속하는데, 대륙붕 해저에서 석유·가스전이 발견되고 있다.

대륙붕은 제2차 세계대전 후 석유 수요가 크게 증가하였을 때 그 가치가 재평가되었다. 당시 미국은 멕시코만의 대륙붕에 막대한 석유가 매장되어 있다는 사실을 알고, 1945년 '트루먼 대통령의 보존수역 및 대륙붕에 관한 선언(Truman Proclamation)'을 공포하면서 대륙붕의 자원을 개발할 수 있는 권한을 처음으로 주장하였다. 내용은 미국 해안에 접하는 공해 해저의 대륙붕에 부존하는 천연자원은 미국에 속하며 미국의 관할과 지배를 받는다는 것이었다. 이 권한에 따르면 탐사 및 천연자

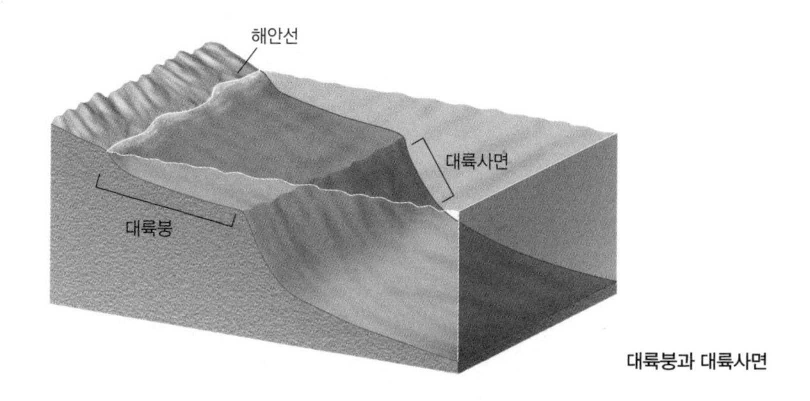

대륙붕과 대륙사면

원의 이용 및 처분권(주권적 권리)과 별도의 법률 제정 없이도 원시 취득할 권리(시원적 권리)를 가지며, 타국은 연안국의 동의 없이 이용이 불가하다(배타적 권리).

한편, 대륙붕의 범위는 육지 영토의 자연적 연장에 따라 대륙변계의 바깥 끝까지 또는 대륙변계의 바깥 끝이 200해리에 미치지 않는 경우 200해리까지의 해저 지역이다. 다만 대륙변계의 바깥 끝이 200해리를 넘더라도 영해 기선으로부터 350해리를 초과할 수 없다. 이렇게 규정을 정해 놓았지만 한·중·일의 대륙붕 다툼은 만만치 않다. 서해부터 제주 남쪽 동중국해까지 펼쳐진 대륙붕에는 적지 않은 양의 석유와 천연가스가 묻혀 있을 것으로 추정된다. 한·중·일 삼국이 '바다 삼국지'라고 부를 만큼 대륙붕 문제로 수십 년간 치열한 신경전을 계속해 온 것도 이 때문이다. 실제로 1973년 3월에는 서해 제2광구에서 우리나라와 계약에 의해 시추를 하던 걸프사가 유징(油徵)을 발견했다는 소식이 알려지자, 중국의 군함이 시추선 1마일 근처까지 접근해 사흘 동안이나 무력시위를 한 적도 있다.

마젤란이 이름 지은 바다
-태평양

스페인의 탐험가 바스코 발보아는 인디언과 함께 북아메리카와 남아메리카 대륙을 잇는 파나마 지협을 지나 1513년에 태평양을 보고 돌아갔지만 부하에게 죽임을 당했다. 그 후 1519~1522년 세계 일주를 한 마젤란이 남아메리카 끝부분, 즉 오늘날 마젤란해협을 항해하면서 심한 폭풍을 만났다. 마침내 그곳을 어렵게 통과하여 나오니 넓고 고요한 바다를 만났다. 이곳이 인류가 처음으로 태평양에 발을 들여놓은 것이다. 감격에 찬 마젤란이 'Mare Pacificum(평화로운 바다)'이라고 부른 것이 오늘날 태평양이란 이름으로 고착되었다고 한다. 동양에서는 청나라에 온 이탈리아 선교사 마테오 리치(Matteo Ricci)가 1602년 베이징에서 제작한 세계지도 『곤여만국전도(坤輿萬國全圖)』에 태평해(太平海)라고 표기하였는데, 조선에는 1603년에 도입되어 축소 모사한 것이 전한다. 그러므로 태평양이라는 바다 명칭은 약 500년 전에 마젤란에 의해 붙여진 것이다.

태평양은 삼대양 중 가장 규모가 큰데, 남극 대륙에서부터 북쪽으로 뻗어 있는 태평양의 총면적은 1억 6525만 ㎢로서 전 세계 바다의 46%를 차지한다. 이는 지구 표면의 1/3에 해당하고 지구의 육지 면적(1억 4894㎢)보다 더 넓다. 남극 대륙에서부터 베링해까지 이어지는 태평양의 남북 길이는 약 1만 5500㎞이며, 최대 너비는 지구의 반인 약 1만 9200㎞이다. 또한 북쪽의 베링해, 오호츠크해, 동중국해, 남중국해 등도 넓게는 태평양에 포함되기도 한다. 평균 수심은 4280m이며, 현재까지 알려진 최대 수심은 마리아나해구로 1만 1034m이다. 태평양과 인도양의 경계는

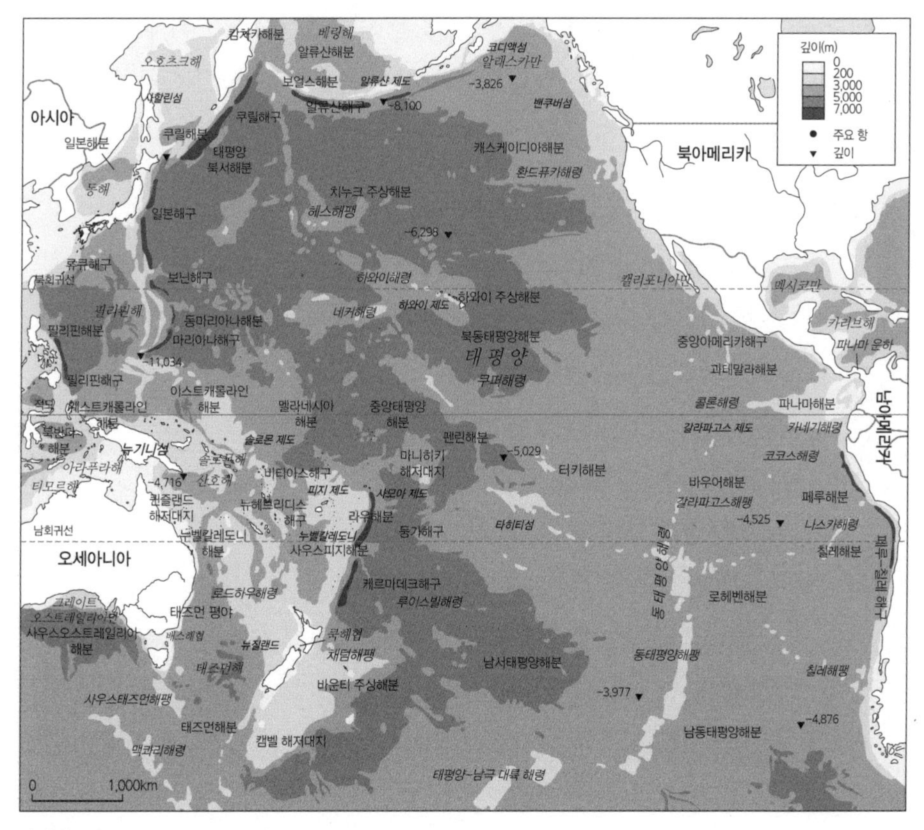

태평양

불분명하지만 일반적으로 수마트라섬에서 자바섬, 티모르섬을 잇는 선이 그 경계로 사용되고 있다. 남쪽으로는 배스해협과 태즈메이니아섬에서 남극 대륙까지이고, 동부는 비교적 단순해서 남북아메리카 해안선을 이루고 있다.

태평양 남쪽에 뉴질랜드와 남아메리카 사이에 동태평양해령이라는 해저산맥이 있다. 해령의 높이가 2000~3000m이고, 평균 폭이 4000m 정도 된다. 서경 100~120° 사이, 북위 20° 부근에서 남위 55° 부근까지를 이르는 이 해저산맥은 거대한 태평양판과 남아메리카 좌측의 작은 나스카판(Nazca Plate)의 경계를 이루고 있다. 화산활동이 계속되면서 마그마가 올라와 새로운 지각이 생겨나고 있어 지금도 해마다 폭이 12~16m쯤 넓어진다고 한다. 태평양에는 2만 5000여 개의 섬이 있으며, 이는 지구의 다른 모든 대양의 섬을 합친 것보다 많은 숫자이다. 대부분의 섬은 적도 남쪽에 위치해 있으며, 태평양에서 가장 큰 섬은 뉴기니섬이다.

대양의 섬은 유럽령

바다에 떠 있는 많은 섬은 위치와 관계없이 통치국에 따라 소속이 달라진다. 탐험시대를 거치면서 서구 열강에 의해 점령되었기 때문에 태평양 대부분의 섬은 유럽령이다. 그린란드는 북아메리카에 가깝지만 덴마크 자치령이기 때문에 유럽으로 취급되고, 그리스계와 터키계가 분할 통치하고 있는 키프로스섬은 아시아의 일부로 보이지만 유럽에 속해 있다. 태평양 한가운데 위치한 하와이도 오세아니아에 속하지만 미국의 50번째 주로서 모든 통계는 미국에 속한다. 물론 태평양의 섬 중에는 독립하여 주권이 있는 섬도 상당수 있지만, 많은 섬이 미국, 영국, 프랑스 등 유럽에 속해 있다.

인도의 바다
-인도양

인도양(印度洋, India Ocean)은 인도의 바다, 즉 인도(India)의 나라 이름이 바다 이름이 되었다. 덧붙이자면 인도네시아도 '인도의 섬'이라는 뜻인데, 유럽 사람들이 인도네시아를 인도의 부속 섬으로 착각하고 붙였다고 한다. 인도양은 중생대(6500만~2억 4500만 년 전) 시기에는 남반구에 속해 있다가 곤드와나 대륙이 남아메리카·아프리카·오스트레일리아·남극 대륙·마다가스카르·인도로 분리되는 과정에서 형성되었다고 하지만, 그 생성 기원에 대해서는 아직 의문점들이 남아 있다.

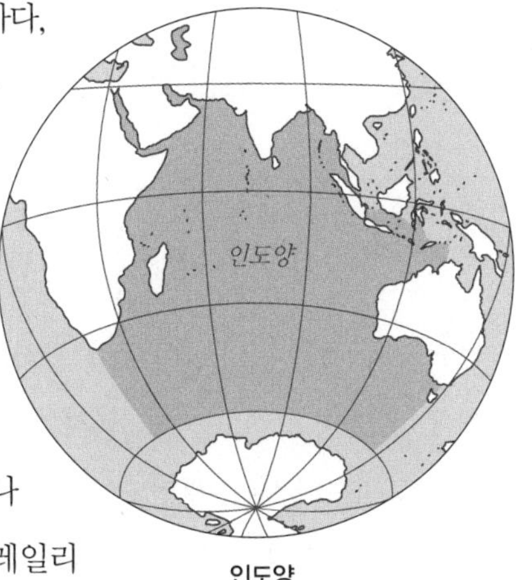

인도양

생성 연도는 다른 해양보다 빠르지만 삼대양 가운데 가장 규모가 작고, 구조 또한 가장 복잡하다. 부속해를 제외한 인도양의 총면적은 7344만 ㎢이며, 아프리카 남단에서 오스트레일리아까지 동서 거리는 약 1만 ㎞에 이르고, 평균 수심은 3890m이다. 자바섬 남쪽에 있는 자바해구의 순다 심연이 7450m로 가장 깊다. 인도양은 북쪽으로는 이란·파키스탄·인도·방글라데시 등이 있고, 동쪽으로는 말레이반도·순다 열도·오스트레일리아, 서쪽으로는 아프리카·아라비아반도, 남쪽으로는 남극과 면해 있다. 아프리카 남단에서 대서양과 합류하며, 동쪽과 남동쪽으로 태평양과 합류한다.

인도양 해저에도 해령이 있는데 일부는 대서양쪽으로 뻗어 있다. 인도양 중앙부에서 북쪽으로 뻗은 인도양중앙해령, 남동쪽으로 뻗은 남동인도양해령, 남서쪽으로 뻗은 남서인도양해령으로 구분된다. 이들 3개의 큰 해령은 Y자를 옆으로 뉘어 놓은 듯한 모양으로 서로 연결되어 있다. 인도양은 다른 대양들에 비해 부속해가 적은 편인데, 북쪽으로는 홍해와 페르시아만, 북서쪽으로 아라비아해, 북동쪽으로 안다만해가 있다. 비교적 규모가 큰 아덴만과 오만만이 북서쪽에 있으며, 벵골만은 남서쪽, 그레이트오스트레일리아만은 오스트레일리아 남쪽 해안에 있다. 인도양은 북반구에서 육지로 막혀 있어 온대나 한대 지역이 없다. 비대칭 구조를 가진 유일한 대양이며, 북쪽에서는 반년마다 표층수 역전 현상이 일어나고, 해저를 흐르는 물은 다른 대양에서 흘러들어 온다.

인도양에는 매혹적인 섬이 많다. 특히 세이셸 제도와 몰디브 제도가 가장 잘 알려져 있다. 몰디브 제도는 스리랑카의 남서쪽에 1000개 이상의 섬으로 이루어져 있는데 그 가운데 3/4은 무인도이며, 섬을 둘러싸고 있는 산호초에는 화려한 빛깔의 물고기들이 많이 서식한다. 하지만 해수면 상승으로 사라질 위기에 처해 있다. 1497년 포르투갈의 바스쿠 다가마에 의한 세계 최초의 해양 탐험이 이루어지기 전에 이미 이집트인, 페니키아인, 인도인이 인도양의 북부 해역을 항해하였고, 중국인과 아랍 항해자들도 비슷한 시기에 다녀갔다고 한다.

그리스 신화에서 비롯된 바다
-대서양

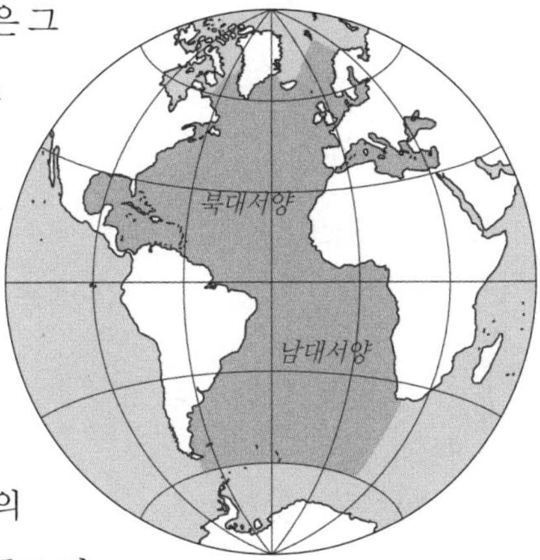

대서양(大西洋, Atlantic Ocean)의 이름은 그리스신화에 나오는 신(神)인 아틀라스(Atlas)에서 그 어원을 찾을 수 있다. 그리스신화의 영웅 페르세우스가 괴물 메두사를 물리치고 돌아오는 길에 아틀라스에게 하룻밤 잠자리를 요청하였으나 아틀라스는 이를 거절하였다고 한다. 화가 난 페르세우스가 메두사의 머리를 보여 주자 아틀라스는 놀라서 돌로 변하였다고 한다. 이 돌이 아프리카 북서부 알제리와 모로코에 걸쳐 있는 아틀라스산맥이며, 이 산맥의 앞바다를 아틀라스의 바다(Atlantic Ocean)라고 부르게 되었다.

대서양

북대서양은 지난 몇 세기 동안 유럽과 북아메리카 대륙 사이에서 중요한 항로가 되어 왔으며, 세계적으로도 중요한 어장 가운데 하나이다. 대서양의 중부에는 포르투갈 선원의 이름을 붙인 사르가소해가 있는데, 이곳은 따뜻하고 조용한 바다로서 해초 모자반이 수면에 많이 떠 있는 것이 특징이다. 대서양에는 화산활동으로 생긴 얀마웬(Jan Mayen)섬, 아이슬란드, 아조레스 제도, 어센션섬, 세인트헬레나섬, 트리스탄다쿠냐섬, 부베(Bouvet)섬 등이 있는데, 이들은 대서양중앙해령으로부터 솟아난 것이다.

대서양은 대체로 S자형을 이루어서 너비가 길이에 비해 상대적으로 좁으며, 면적은 부속해를 제외하면 8244만 ㎢이고, 부속해를 포함한 대서양의 총면적은 1억 646만 ㎢이다. 양안의 대륙이 대서양 쪽으로 경사져 있어서 다른 대양보다 유역 면적이 넓은 편이다. 세인트로렌스, 미시시피, 오리노코, 아마존, 라플라타, 콩고, 나이저, 루아르, 라인, 엘베 강 등 세계적으로 큰 강들이 대서양으로 흘러든다. 대서양의 나이는 1억 5천만 년이고, 평균 수심은 3660m이며, 가장 깊은 곳은 8648m이다. 세계 어장의 상당수가 대서양에 위치해 있고 막대한 양의 광물자원이 대양 양안의 대륙붕을 비롯한 대양저에 매장되어 있다. 또한 대서양은 세계에서 바다 교통량이 가장 많은 항로이다.

대서양 가운데에 위치한 대서양중앙해령은 해령 중에 가장 먼저 발견되었으며, 평평한 심해 평야 사이에 솟아 있다. 북극해에서 아프리카 최남단 부근까지 S자 곡선을 그리며 1만 1300㎞가량 뻗어 있어 해령 중에 가장 긴 해저산맥이다. 이 해령에서 양쪽의 두 대륙까지의 거리는 비슷하며, 해령의 폭은 평균 1600㎞에 달한다. 일부 해령은 해면 위로 솟아올라 아조레스·어센션·세인트헬레나·트리스탄다쿠냐 등의 제도나 군도를 형성하였다. 대서양중앙해령의 단층에는 용해된 마그마가 지구의 지각 밑에서 계속 솟아올라 냉각되고, 점진적으로 산맥에서 떨어져 나오는 해저 확장층도 있다. 산맥의 바깥쪽을 향한 대양저와 대륙 운동으로 대서양해분은 연간 1~10㎝까지 넓어지고 있는 것으로 추정된다.

지구상에서 가장 깨끗한 바다
-남극해

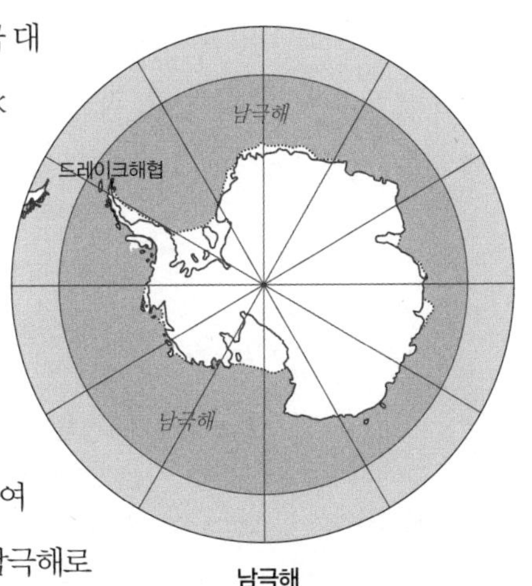

남극해

남극해(南極海, Antarctic Ocean)는 남극 대륙을 둘러싸고 있는 바다로 남빙양(南氷洋) 또는 남대양(南大洋)이라고도 한다. 이 바다는 태평양, 인도양, 대서양과 연결된 바다로서 지리적 경계가 명확하지 않으나, 국제수로기구(International Hydrographic Organization, IHO)에서는 이러한 특성을 감안하여 2000년에 남위 65°00′ 남쪽의 바다를 남극해로 지정하였다. 남극해에서 남극 대륙과 남아메리카 끝자락 사이는 약 1000㎞ 폭의 드레이크해협이 있는데, 이곳이 가장 좁은 곳이다. 남극해의 평균 수심은 4000m이며, 최대 8264m로 꽤 깊은 편이다. 남극해는 표층의 수온이 매우 차기 때문에 표층에 사는 생물은 그리 많지 않지만, 여름엔 플랑크톤이 생겨 고래가 많이 모이는 편이다.

지난 1986년부터 국제포경규제규약에 따라 상업 목적의 포경은 완전히 금지됐지만, 일본은 연구 목적이라는 핑계로 고래를 몰래 남획해 왔다. 그래서 국제사법재판소는(International Court of Justice, ICJ)는 2014년 3월 31일 '일본에게 남극해 포경을 금지해 달라'는 오스트레일리아 정부의 제소를 인정해 일본의 남극해 포경

중단 판결을 내렸다. 그러나 국제사법재판소로부터 포경 금지 판결을 받은 4월 이후에도 밍크고래 30마리를 잡았다고 한다. 일본은 매년 남극해에서 밍크고래 850마리를 포획해 왔고, 포획된 고래 대부분을 과학 조사라고 핑계를 대지만 사실은 식용으로 사용하고 있다.

남극해 주변은 바닷물 위에 떠 있는 큰 빙산이나 바다의 조류를 따라 이리저리 흘러 다니는 얼음 조각인 유빙이 많이 떠다니기 때문에 항상 위험이 상존한다. 더구나 남극해 지역은 워낙 공기가 맑기 때문에 시각적으로 원근을 판단할 수 없어서 착시 현상을 일으키기도 한다. 그래서 항해 선박이 떠다니는 얼음의 위치를 착각하여 큰 사고가 나기도 한다. 지구상에 존재하는 이산화탄소의 약 25%가 바닷속에 흡수·저장되어 있는데, 이들 중 40%가 남극해에 집중되어 있다. 수백 수천

남극 대륙

남극 바다를 둘러싸고 있는 남극 대륙은 한반도 면적의 약 64배(1400만 ㎢)이며, 지구 전체 육지 면적의 약 10%에 달한다. 평균 두께는 2160m의 만년빙으로 덮여 있으며, 지구의 담수 중 90%가 이곳에 얼음 형태로 존재하고 있다. 남극을 대륙이라고 부르기도 하지만, 얼음으로 덮여 있고 사람이 살지 않는 거대한 무주물이기 때문에 대륙이라고 표현하기에 어색한 점이 없지 않다. 남극은 지난 200만 년 동안 비가 오지 않은 드라이밸리(dry valley)로 유명하다. 한마디로 사하라 사막보다도 더 건조하다. 그래서 사람들은 남극을 두고 '하얀 사막'이라 부르기도 한다. 남극에는 11월 중순부터 여름이 시작되어 낮 시간이 18~20시간이나 된다. 이때부터 이끼류가 돋아나고 새들이 날아와 짝짓기를 하며 푸른색 빙하가 깨지기도 한다.

또 남극은 넓고 평평한 모습으로 알려져 있지만 의외로 높은 얼음산이 많은 편이다. '제7의 대륙'이라고 불리는 남극은 연구를 위해 설치된 몇몇 과학기지를 제외하고는 여전히 인간의 손길이 닿지 않은 곳으로 남아 있다. 과학자들은 남극에서 나무 화석과 2억 년 된 공룡 화석을 발견하였는데, 이것은 한때 남극에도 생물이 번성했다는 사실을 입증한 것이다. 또 이런 사실은 판구조론을 뒷받침해 준다. 왜냐하면 이곳의 화석과 아프리카에서 발견된 화석이 동일하기 때문이다. 한때 두 대륙이 태평양의 남서부에 위치했던 곤드와나 대륙의 일부로서 연결되어 있었다는 이론과도 일치한다. 이를 입증하듯, 남극 대륙은 지금도 조금씩 움직이고 있다.

년간 수심 1000m 부근에 저장되어 있는 이산화탄소의 원인을 아직 밝히지 못하고 있다.

남극해의 해류 흐름은 복합적이다. 남극 대륙의 냉각된 물은 침강하여 대양의 바닥을 따라 북쪽으로 흘러 나가고, 해면에는 인도양·태평양·대서양에서 따뜻한 물이 흘러들어 온다. 이렇게 해류가 만나는 곳이 남극수렴대로 식물성 플랑크톤이 번식하기에 알맞은 곳이다. 남극해에서 먹이사슬의 상층부를 이루는 가장 중요한 생물은 크릴새우인데, 머지않아 우리 인류의 식량으로 요긴하게 활용될 것이다. 남극수렴대 이남에서는 많은 종류의 심해어가 살고 있는 것으로 알려져 있으며, 특히 꼬치고기 1종과 샛비늘치 2종 등의 희귀종은 이 지역에서만 살고 있다. 또한 세계적으로 가장 많은 고래가 서식하며, 펭귄과 앨버트로스 같은 바닷새도 많이 서식한다.

유빙으로 이루어진 북극 바다
-북극해

북극해(北極海, Arctic Ocean)는 북극을 중심으로 유라시아 대륙과 북아메리카 대륙에 둘러싸인 해역으로서 바닷물이 얼어서 만들어진 해빙이다. 이 해빙은 제자리에 멈추어 있지 않고 조류, 바람, 해류에 의해 일정하게 움직이며, 여러 조각의 크기로 부서져 북극해 바다를 떠다닌다. 해빙에는 극빙, 유빙, 정착빙 등 세 가지가 있는데, 북극해의 대부분을 덮고 있는 것은 극빙으로 두께가 50m나 되며 여름에는 2m쯤 녹는다. 물 위를 떠다니는 유빙은 북극해의 가장자리에서 많이 생기며, 1170만 ㎢의 바다가 유빙으로 덮이기도 한다. 겨울에는 해안과 유빙 사이에서 정착빙이 형성된다. 정착빙은 얼음이 해안선에 단단히 붙어 떨어지지 않는 얼음을 말한다.

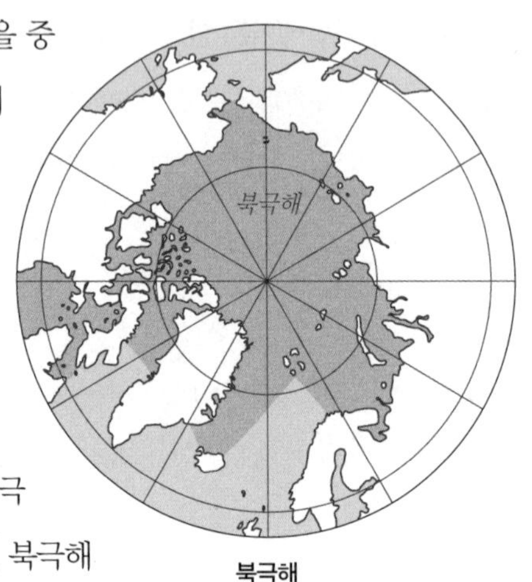

북극해

북극해는 제1차 국제극지관측년(1882~1883년)과 제2차 국제극지관측년(1932~1933년) 그리고 국제지구관측년(1957~1958년) 등 과학탐험사업으로 주목을 받았다. 1958년에는 미국 최초의 핵잠수함 노틸러스호와 스케이트호가 북극해 밑으로 항해하였고, 1969~1970년에는 소련의 핵추진 쇄빙선인 맨해튼호에 의해 시베리아 해안을 따라 북극해를 횡단하는 항로가 개척되었다. 석유와 광물이 채굴되기 시작하면서 이곳에 대한 관심은 더욱 높아졌으며, 북극지방에 대한 과학적 연구도 더욱 활발해지고 있다.

북극권은 북극점을 중심으로 한 북극해, 그린란드·스피츠베르겐 제도 등의 섬, 시베리아·알래스카·캐나다 북부·아이슬란드 북부·스칸디나비아반도의 북부 등이 속한 북위 66°33′ 이상의 지역을 일컫는다. 이 위도를 북극권의 경계로 하는 이유는 하지에는 낮이 24시간, 동지에는 밤이 24시간 지속되는 한계선이기 때문이다. 북극권의 위치는 고정되어 있지 않고 지구자전축의 기울기가 변함에 따라 4만 년에 한 번씩 2°가량 움직이는데, 1년에 약 15m가량의 속도로 북쪽으로 이동하며 2011년에는 북위 66°33′44″(66.5622°)을 지났다. 20세기 중반 이래 북극은 대권항로, 석유 등의 지하자원, 삼림자원, 기후학·기상학의 연구기지, 무선통신의 중계기지 등으로 국제적 관심이 높아졌다.

북극해는 면적이 1409만 ㎢로 지중해의 6배이고 전 세계 바다의 3%를 차지한다. 유라시아·북아메리카·그린란드에 의해 거의 완전히 둘러싸여 있으며, 평균수심은 1300m이지만 북극점에 가까운 심해 평원에는 깊이가 5502m에 달하는 곳도 있다. 대륙붕에는 광물자원이 풍부하고, 특히 해저에는 석유와 가스가 있는 지층이 여러 곳에서 발견되었다. 그뿐만 아니라 세계적으로 중요한 어장이 형성되어 있다. 바닷속은 평행으로 뻗어 있는 로모노소프해령, 멘델레이아해령, 북극해중앙해령 등 3개의 해저산맥에 의해 난센해분, 프람해분, 마카로프해분, 캐나다해분 등 4개의 해분으로 나뉜다. 특히 북극해중앙해령은 대서양중앙해령의 연장선으로서 아이슬란드를 지나 스발바르 제도까지 뻗어 있다.

18세기에 들자 수만 년 동안 에스키모인들과 알류트족들이 살았던 북극해 주변 육지에 서유럽의 과학조사단이 들어오기 시작하였다. 러시아의 제2차 캄차카 탐험대가 1733년부터 10년간 북극해의 러시아 해안 지대를 탐험하였다. 노르웨이의 과학자 난센도 얼음에서도 배가 뜨도록 고안된 프람호를 타고 1893년부터 3년 동안 북극해를 가로지르며 항해하였다. 19세기 말과 20세기 초에 미국의 탐험가 피어리는 북극해의 여러 해역을 수차례 횡단하는 탐험을 하였는데, 1909년 최초로 북극점에 도달하였다.

북극지방 서쪽 해안 지대에 살고 있는 에스키모인은 각자가 살고 있는 지역에 따라 시베리아인, 북알래스카인, 매켄지인, 래브라도인(그린란드인), 폴라인, 캐리부인 등으로 불리는데, 이들 대부분은 사냥과 고기잡이로 생활하고 있다. 반면에 유라시아인은 전통적으로 순록 방목을 주업으로 삼아 왔는데, 이들의 경우에도 랩족, 코미족, 마니족, 칸트족 등과 같이 종족이 다양하다.

인류의 역사와 함께한 바다
-지중해

지중해(地中海, Mediterranean Sea)는 대서양에 딸린 바다이지만 유럽, 아시아, 아프리카의 세 대륙에 둘러싸여 있는 내해이다. 동쪽은 홍해와 인도양, 서쪽은 대서양으로 연결되어 있으며, 북쪽은 흑해와 통한다. 그러므로 대서양에서부터 아시아까지 뻗어 있으며, 유럽과 아프리카를 분리시키는 바다로 경제적·군사적으로 중요한 지역이다. 서구 문명의 요람으로 불리는 이 바다는 지브롤터해협으로부터 터키의 이스켄데룬만 해안까지 동서 길이는 약 4000㎞이고, 발칸반도 해안과 리비아 해안 사이의 남북 평균 길이는 약 800㎞에 이른다. 마르마라해와 흑해를 포함한 면적은 296㎢ 정도 된다.

지중해에서 배를 타고 대서양으로 나아가는 지브롤터해협에서 가장 좁은 곳은 14㎞로 눈에 빤히 보이는 거리이다. 여기에서 북동쪽으로 다르다넬스해협, 마르마라해, 보스포루스해협을 통해 흑해로 이어지고, 남동쪽에서는 수에즈 운하로 홍해와 연결된다. 지중해의 평균 수심은 1500m이며, 가장 깊은 이오니아해의 칼립소 심연은 그 수심이 5267m에 달한다. 지중해는 고대부터 중요한 교역 장소로 메소포타미아, 이집트, 페니키아, 카르타고, 그리스, 레반트, 로마, 무어인, 투르크 등 여러 민족이 물자와 다양한 문화를 주고받았다.

지중해의 명칭은 말 그대로 '땅 한가운데'라는 뜻이다. 어원은 라틴어 메디테라네우스(mediterraneus)로, '지구의 한가운데'를 뜻한다. 즉 medius(한가운데)+terra(땅, 지구)이다. 이 바다가 육지에 둘러싸여 있기 때문이기도 하지만 당시 중동과 유럽인들은 지중해가 세계의 중심이라고 생각하였기 때문이다. 로마인들은 흔히 '우리 바다'로 불렀는데, 이것은 내해라는 의미로 해석된다. 또한 그리스어로는 내륙 또는 안쪽이라는 뜻의 '메소게이오스(Μεσόγειος)'로 불리기도 하였다(μεσο: 가운데+γαιος: 땅, 지구). 그 외에 현대 히브리어, 터키어, 현대 아랍어, 이슬람어 및 기타 각 언어마다 지중해 이름이 따로 있다. 특히 성서에서는 '뒤쪽 바다'라고 부르기도 하였다는데, 그 위치가 성지의 서쪽 해안이기 때문으로 풀이된다.

지중해 연안에는 유럽의 스페인·프랑스·모나코·이탈리아·몰타·슬로베니아·크로아티아·보스니아 헤르체고비나·몬테네그로·알바니아·그리스·키프로스, 아시아의 터키·시리아·레바논·이스라엘·가자 지구(팔레스타인), 아프리카의 이집트·리비아·튀니지·알제리·모로코 등이 접해 있다. 프랑스 대통령 사르코지의 제안으로 지중해연합이 설립되고, 2008년 7월 13일 파리에서 첫 정상 회의를 가졌다. 유럽연합과 지중해 연안국으로 구성된 지중해연합은 총 43개국으로 과거 로마 제국을 연상시킬 정도의 광범위한 영역을 포괄하고 있다.

푸른 파도가 출렁이는 검푸른 바다
-동해

우리나라의 동해안은 주로 모래와 암벽으로 이루어져 있고 갯벌은 거의 없다. 땅 위나 물속이나 대체로 경사가 급한 편이며 넓게 탁 트여 있어서 언제나 파도가 출렁인다. 이러한 지형적인 여건으로 펄은 파도에 다 씻겨 나가 버리고 펄보다 무거운 모래와 자갈만 남게 되었다.

동해는 한반도와 일본 열도에 둘러싸인 바다로, 동쪽으로는 일본 열도의 규슈, 혼슈, 홋카이도와 서쪽으로는 한반도, 북쪽으로는 러시아의 사할린섬으로 둘러싸여 있으며, 5개의 해협으로 태평양과 연결되어 있다. 북쪽부터 차례대로 아시아 대륙과 사할린섬 사이의 타타르해협, 사할린섬과 홋카이도 사이의 라페루즈해협, 홋카이도와 혼슈 사이의 쓰가루해협, 혼슈와 규슈 사이의 시모노세키해협, 끝으로 규슈와 한반도 사이의 대한해협 등이다.

동해의 남북 길이는 약 1700㎞이고, 동서 최대 너비는 약 1100㎞이다. 동해 바다의 평균 수심은 1684m이고 가장 깊은 곳은 4049m로 꽤 깊은 편이며, 면적은 107만 ㎢이다. 해저지형이 복잡하고 급경사가 많으며, 수심 3000m 정도의 깊이가 약 30만 ㎢나 되며, 대륙붕은 약 21만 ㎢로 전체 면적의 약 1/5 정도 된다. 동해에는 구로시오해류에서 나누어진 동한해류와 쓰시마해류가 남쪽에서 북쪽으로 흐르고, 리만해류가 북한 해안을 따라 남쪽으로 흐르다가 동한해류와 만나는 형국이다. 해방 전까지는 동해를 조선해 또는 창해라고도 불렀으며, 울릉도와 독도 이외에 일본 소유의 섬이 산재해 있다.

화산활동 이전에는 태평양과 연결되어 있던 바다이기에 서해나 남해와는 비교도 안 되게 깊은 바다였다. 난류와 한류가 만나는 동해 중간쯤에는 어획량이 풍부한 것으로 알려져 있다. 원유는 아직 발견되지 않았으나 천연가스는 우리나라에서 채굴하고 있으며, 독도 수역 인근에는 메탄 하이드레이트도 매장되어 있는 것으로 알려져 있어 미래의 자원으로 주목받고 있다. 우리나라의 지형이 동고서저의 형태를 보이기 때문에 동해로 유입되는 강은 그리 많지 않으며, 조석간만의 차가 적고 섬도 적은 편이다.

한반도와 러시아의 연해주 부근은 3000m 정도의 급사면을 이루며, 가장 깊은 곳은 북동쪽에 있는 오지리(尾尻)섬 부근으로 약 3762m나 된다. 동해의 해저지형은 중앙부에 연속적으로 발달해 있는 해령을 중심으로 북부와 남부로 나뉜다. 북부는 대체로 평탄하고 경사가 완만한 데 비해 남부는 복잡하여 해구, 해퇴(海堆, 대륙붕에서 주위보다 얕은 지형) 등이 발달해 있다. 동해에서는 많은 물고기가 잡히는

동·서·남해의 경계

현재 각 기관의 동해와 남해 경계 기준점은 국립해양조사원이 부산광역시 해운대구 달맞이고개 정상 고두말에서 135도 방향으로 하고 있으나, 국립수산진흥원은 울산시 울기등대로, 기상청은 부산과 울산의 행정구역상 경계선 등으로 하고 있다.

국립해양조사원 기준

구분	주소 및 위치	경위도 위치
동해와 남해	부산광역시 해운대구 달맞이고개 정상 고두말에서 135° 방향	35°09′24.66″N 129°10′54.51″E
남해와 서해(황해)	전라남도 해남군 송지면 갈두산 땅끝탑의 해남각에서 225° 방향	34°17′33.09″N 126°31′26.02″E

남해와 서해의 경계는 분명하지만, 아직 동해와 남해의 명확한 구분이 없으며, 이것도 정부기관마다 다르다. 특히 국제수로기구(IHO)는 우리나라 연안을 "서해"와 "남해를 포함한 동해"로만 구분하고 있어 제주도, 남해도, 거제도 등 남해안 섬들도 국제적으로는 동해 바다 소속으로 분류되어 있는 상황이다.

데, 예전에는 청어, 명태, 대구 등이 우리의 밥상을 즐겁게 해 주었고 지금도 오징어, 고등어, 꽁치, 게 등이 우리의 식단을 풍요롭게 한다. 한편 우리나라 해역 중 가장 깊은 곳은 수심 2985m인 울릉도 북쪽 96㎞ 해역으로 조사되었다.

먼 옛날 육지였던 바다
-서해

서해는 우리나라의 서쪽과 중국의 동쪽 사이에 있는 바다로 공식적인 명칭은 황해(黃海)이며, 서해라는 명칭은 단순히 한국의 서쪽 바다라는 뜻이다. 국제적으로도 이미 황해로 공인된 상태이고, 한국도 공식적인 문서에서는 황해로 표기한다. 황하에 의해 운반된 중국 내륙 지방의 황토 때문에 바닷물이 항상 누렇기 때문에 황해라고 부른다.

서해는 주로 펄로 이루어져 있고 조간대가 잘 발달되어 있다. 이는 중국의 황하와 양쯔강, 우리나라의 금강과 한강 등에서 흘러나온 모래가 펄로 채워지며, 밀물과 썰물의 차이가 크기 때문이다. 연안에는 갯벌이 넓게 펼쳐져 있지만 바다 쪽으로 갈수록 펄은 적어지고 모래가 나타나기 시작한다. 서해안에는 밀물이 들어올 때 모래와 펄이 함께 들어온다. 그러나 해안이 가까워질수록 물의 힘이 약해지므로 상대적으로 무거운 모래는 가라앉고 가벼운 펄만 해안으로 밀려온다. 그리고 밀물이 최고로 높아졌다가 썰물이 되어 빠져나가기 직전, 물이 잠깐 정지하는 순간에 펄이 가라앉는다. 그래서 해안 가까이에는 펄만 쌓이고 바다 쪽으로 나갈수록 모래가 많아진다.

서해의 면적은 약 4만 4000㎢, 남북 길이 1000㎞, 동서 길이 700㎞ 정도이며 수심은 20~80m이다. 서해에서 가장 깊은 곳은 가거도 남동쪽 60㎞ 해역(수심 124m)이다. 국제수로기구(IHO)에 의하면 동중국해와의 경계는 제주도와 양쯔강 하구를 연결하는 선이며, 북쪽은 랴오둥반도와 산둥반도를 잇는 선으로 구분하기도 하는

데, 일반적으로 보하이해(渤海, 발해)도 황해에 포함시킨다. 한반도와 중국 대륙 간에는 이미 기원전 300년 전부터 꾸준히 해상 교류를 해 왔으며, 최근 한국과 중국 간의 경제협력 교류가 확대되면서 서해안의 개발이 더욱 활발해지고 있다. 대규모의 방조제가 축조되고, 공업단지가 조성되며, 항구 시설의 확장 사업이 진행되고 있다.

신생대 제4기의 해수면은 현재보다 100m 이상 낮아서 황해는 중국 대륙과 연결된 평탄한 육지였다가 해빙기에 해수면이 높아져 바다가 되었다. 황해의 해저에는 한국과 중국의 해안선을 따라 사퇴(砂堆)가 형성되어 있고, 양쯔강 하구에는 양쯔사퇴가 동중국해 경계까지 발달되어 있다. 따라서 양쯔강 하구에서 300㎞ 해역에 이르기까지 수심이 20~30m에 불과하다. 그래서 수심이 얕고 조류가 급하며 바닷물이 항상 혼탁하기 때문에 플랑크톤이 동해의 1/2 정도이지만, 하천에서 유입되는 영양염류가 풍부하고 크고 작은 섬들이 많아 어류의 산란장으로 좋은 조건을 갖추고 있다.

리아스식 해안을 품고 있는 바다
-남해

남해는 우리나라의 남쪽, 제주도의 북쪽에 있는 바다에 대한 호칭으로 동쪽으로는 쓰시마섬, 서쪽으로는 흑산도까지이며, 일반적으로 부산에서 전라남도 진도까지의 해역을 의미한다. 이곳은 해안선이 복잡하며 섬이 많은 것이 특징인데, 제주도, 거제도, 남해도, 거문도 등 약 2240개의 섬이 있다. 전국 총 도서(島嶼)의 60% 이상을 차지하고 있는 남해의 섬은 산맥이나 구릉이 침수되어 생긴 것으로 섬들의 방향이 거의 비슷하다. 해안선은 드나듦이 매우 복잡한 리아스식 해안을 이루고 있으며, 구불구불한 해안선의 총 길이는 약 2251㎞로 직선거리(약 255㎞)의 8.8배에 달한다.

남해는 구로시오해류의 영향으로 연중 수온이 높으며, 표면 수온은 여름에 최고 28~29℃, 겨울에 최저 13℃ 정도 된다. 바다의 대부분이 평균 100m로 낮고, 조차는 동해와 서해의 중간 정도이며, 남해에서 가장 깊은 곳은 마라도 북서쪽 2.3㎞ 해역(수심 198m)이다. 서쪽의 해안 일대는 넓은 간석지가 많은 편으로 파랑 및 연안류의 활동이 약해서 대규모 사빈이 발달하기 어렵다. 난류에 의해 연중 수온이 일정하고 수심이 얕을 뿐만 아니라 해안선이 복잡하여 어류의 번식과 서식에 적합하기 때문에, 사철 어로가 가능하여 삼면의 바다 중 어획량이 가장 많고 어족이 풍부하다. 멸치는 진해만을 중심으로 남해안 전역에서 잡히는 대표적인 어종이다. 남해안의 양식업은 일본으로 수출하기 위해 처음으로 시작되었으며, 근래에는 양식업이 급성장하였다.

한려해상국립공원으로 지정된 거제도 해금강

예로부터 이곳은 우리 민족의 대외 교류 및 항쟁의 장소로서 삼국시대에는 백제와 일본이 이곳을 통해 교류하였으며, 통일신라시대에는 장보고가 완도에 청해진을 설치하고 왜·당의 해적을 무찔러 해상 왕국을 세우고 당나라와 교역을 하였다. 고려시대에는 삼별초가 진도를 중심으로 활약하였으며, 조선시대에는 왜구들의 침입에 대비하여 경상도, 전라도에 각각 수영(水營)을 설치하여 임진왜란 때 이순신 장군이 명량·노량 해협과 한산도에서 왜군을 대파하였다.

동쪽의 거제도에서 여수시에 이르는 곳곳은 제4호 한려해상국립공원으로, 여수시에서 신안군에 이르는 곳곳은 제14호 다도해해상국립공원으로 지정되어 있다.

윤심덕이 몸을 던진 바다
-대한해협

대한해협은 배우이자 가수인 윤심덕이 몸을 던진 곳으로 알려져 있는데, 우리나라와 일본 규슈 사이에 있는 해협을 일컫는다. 우리나라에서는 대한해협이라고 하지만, 일본에서는 쓰시마해협이라고 부르는 곳이다. 이곳은 우리나라와 쓰시마섬을 사이에 두고 동서 2개의 해협으로 나뉜다. 부산-쓰시마섬 사이를 서수로(부산해협), 쓰시마섬-규슈 사이를 동수로(쓰시마해협)라고 부르기도 한다.

예전에는 대한해협을 현해탄(玄海灘)이라고 불렀는데, 이는 일본말의 현해탄(げんかいなだ, 겐카이나다)을 한자어로 읽은 것이다. 현해탄의 지리적 위치는 쓰시마해역의 일부인 후쿠오카 앞바다의 오시마섬(大島)과 그 서쪽의 이키섬(壹岐島) 사이의 해역을 말하므로, 현해탄이 대한해협은 아니다. 즉 현해탄은 쓰시마해협에 속해 있고, 쓰시마해협은 대한해협에 속해 있는 것이다. 그러나 여전히 대한해협을 현해탄이라고 오칭하여 대한민국과 일본 간 왕래를 일컬어 '현해탄을 건넌다'라고 표현하는 사람이 있다.

대한해협은 신생대 제3기 말 이전에는 육지였던 것으로 추정되나 현재는 평균수심이 100m 내외의 대륙붕 지역이며, 해협의 폭은 50㎞ 정도 된다. 해협의 양안은 침강에 의한 리아스식 해안이 발달하였으며, 우리나라 쪽에서는 김, 어패류의 양식이 활발하다. 구로시오해류가 흐르는 길목에 위치하여 난대성 어류도 풍부하다. 삼국시대 이래 한일 간의 중요한 교통로로 이용되어 온 대한해협은 일제강점기에는 일본이 군사적 목적으로 이곳에 해저터널 건설을 계획하기도 하였으나 해방으로 무산되었다.

일반적으로 영해의 범위는 1978년부터 해안으로부터 12해리(22.2㎞)의 거리를 말하나, 대한해협에는 예외 규정을 적용하고 있다. 즉 일본의 쓰시마섬이 가까이 있어서 가장 바깥쪽 섬에서 3해리까지의 수역이 영해로 설정되어 있다. 동해는 남한, 북한, 일본, 러시아 등 4개국이 공유하는 바다이며, 대한해협도 마찬가지로 국제항로이다. 만약 양국이 12해리씩 영해를 선포한다면 서수로 구간의 공해는 얼마 남지 않는 관계로 양국 모두 대한해협의 영해를 3해리로 정해 놓았다.

이 수로는 삼국시대 이래 한일 간의 교통로로 이용되어 왔으며, 지금은 부산-쓰시마섬, 부산-시모노세키 간에 정기항로가 개설되어 페리호가 운항되고 있다. 앞으로 부산과 후쿠오카 사이에 해저터널을 구상하고 있기 때문에 대한해협이 매스

윤심덕

성악가이자 배우인 수선(水仙) 윤심덕은 1897년 평양에서 태어나서 1918년 경성고등보통학교 사범과를 졸업한 신여성으로 강원도 원주에서 1년간 소학교 교원으로 근무하였다. 그해 조선총독부 관비 유학생으로 뽑혀 아오야마학원(青山學院大學)에서 일본어와 음악 기초를 공부하고 도쿄음악학교(현 도쿄예술대학) 성악과를 나온 장래가 촉망되는 음악인이었다. 1921년 동우회순회극단에서 주최한 국내 순회 공연에 참여했다가 목포 갑부의 아들인 김우진(金祐鎭, 1897년생)을 만나게 된다. 윤심덕은 1922년 도쿄음악학교를 졸업하고 1년간 조교로 근무한 뒤 1923년 귀국하였다. 경성사범부속학교 음악 선생으로 있으면서 극예술협회 등의 연극 공연에 출연해 풍부한 성량과 뛰어난 외모로 이름을 떨쳤다.
당시 성악만으로는 생계를 꾸려 나갈 수 없어 대중가요를 부르고 방송에 출연하거나 레코드도 취입하였다. 1926년 여동생의 미국 유학비 마련 등으로 일본의 닛토(日東)레코드회사에서 노래 27곡을 취입하였다. 그 후 귀국하는 배에서 김우진과 함께 현해탄에 몸을 던져 함께 죽었다. 윤심덕이 부른 노래 「사의찬미」는 그녀가 죽은 후에 더욱 많이 알려졌으며, 노래의 가사는 그녀의 죽음을 예고하는 듯한 내용이다. 당시 유부남인 김우진은 대학 졸업 후 가업을 이어 사장이 되었으나, 아버지와 잦은 마찰로 1926년 가출하고 일본에서 잠시 있던 중 윤심덕을 만났다. 둘은 관부연락선을 타고 일본에서 돌아오던 중 함께 현해탄에서 투신자살하였나. 둘 사이에 동반 자살할 뚜렷한 동기가 없었기 때문에 여러 가지 추측만 난무할 뿐이다.

컴으로부터 각광받을 날이 올 것 같다. 당장은 실현 가능성이 없어 보이지만 점차적으로 인적 교류와 물적 수요가 늘어난다면 비행기나 선박만으로 감당하기 어려우므로 해저터널사업이 급진전될 수도 있다. 그렇게 되면 시속 70~80㎞의 속도로 달려도 일본까지 승용차로 1시간 내에 도달하게 된다.

바다에도 온천과 냉장고가 있다
-열수공과 무균 지대

해양학자들은 20세기에 이룩된 해양학의 위대한 발견으로 무엇을 꼽을까? 여러 가지가 있겠지만, 1977년 태평양 해저에서 열수공(熱水孔)을 발견한 것을 최고로 꼽을 것 같다.

열수공은 미국 우즈홀 해양연구소의 지원을 받은 심해 잠수정 앨빈호에 승선한 3명의 과학자에 의해 발견되었다. 1980년 그들은 동태평양의 갈라파고스 제도와 가까운 바다 수심 2500m 깊이의 해령 한가운데에서 열수공을 발견한 것이다. 그 후 갈라파고스 제도 남서쪽의 콜론해령과 동태평양해령에서도 열수공이 발견되었고, 1985년에는 대서양중앙해령에서도 발견되었다. 또한 1979년 캘리포니아 앞바다에서도 굴뚝 같은 기둥(열수공)에서 350℃ 정도의 열수가 발견되었다.

열수공에서 솟아나는 물에는 여러 가지 광물 성분과 황화수소 같은 기체들이 녹아 있다. 때로는 물에 녹아 있는 물질의 성분과 열수공의 온도에 따라 색깔이 있는 연기처럼 보이는 곳도 있는데, 검은색은 열수공의 황화광물 때문이고 흰색은 규산염광물 때문이다. 열수공의 굴뚝은 큰 것은 지름 1m, 높이 30m 이상에 이르기도 한다. 열수공이 있는 깊은 바다에는 햇빛이 들어갈 수 없기 때문에 식물은 자랄 수 없고, 그 대신 원시 박테리아가 생태계의 바닥을 담당한다. 박테리아는 햇빛 대신 물속에 녹아 있는 황화수소를 에너지원으로 하여 유기물을 만들고 관벌레와 공생하고 있다.

깊은 바다에는 미생물이 많지 않기 때문에 물질이 잘 썩지 않는다. 1968년 10월 대서양의 수심 1600m 되는 곳에 잠수정이 침몰하면서 연구원들의 도시락으로 준비한 소시지도 함께 가라앉은 일이 있었다. 그런데 열 달 후 잠수정을 인양했을 때 그 소시지는 먹을 수 있을 정도로 신선했다고 한다. 그 전까지 사람들은 바닷속에서 식품이 이렇게 오래 보존되리라고는 상상하지도 못했다. 말하자면 바다 밑에는 냉장고와 같이 온도가 일정한 무균 지대가 있는 것이다.

가정용 냉장고의 저장 온도가 보통 1~5℃ 사이인데, 심해의 온도도 −1~4℃ 사이로 냉장고의 온도와 거의 흡사하다. 그러므로 음식이 상하지 않고 저장될 수 있는 환경이 갖추어진 셈이다. 깊은 바다는 워낙 깨끗하고 영양분이 없기 때문에 세균이 살지 못하고, 살더라도 몇몇 특수한 세균뿐이다. 실제 박테리아의 밀도도 연안 바다의 1/1000 또는 1/1만로 아주 낮다. 또 그곳에 사는 세균은 어느 정도 수압이 있어야 살 수 있는 이른바 친압성(親壓性) 세균이다. 아무튼 세균이 함부로 번식도 못하는 환경이다. 이처럼 바다에도 육지의 온천과 같이 뜨거운 물이 솟아나는 곳이 있는가 하면, 냉장고와 같이 저장성이 뛰어난 지대도 있다니 신기한 일이다.

5장
바다 생물

물고기를 먹여 살리는 떠돌이 생물
-플랑크톤

플랑크톤은 스스로 헤엄칠 능력이 없거나 미약한 이동 능력만 가지고 있는 부유생물로서 대개는 해수의 흐름에 따라 이동한다. 몸의 크기에 따라 0.2㎛보다 작은 바이러스 종류의 펨토플랑크톤(femto plankton), 0.2~2.0㎛인 박테리아 종류의 피코플랑크톤(pico plankton), 2.0~20㎛ 크기의 식물 플랑크톤인 나노플랑크톤(nano plankton), 20~200㎛ 크기의 미세플랑크톤(micro plankton), 200㎛ 이상의 대형플랑크톤(macro plankton) 등으로 나눌 수 있지만 대부분은 대형 동물플랑크톤에 속한다.

영양 섭취 방법에 따라 식물플랑크톤과 동물플랑크톤으로 나눌 수 있는데, 식물플랑크톤은 광합성을 하는 생물로서 해양 생태계에서 차지하는 비중은 매우 크지만 그 종류는 다양하지 않으며 대부분은 단세포생물이므로 현미경으로만 관찰이 가능하다. 해양환경에서 1차 소비자의 역할을 하는 동물플랑크톤은 식물플랑크톤에 비해 생물량은 적지만 종류는 더 많다. 동물플랑크톤은 수 마이크로미터의 지름을 갖는 것부터 때로는 1m 이상의 초대형 플랑크톤까지 다양하게 존재한다. 생활 주기에 따라서는 유생 또는 새끼일 때만 플랑크톤으로 생활하다가 성체가 되면 유영동물이나 저서생물이 되는 임시플랑크톤(meroplankton)과 전 생애에 걸쳐 플랑크톤으로 생활하는 종생플랑크톤(holoplankton)으로 구분된다.

인간은 플랑크톤 덕분에 살아가고 있다. 우리가 플랑크톤을 먹고 산다는 뜻은 아니지만 우리가 먹는 바다 생선류의 영양분은 결국 플랑크톤에서 출발하기 때문이다. 단세포생물인 식물성 플랑크톤은 물에 녹아 있는 이산화탄소를 이용하여 포도당을 합성하는 1차 생산자이다. 식물성 플랑크톤은 동물성 플랑크톤을 비롯한 많은 수생생물의 기본적인 먹이로서 작용하고 심지어 고래에게는 가장 중요한 식량이기도 하다. 우리가 숨 쉬는 산소 역시 식물성 플랑크톤에서 나온다. 대기 중에 포함되어 있는 산소 중 육상의 숲과 해조류가 생산하는 산소는 30%에 불과하다. 나머지 70%는 식물성 플랑크톤이 생산한 것이다. 플랑크톤은 최근에 이르러서야 인류의 식량자원으로서 개발·이용되기 시작하였다. 대규모 배양이 기술적으로 가능하다는 것이 입증되었는데, 대표적인 것이 단세포 녹조류인 클로렐라(chlorella)이다. 클로렐라에는 다량의 단백질이 함유되어 있으며, 지금은 건강식품으로 개발되어 시판되고 있다. 바다에 늘려 있는 플랑크톤은 미래 인간의 주요 식량 공급원이 될 것이다.

우리나라 근대산업의 역군, 원양어업
-다랑어와 트롤어업

원양어업은 수십 일 또는 몇 달씩 걸리는 먼 바다에서 하는 어업으로 베이스캠프 같은 모항에서 출어를 준비한다. 우리나라의 원양어업은 주로 참치어업과 트롤어업으로 나눌 수 있는데, 방법에 따라 참치주낙(연승, 延繩)어업, 두릿그물(선망, 旋網)어업, 트롤어업, 오징어채낚기, 흘림걸그물(유자망, 流刺網)어업, 새우트롤어업 등으로 나눈다. 원양어업은 1957년 해무청(해양수산부)과 중앙수산시험장이 제동산업㈜ 소속의 지남호로 인도양에서 참치주낙을 한 것이 효시이다. 이후 대서양, 북태평양 등으로 확대해 나갔다. 1960년대 개척기, 1970년대 신장기, 1980년대 재편기를 거쳐 1990년대의 유엔해양법협약(United Nations Convention on the Law of the Sea, UNCLOS) 발효와 연안국의 200해리 설정 등으로 조업 여건이 악화되고 어장이 축소됨에 따라 원양어업은 구조조정기로 접어들었다.

우리나라의 다랑어그물어업은 1971년 동태평양에서 처음 시작하여, 1980년대에 서태평양으로 진출하고 1986년부터 본격적인 선망어업이 이루어졌다. 가다랑어와 황다랑어를 주 대상으로 하는 선망어업은 1990년부터 조업하였으나 지금은 점차 감소하고 있는 형편이다. 연승어선도 1960년대 초부터 시작되어 1975년에는 무려 589척까지 늘어났으나, 전 세계의 유류파동으로 매년 줄어들어 1990년대 들어서는 200여 척을 유지하다가 지금은 더욱 줄어들었다. 연승어업은 삼대양의 열대 해역에서 주로 눈다랑어와 황다랑어를 어획하였으나 일부는 대서양에서 북방 참다랑어를 잡았다. 현재는 대서양참치위원회(International Commission for the

Conservation of Atlantic Tuna, ICCAT) 및 연안국의 규제 강화로 철수한 상태이고, 태평양에서만 어획이 이루어지고 있다.

원양트롤어업은 1966년 부산수산대학교(오늘날 부경대학교) 실습선인 백경호가 베링해에서 시험 조업을 하고, 한국수산개발공사 소속 601호, 602호 강화호가 대서양에 진출한 것이 처음이다. 북태평양이 주요 어장인 이 어업은 1970년대부터 본격적으로 발전하기 시작하여 1976년에는 세계의 여러 해역으로 출어하였다. 1977년에 미국과 소련이 배타적 경제수역을 선포한 이후, 각 연안국에서도 이를 선포하는 바람에 지금은 대부분의 어장을 상실하였다. 하지만 일부는 어획할 수 있는 쿼터를 얻어 내고, 일부는 입어료를 지불하는 등 어장 확보 정책이 점차 회복되어 가고 있다.

1991년 한-러 어업협정 체결로 러시아 수역에서 조업하였으나 최근에는 자국 어업인 보호를 이유로 쿼터량을 감축하고 조업 규제를 강화하고 있다. 민간 쿼터의 경우 2001년부터 국제입찰 제도로 변경되었고, 2002년부터는 자국민 우선 정책으로 전환되어 우리 어선들은 더욱 어려움을 겪고 있다.

뉴질랜드 수역의 트롤어업은 배타적 경제수역 선포에 따라 1978년에는 양국 간 어업협정을 체결하여 쿼터 조업을 해 왔다. 인도네시아 수역 트롤어업은 1986년부터 진출하였으며, 최근 자원자국화 정책으로 전환되어 날로 조업 여건이 어려워지고 있다. 대서양 트롤어업은 1966년에 처음으로 진출하여 꾸준히 발전하면서 1970년대에는 100여 척으로 증가하였으나, 1980년대부터 출어 척수가 점점 줄어들었다.

1970년대 중반에 진출한 인도양 어장에서는 관련국의 규제에도 불구하고 민간 협상에 의해 지속적으로 조업이 유지되어 왔다. 그 후 점차적으로 원양어선 세력이 정체되어 지금은 오만, 파키스탄, 모잠비크 등에 진출하여 새우, 갑오징어, 한치 등을 조업하고 있다. 중남미 트롤어업은 1969년에 남아메리카 수리남의 수도 파라마리보에 진출한 이후 가이아나, 프랑스령 기아나, 브라질 등에 진출하였다.

트롤어선

1960년대부터 시작된 원양어업은 어려운 시절 우리나라를 먹여 살린 원동력이 되었다고 생각한다.

인류의 미래 먹거리
-물고기

바다에 사는 생물은 참으로 다양하다. 아가미와 지느러미가 있는 어류(魚類), 바닥이나 개펄에 사는 패류(貝類), 껍질이 딱딱한 갑각류(甲殼類), 바다사자·물개·거북·고래 등의 기타 바다 동물 등 다양한 형태로 존재한다. 이 중 어류는 척추동물아문(脊椎動物亞門)과에 속하는 생물로 주로 아가미로 호흡하며, 지느러미로 움직이고 몸 표면이 비늘로 덮여 있다. 어류 전체의 종수는 2만 5000~3만 1000 정도되며, 전체 척추동물의 과반수 이상이 어류이다.

바다 생물 중에는 16m에 육박하는 거대한 고래상어가 있는 반면, 1979년 오스트레일리아 과학자들이 발견한 스타우트 인펀트피시(Stout Infantfish)처럼 다 자라도 7~8㎜밖에 되지 않는 것도 있다. 16세기의 일부 자연역사학자들은 수생 무척추동물은 물론 바다표범, 고래, 양서류, 거기다가 악어까지 물고기로 분류하기도 했다. 일부 문헌에서는 다른 동물들과 구분하기 위해 지느러미를 가진 물고기(fin fish)를 진정한 물고기라고 부르고 있다. 대부분의 어류는 아가미를 이용해서 기체를 교환하며, 이 아가미는 필라멘트(filament)라고 불리는 실 같은 구조를 가지고 있다. 이들 어류는 산소가 풍부한 물을 아가미를 통해 빨아들인 후 아가미를 통해 뿜어내고, 아가미 옆쪽의 열리는 부분을 이용해서 산소가 없어진 물을 뱉어 낸다.

물고기의 지느러미는 다양한 기능을 하는데, 가슴지느러미는 물고기의 좌우 균형을 잡는 데 사용된다. 배지느러미는 알을 옮기는 기능을 하며 뒷지느러미는 몸의 흔들림을 방지하고 전진운동을 도우며, 꼬리지느러미는 추진력을 낸다. 등지느러미는 몸을 지지하고 전진운동을 도와준다. 특히 옆줄(측선)은 물의 온도, 흐름, 수압, 진동을 감지한다. 어류의 비늘은 피부를 이루는 중배엽에서 기원하는데, 이는 이빨과 비슷한 구조를 가졌으며, 비늘에는 식물의 나이테와 같은 원 모양의 테두리가 있는데, 이 테두리가 곧 나이라는 설도 있다.

물고기가 고통을 느끼고 공포에 반응한다는 증거가 있다고 한다. 그래서 동물복지 옹호론자들은 낚시질로 인해 어류에게 가해질 수 있는 고통에 깊은 관심을 가지고 있다고 한다. 특히 독일에서는 특정 종류의 물고기에 대해 낚시를 금지하고, 영국 동물애호협회(Royal Society for the Prevention of Cruelty to Animals, RSPCA)에서는 공식적으로 물고기에게 잔인한 행동을 한 사람을 기소한다고 한다.

물고기의 남획도 큰 문제이다. 주로 대구와 참치가 식용 생선으로 많이 이용되는데, 문제는 잡힌 물고기를 대체할 만큼 다른 물고기가 빨리 자라지 않는다는 것이다. 이러한 상업적 멸절이 종의 멸종을 의미하는 것은 아니지만, 그렇다고 무한정 잡을 수는 없다. 최근에는 대량 양식을 하여 충족하고 있지만 줄어드는 양을 따라가지 못한다. 예를 들어 캘리포니아와 멕시코 해안에서 많이 잡히는 태평양정어리는 1937년도에 79만 톤을 수확하였지만 1968년에는 24만 톤으로 줄어들었고, 지금은 더 이상 경제적인 가치가 없는 물고기로 전락하고 말았다. 물론 남획도 문제지만 엘리뇨 현상으로 많이 줄어든 것도 사실이다.

식탁을 풍요롭게 하는 해조류
-바다식물, 해초

해초는 바다에서 나는 식물을 통틀어 이르는 말로 빛깔에 따라 녹조류, 갈조류, 홍조류로 나뉜다. 우리나라 연안에 서식하고 있는 해조류는 400여 종이며, 식품으로 섭취 가능한 것은 50여 종이나 된다. 우리나라는 전 세계 4위의 해조류 생산 국가로 연간 120여만 톤을 생산하고 있으며, 해마다 해조류 가공 품목의 수출이 지속적으로 증가하고 있다. 녹색을 지닌 녹조류는 엽록소를 가지고 있어서 마그네슘, 철, 동 등이 풍부하며, 대표적인 해초로는 파래, 청각 등이다. 갈조류는 갈색의 색깔을 가진 것으로 알긴산을 다량 함유하고 있고, 콜레스테롤과 고혈압에 효과가 좋으며 미역, 톳, 다시마 등이 있다. 홍조류는 적색의 색소를 가지고 있는 김, 한천 등으로 주로 2차 가공품으로 먹는다. 우뭇가사리도 홍조류에 속하는데 어떤 식품보다도 식이섬유가 많다는 사실이 알려지면서 일본과 우리나라에서는 해초 샐러드를 만들어 먹기도 한다.

우리의 밥상에 가장 많이 오르는 김은 『삼국유사』에 처음으로 등장할 정도로 오랜 역사를 가지고 있다. 김은 신라시대 때부터 먹은 것으로 보이는데, 『경상도지리지』, 『동국여지승람』 등에도 김을 토산품으로 소개하고 있다. 또한 『세종실록』에 보면 명나라에 보낼 물건 중 하나로 해의(海衣)가 나타나는데, 이는 김을 이르는 말이다. 조선시대에 태안군, 울산군, 동래현, 영덕현과 전라도 일부 지역에서 김을 만들어 진상품으로 한양으로 올렸다는 기록이 나타난다. 이렇듯 김은 예전부터 귀한 먹을거리였다. 인조 18년(1640)에 전라남도 광양 태인도(太仁島, 지금은 육지)

의 김여익(金汝翼, 1606~1660)이라는 사람이 처음 김을 양식하여 성공하였다고 전해진다. 그 후에 각 지역에서 각기 다른 방법으로 김 양식을 하였는데, 1840년대에는 대나무 쪽으로 발을 엮어서 양식을 하였다고 한다. 1960년대에는 인공포자 배양 기술이 개발되고 그물발이 보급되면서 김 양식의 생산성이 높아졌다. 김은 해태(海苔), 감태(甘苔), 청태(靑苔)라고 불리기도 한다.

우리나라 김 양식 산업은 1921년 수산시험장이 설립되면서 시작되었다. 1960년 중반 이후 활성화되어 1963년과 1968년에 미역과 다시마의 인공 채묘(採苗)와 양식 시험이 시작되었다. 미역은 1m 이상 자라지만, 자라는 지역에 따라 잎의 형태가 약간 다르다. 아주 오래전부터 먹은 미역은 1300년대부터 가공해 먹었다고 전한다. 다시마는 500년경 편찬된 도홍경(陶弘景, 456~536)의 『본초경집주(本草經集註)』에 나타나며, 일명 곤포(昆布)라고도 한다. 다시마는 한반도, 일본, 캄차카반도, 사할린섬 등의 태평양 연안에 분포하며 한해성(寒海性) 해초로 암갈색을 띠고 뿌리, 줄기, 잎 세 부분으로 된 다년생 해조류이다. 다시마에 있는 아미노산 성분인 라마닌은 혈압을 낮추는 데 효과가 있다. 그 외에 아이오딘, 칼륨, 칼슘과 같은 성분도 많이 함유되어 있으므로 우리 몸에 필요한 무기염류를 섭취할 수 있다. 미역과 다시마 양식은 주로 완도 등 전라남도 해역에서 많이 이루어지는데, 전라남도 해역은 국내 최대의 전복 양식단지로 유명하다. 양식된 미역과 다시마는 전복의 먹이로 이용된다.

바닷말

우리나라 연안에서 접할 수 있는 해초 중 바닷말은 잘피, 새우말, 게바다말, 나사줄말, 왕거머리말, 포기거머리말, 수거머리말, 애기거머리말, 할로필라 오발리스 등 아홉 종류이다. 이들은 육지로 치면 잡풀과 같은 것으로 식용을 하는 김, 미역, 다시마와는 다르다. 전 세계 각 지역에도 이러한 해초가 널려 있는데 필리핀 연안, 베트남 연안, 하와이, 북오스트레일리아, 남오스트레일리아, 북아메리카 지역, 남아메리카 지역, 유럽, 카리브 연안, 멕시코만, 브라질 연안 등 대부분의 바다에 있다. 이들은 우리나라나 아시아 연안에 서식하는 해초와 같거나 비슷한 것도 있지만, 그 지역의 기후나 바다 조건에 맞게 자란 특이한 바닷말도 많다. 이는 육지 식물 중 우리나라에 없는 것이 다른 지역에 많이 자라고 있는 것과 같은 맥락이다.

새우말
자료: 국립생물자원관 생물다양성정보

바다에서 물고기를 키운다
-양식업과 바다목장

보통은 바다에서 물고기를 직접 잡아 오지만, 인구가 많아진 오늘날에는 물고기의 수가 줄어들어 물고기보다 해안가에서 직접 기르는 양식업과 바다목장사업이 대세이다. 양식업은 그물을 쳐서 구획을 짓고 그 안에서 여러 가지 물고기나 해산물을 기르는 것이다. 이러한 곳을 일명 가두리양식장이라고 하며, 요즘은 바닷가의 육지에서 물고기를 키우는 양식장(양어장)도 많은 편이다. 바다목장은 일정 구역을 자연에 가까운 상태로 관리하여 어류, 패류, 갑각류 등의 수산자원을 집약적으로 관리하고 육성하는 곳을 말한다. 이를 위해 인공어초(물고기 아파트)를 투입하는 등 물고기가 모여 살 수 있는 최적의 환경을 조성해 주는 것이다. 기술의 발달과 함께 어족자원이 고갈되면서 잡는 어업에서 기르는 어업으로 바뀌어 가고 있는 것이다.

양식이나 목장은 둘 다 연안 어족자원의 무분별한 남획과 환경오염으로 수산자원이 고갈됨에 따라 환경과 생산을 동시에 만족시키는 새로운 어업 방식이다. 처음에는 가두어서 기르는 가두리양식이 보편화되었지만, 환경이 오염되고 생산량 증대에 한계가 있다는 것을 알게 되어 지금은 넓고 깊은 바다에서 키우는 바다목장의 형태가 도입되었다.

물고기의 서식 환경을 조성해 주는 인공어초는 대개 콘크리트로 만드는데, 이는 튼튼하지만 시멘트에서 나오는 독성 때문에 바닷물을 더 오염시킬 수 있다고 한다. 그래서 전문가들은 환경오염이 없는 세라믹 인공어초를 가장 선호하지만, 도자기의 특성상 잘 깨지는 데다 크게 만들 수 없고 가공 비용이 많이 들기 때문에 대량생산을 할 수 없는 한계가 있다. 앞으로 보다 더 좋은 재질의 물고기 아파트가 생산되기를 기대한다.

최근에는 양 떼나 염소 떼를 풀밭에 풀어놓고 먹이를 줄 때 불러 모으듯이, 치어를 풀어놓고 '음향 급이기'를 이용해서 물고기를 불러 모아 먹이를 공급하는 방식도 늘고 있다. 먹이를 줄 때마다 동일한 음파를 내보내면 물고기가 조건반사하도록 훈련시켜 유도하는 것이다. 이것은 인근에 관측기기를 설치하여 수온이나 기타 오염 여부를 측정하여 주변을 과학적으로 관리하기도 한다.

지난 40년간 전 세계의 양식업은 점점 늘어나서 지금은 양식업이 수산물 공급의 50% 이상을 차지하고 있다. 한국인의 식탁에 가끔 오르는 연어는 보통 자연산일 것으로 착각을 하지만, 대부분은 바다목장에서 키운 노르웨이산이다. 1kg의 양식 연어를 얻기 위해서는 약 2kg의 사료(분말, 기름)가 필요하다고 한다. 문제는 양식 물고기의 건강을 위해 항생제가 사용된다는 점이다. 우리나라도 이런 문제 때문에 양식 물고기를 별로 선호하지 않지만, 요즘은 자연산을 구하기가 하늘의 별 따기처럼 어렵다. 최근에는 근해에서 잡은 자연산 물고기도 플라스틱이나 육지에서 내보내는 각종 오염 물질 때문에 자연산이 더 해롭다는 이야기도 있다. 앞으로 양식이냐 자연산이냐를 두고 설왕설래할 것 같다.

물고기도 잡을 수 있는 양이 정해져 있다
-허용어획량과 할당

유엔해양법의 발효로 거의 모든 연안국은 배타적 경제수역을 선포하였다. 그 수역 내의 수산자원은 관할 국가에서 관리하도록 국제법상 허용되고 있다. 각국은 자국 관할 내의 수산자원을 지혜롭게 이용하고 보존하기 위해 총허용어획량(total allowable catch, TAC)을 정해 놓았다. 총허용어획량은 수산자원을 합리적으로 관리하기 위해 어종별로 연간 잡을 수 있는 상한선을 정하고, 그 범위 내에서 어획할 수 있도록 하는 것이다. 참고로 2019년도 고등어를 비롯한 12개 어종에 대한 총허용어획량은 30만 8000톤이었다.

과거에는 바다의 물고기나 각종 생물들을 누구나 무한정으로 먼저 잡는 사람이 주인이라는 생각이 지배적이었다. 그러나 지금은 세계적으로 어족자원의 고갈을 방지하기 위해 각국은 총허용어획량을 규제하고 있다. 고갈되어 가고 있거나 보호해야 할 어종에 대해서는 현실적이고 직접적으로 어획량을 조정·관리하고 있다. 우리나라도 우리 수역 내의 수산자원을 보호하고 관리하기 위해 수산자원보호령을 제정해 놓았는데, 이 법령 안에는 어종별로 보호 규정들이 세심하게 마련되어 있다.

- 금어기: 어획 활동을 할 수 없는 시기
- 금어체장: 어획해서는 안 되는 크기
- 조업 금지 구역: 어획 활동을 할 수 없는 해역
- 어업별 망목 제한: 그물코의 크기 제한(어린 고기 보호 목적)

• 허가 척수 제한: 어획 활동을 할 수 있는 배의 수를 조정

총허용어획량은 주로 어종에 중심을 두고 설정한다. 예를 들면 다음 해에는 고등어를 어느 정도 잡는 것이 좋은지에 대해 토론을 하는데, 고등어 자원을 보호하고 지속적으로 유지하는 데 바람직한지를 과학적으로 조사하여 정하는 것이다. 어떤 어업이 어느 시기에 어느 해역에서 어떤 크기의 물고기를 얼마나 잡는가를 조사하고, 그 어종에 대한 생태학적 조사, 즉 산란을 시작하는 시기부터 산란하는 양, 산란 장소, 연간 얼마나 성장하는지에 대한 정보를 수집해야 한다. 이러한 자료를 토대로 자원 예측 및 평가 모델을 적용하여 예상 총허용어획량을 마련하고, 이것을 어업인, 수산행정인, 수산과학자 등으로 이루어진 총허용어획량 조정위원회에 올린 다음 최종적으로 공표한다.

지금은 수산자원이 고갈되고 있는데, 이를 조절하기 위하여 국가마다 어업 쿼터 시스템을 정해 놓고 있다. 이는 1937년 미국과 캐나다가 태평양연어어업위원회에서 처음으로 실시한 이후, 지금은 전 세계의 여러 나라에서 시행하고 있다. 총 어획량은 어종에 관계없이 할당하는 것이고, 개별어획량은 중요한 어종에 대해 할당하는 것이다. 다만 개별어획량 할당은 어종에 따라 자기에게 할당된 양을 타인에게 양도할 수 있는 권리가 있다.

우리나라의 경우도 1996년 수산업법 및 수산자원보호령을 개정할 때 법적 근거를 마련하였으며, 1998년에는 관리규칙을 제정하였고, 1999년에는 고등어를 대상으로 시범적으로 실시하였다. 그리고 2000년에 국민들이 가장 많이 선호하는 고등어, 전갱이, 정어리, 꽃게 등 4종을 우선적으로 선택하여 적용 어종으로 선정하였다. 그 이후 매년 수산물 소비 경향에 따라 키조개, 소라, 대게 등을 추가하는 등 대상 어종을 점차 늘리고 있는 실정이다.

살아남기 위한 위장술
-물고기의 보호색

많은 동식물이 약육강식의 생존경쟁에서 살아남기 위해 보호색을 가지고 있다. 특히 고등어, 꽁치 등 계절적으로 해류를 따라 이동하는 물고기들은 등 쪽이 짙은 푸른색이고 배 쪽은 은백색이다. 하늘 위에서 보면 바다는 푸르게 보인다. 그래서 고등어는 하늘을 나는 갈매기 등의 천적으로부터 자신을 보호하기 위해 등 쪽이 푸른 보호색을 띤다. 그리고 배의 색깔이 은백색인 것도 마찬가지 원리이다. 바다 깊은 곳에서 올려다보면 해면이 은백색으로 보이기 때문에 큰 물고기들의 눈에 띄지 않고 몸을 보호할 수 있기 때문이다.

갈치는 왜 몸 전체가 은백색일까? 갈치는 주로 육지에서 멀리 떨어진 바다의 물속 100m 깊이에 살며, 바다의 표면과 수직으로 꼿꼿하게 서 있는 경우가 대부분이다. 따라서 등 색깔이 푸르지 않더라도 바닷새에게 습격당할 위험이 없고, 몸 전체가 은백색이기 때문에 바다 밑의 천적에게도 들킬 위험이 적다. 따라서 갈치에게는 은백색이 보호색인 셈이다. 결국 바닷물고기는 저마다 자신의 생활 조건에 맞는 보호색을 지니고 살아가는 것이다. 모래를 넣은 수족관에서 생활하는 가자미를 관찰해 보면 가자미의 등이 모래 색깔과 유사한 색깔을 띠며, 자갈을 넣은 수족관에서는 자갈 색깔과 유사한 색깔로 변하는 것을 관찰할 수 있다.

몸 색깔을 자유자재로 바꾸는 문어는 색깔뿐 아니라 모양도 자유자재로 바꾸는 변신의 귀재이다. 바위에 붙어 있을 때는 바위 색깔로 바뀌고, 모래에서는 모래 색깔로 또는 전혀 흉내 낼 수 없는 복합 색깔로 바꾸기도 한다. 언뜻 보아서는 인간도 알아차릴 수 없을 정도로 바위인지 문어인지 잘 구별이 안 된다. 이렇게 몸 색깔이 바뀔 수 있는 것은 피부에 있는 색소세포 때문이라고 한다. 이런 보호색을 이용해서 적으로부터 몸을 보호하기도 하지만, 먹이를 잡을 때에도 이용한다. 바위에 보호색을 띠고 붙어 있다가 물고기나 새우가 접근하면 얼른 혀를 내밀어 먹이를 낚아챈다.

물고기 아가미는 삼투압 공장
-염분 배출

바닷물에 포함된 염분은 평균 35‰이다. 사람은 바닷물을 한 모금 먹기도 힘든데 물고기는 어떤 생체 구조를 가졌기에 짠 바닷물을 마시며 살 수 있는 것일까? 육지에 사는 동물은 몸속에 일정량 이상의 염분이 들어가면 죽게 되지만, 바다에 사는 물고기는 죽지 않고 살아간다. 어떻게 그럴까? 쉽게 설명하면 그들은 체내에 흡수된 바닷물의 염분을 배출하도록 진화되어 왔기 때문이다. 물고기의 아가미에는 염분 조절 세포막이 있어서 삼투 현상을 통해 성장과 생존 유지에 필요한 영양분만 선택적으로 흡수하고 염분은 배출하는 기능이 있다. 많은 종류의 바다 생물은 특별한 조절을 하지 않더라도 삼투가 이루어진다.

바닷속에 사는 어류는 몸속의 염분 농도를 바닷물보다 낮게 유지하기 위해 아가미 밑에 있는 염세포를 통해 염류를 배출하고 콩팥에서 소량의 짙은 오줌을 배출함으로써 항상 일정하게 몸속의 염분 농도를 조절한다. 물고기는 호흡을 머리 양옆에 있는 아가미로 한다. 각 아가미는 뼈나 물렁뼈로 된 가는 아가미판에 의해 고정되어 있으며, 이것은 수많은 염분 배출 세포로 이루어져 있다. 물고기는 입을 벌려 산소가 들어 있는 물을 빨아들이고, 그 물은 아가미를 지나서 아가미 뒤에 있는 작은 방으로 끌어 올려진다. 이 작은 방은 쓸모없는 이산화탄소로 가득 차 있다. 이때 산소가 가득한 깨끗한 물이 들어와서 이산화탄소와 서로 교환된다. 이런 과정을 거친 아가미의 피는 산소가 많아져 다시 깨끗해지고, 이산화탄소로 가득 찬 물은 물고기의 입이 닫힐 때 밖으로 빠져나가게 된다. 즉 물고기는 몸속의 염류 농도를 낮게 유지하기 위해 아가미에 있는 염분 조절 시스템을 가동하고 있다는 말이다. 이러한 이유로 물고기는 항상 일정하게 몸속의 염분 농도를 조절할 수 있다. 즉 바닷물고기 각각은 삼투압 공장을 갖고 있는 셈이다.

삼투 현상

삼투 또는 삼투압이란, 묽은 용액과 진한 용액이 반투과성 막을 사이에 두고 있을 때, 농도가 더 진한 쪽으로 용매(일반적으로 물)가 이동하는 현상이다. 셀로판종이, 달걀 속껍질, 세포막, 방광막 등에는 눈에 보이지 않는 매우 작은 구멍이 있어 큰 용질 입자는 통과하지 못하지만 용매 입자는 자유롭게 통과한다. 이러한 얇은 막을 반투막이라고 하는데, 삼투현상은 용매는 같지만 농도가 다른 두 용액이 반투막을 사이에 두고 접해 있을 때, 농도가 낮은 용액의 용매 입자가 농도가 높은 용액으로 이동하기 때문에 생기는 것이다. 이때 발생하는 압력의 크기를 삼투압이라고 한다. 삼투압에 의한 현상 중 몇 가지 예를 들면, 배추를 소금에 절여 두면 배추의 수분이 밖으로 빠져나가는 현상, 오이를 식초에 넣으면 오이에서 수분이 빠져나가면서 피클이 되는 현상 등이다. 이처럼 일상생활 속에서 알게 모르게 삼투 현상을 많이 접한다. 식물이 뿌리에서 물을 흡수할 때라든지, 목욕탕에서 오래 있으면 손발의 피부가 쭈글쭈글해지는 현상 등도 삼투 현상이다.

바다에 사는데 물고기가 아니다
-젖 먹는 고래

고래는 육상에서 살다가 바다로 옮겨 간 포유류로서, 어류와 다른 점이 많다. 우선 꼬리 모양이 수직인 물고기와 다르게 고래는 수평으로 되어 있다. 물고기는 체온이 외부 온도에 의해 영향을 받는 변온동물인 반면, 고래는 일정하게 따뜻한 체온을 유지하는 항온동물이다. 육상 포유류는 몸에 난 털로 체온을 유지하지만, 해양 포유류들은 표피 밑에 두꺼운 지방층이 있어 바닷물에 체온이 빼앗기는 것을 방지한다. 물고기는 대부분 알을 낳지만, 고래는 새끼를 낳고 젖을 먹인다.

물고기는 물속에 녹아 있는 산소를 아가미를 통해 호흡하지만, 고래는 수면 위로 올라와 허파로 숨을 쉰다. 고래는 혈액에 헤모글로빈(hemoglobin)이 많이 있어 많은 양의 산소를 운반할 수 있으므로 한 번 호흡하면 오랫동안 잠수할 수 있으며, 근육에는 미오글로빈(myoglobin)이 있어 산소를 저장할 수도 있다. 헤모글로빈이나 미오글로빈에는 철분이 많이 들어 있는데, 이것이 산소와 결합하면 붉은색을 띠기 때문에 고래의 근육 색깔은 육상동물과 같이 붉게 보인다.

가장 중요한 것은 고래가 새끼를 낳고, 그 새끼에게 젖을 먹인다는 사실이다. 고래의 젖꼭지는 꼬리 가까운 하복부에 있다. 따라서 폐호흡을 하는 새끼 고래가 물속에서 젖을 빨 경우 숨을 쉴 수 없어 익사하기 때문에, 어미 고래는 새끼에게 젖을 줄 때는 몸을 뒤집어 누워서 젖꼭지가 수면 가까이 오도록 한다. 즉 새끼 고래가 콧구멍을 내놓고 숨을 쉬면서 젖을 먹을 수 있도록 하는 것이다. 새끼 고래는 혓바닥을 젖꼭지에 빈틈없이 밀착시켜서 젖을 빨기 때문에 바닷물을 마시거나 젖이 밖으로 새어 나오지 않게 한다.

지구 역사 46억 년 중 고래는 약 2억 년 전에 원시 포유류에서 진화하여 약 60만 년 전에 물고기와 같은 형태인 고래로 적응하여 오늘에 이른 것으로 추정된다. 세 차례의 혹독한 빙하기를 맞아 지구 환경이 변화됨에 따라 거의 대부분의 육지 동식물이 멸종하였음에도 불구하고, 고래는 환경 변화가 적은 바닷속에서 살고 있었기 때문에 생존해 올 수 있었다. 풍부한 먹이와 더 넓은 바다 공간을 생활 터전으로 선택한 고래의 지구 생태계 이용 능력은 사람보다 뛰어나다고 할 수 있다.

이와 같은 여러 가지 사실로 미루어 보았을 때 고래는 물고기가 아니라고 생각되기도 한다. 그러나 중요한 것은 고래가 현재 바다에 살고 있다는 점이다. 따라서 고래를 물고기의 범주에서 완벽히 제외하기도 어렵다.

돌고래의 IQ

돌고래의 지능지수를 사람의 지능지수와 비교할 수는 없지만, 지능의 척도로서 흔히 사용되는 뇌의 크기로 보았을 때 사람과 비슷하다. 몸 크기에 대한 뇌의 비율은 사람의 경우 평균 1.93%, 돌고래는 0.6% 정도이며, 뇌 표면의 주름도 사람 다음으로 많고, 무거운 뇌를 갖고 있다. 돌고래의 뇌는 침팬지의 뇌보다 주름이 많고 무겁다고 한다. 일부 학자들은 사람의 평균 IQ인 110 다음으로 돌고래에게 그 영광을 돌리고 있는데, 돌고래의 IQ는 일부 단순 기억력이나 응용력만으로 볼 때 70~80으로 대략 4~5세 어린아이 정도의 지능을 지녔다고 한다.

육지에서 최후를 맞는 고래 떼
- 고래의 자살

고래는 종류를 불문하고 가끔씩 이상한 행동을 한다. 밀물을 따라 떼를 지어 해안으로 온 고래들이 썰물을 따라 돌아가지 못하고 죽음을 맞는 것이다. 이렇게 밀려오는 고래들은 암수, 나이, 서식처, 습성, 종류에 관계가 없다. 특히 오스트레일리아 남부 지방에서 이러한 일이 자주 일어나는데, 지난 20년간 오스트레일리아의 해안에서 수천 마리의 고래들이 목숨을 잃었다고 한다. 전문가들은 원인을 찾느라 골머리를 앓고 있지만 아직도 과학적으로 납득할 만한 답을 찾을 수 없다.

태즈메이니아대학교의 동물학자들은 주기적으로 나타나는 강풍이 고래들의 떼죽음과 연관이 있을 것이라는 기후영향설을 주장하고 있다. 바람이 고래들의 방향감각을 혼란스럽게 한다는 이론이다. 일부 전문가들은 범고래를 비롯한 약탈자에게 쫓겨 도망 다니다가 방향을 잃고 뭍으로 올라온 것이라고 말하기도 한다. 태즈메이니아주 정부도 킹아일랜드에서 발생한 고래의 떼죽음에 대해 '고래들은 천성적으로 수심이 180m 이하인 곳으로는 잘 가지 않기 때문에 범고래가 이들을 육지 쪽으로 몰았을 것'이라고 추정하였다.

이 밖에도 사람들이 내는 소리나 지구자장의 변화를 원인으로 내세우는 전문가들도 있는데, 이를 듣고 고래들이 청각 장애를 일으켰다는 것이다. 과학자들에 의하면, 고래와 돌고래는 청각이 발달한 동물로서 바닷속에서 시각이 아닌 청각에 의지하여 움직인다고 한다. 그렇기 때문에 잠수함이나 석유 탐사로 인한 바닷속 진동 소음이 증가하면 고래들의 청각에 혼란이 온다는 것이다. 실제로 석유 탐사

고래 떼죽음

외에도 지난 25년간 해군 활동이 증가하면서 인간이 내는 바다 소음량은 10배나 증가해 왔다. 남극연구과학위원회(Scientific Committee on Antarctic Research, SCAR)는 고래들이 지구자장을 이용해 방향을 잡고 헤엄쳐 다니는 것으로 알려져 있다며 잠수함 등 인간이 내는 소음이 고래들에게 오류를 불러일으켰을 가능성이 크다고 지적하고 있다. 특히 고래는 고도로 발달된 청각 시스템을 이용하여 방향뿐만 아니라 먹이와 짝도 찾는다. 바닷속의 이질적인 소음 증가로 인해 고래의 청각이 교란되거나 청각 장애가 유발되면 고래들이 엉뚱한 방향으로 헤엄치고, 결국 뜻하지 않게 해변에 집단 상륙하게 된다는 것이다.

정리하면 가끔 발생하는 강풍, 약탈자에게 쫓기는 신세, 지구자장의 변화, 잠수함이나 석유 탐사 소음 등 사람들이 내는 소리 또는 바닷속 환경의 변화 등이 복합적으로 작용하여 고래가 육지로 올라온다는 것이다. 그런데 왜 하필이면 고래들의 죽음이 오스트레일리아에서 빈번할까? 우답(愚答)일지 모르지만, 전문가들은 그 지역에 고래가 많이 살기 때문이기도 하지만, 남극해 주변에 오스트레일리아 말고는 다른 육지가 없기 때문이라고 한다.

누가 바다의 왕일까
- 고래와 상어

바다에서 덩치가 가장 큰 것은 고래이지만 무서움을 대표하는 것은 상어이다. 상어는 큰 물고기를 잡아먹는 습성을 지닌 데다 가끔은 해안가에 출몰하여 사람들도 해친다. 현재 전 세계에 400여 종의 상어가 있다고 알려져 있는데, 이 가운데 사람을 공격하는 상어는 백상아리 등 30여 종 미만이다. 이들은 표층 수온의 영향을 받아 계절에 따라 이동을 하며 해역에 따라 출현 시기도 다르지만, 공통적인 것은 얕은 연안 해역에 자주 출현한다는 점이다.

매년 많은 사람이 상어에게 공격을 당하지만 대부분은 약간의 부상을 입는 정도이다. 상어의 공격으로 입는 피해가 크지 않음에도 불구하고 상어에 대한 공포는 「죠스」 같은 영화에 의해 증대된 것 같다. 많은 전문가들은 상어에 대한 공포는 일부 과장되었으며, 심지어 영화 「죠스」의 원작 소설을 쓴 피터 벤츨리(Peter Bradford Benchley, 1940~2006)도 죽기 전에 상어가 사람을 잡아먹는 무시무시한 생물이라는 선입견을 덜기 위한 시도를 하였다고 한다. 상어 중에서도 가장 무서운 백상아리는 몸집도 크고 공격적이어서 가장 위험하다. 왕성한 식욕을 가진 백상아리는 물고기, 바다거북, 바다사자, 그리고 선박에서 나오는 쓰레기까지 먹어 치운다. 초승달 모양의 꼬리와 삼각형의 이빨을 가진 백상아리는 최대 몸길이가 약 11m에 달한다.

대부분의 고래는 공격을 하지 않지만, 범고래는 다르다. 범고래는 참돌고래과(Delphinidae)에서 가장 큰 종이며, 극지방에서 열대지방에 이르기까지 널리 발견되는 고래로 바다의 왕이라 불린다. 범고래는 다양한 종류의 어류를 잡아먹는데, 해변에 무리지어 있는 물개 등 포유류뿐만 아니라 같은 종족인 다른 고래 집단을 공격하여 잡아먹기도 한다. 범고래는 바다 생태계 최상위에 있는 포식자이며, 무리지어 사냥하기 때문에 종종 바다의 늑대라고 불린다. 심지어 백상아리 새끼를 공격하기도 한다. 범고래가 백상아리를 사냥하는 것은 이미 잘 알려진 사실이며, 그들의 간을 주로 먹는 것으로 전해져 있다. 뉴질랜드에서는 대형 가오리를 사냥하는 모습도 목격되었으며 대형 오징어, 문어 같은 무척추동물이나 바다거북을 포함한 파충류도 이들의 먹이이다.

그렇다면 백상아리와 범고래 중 누가 더 힘이 셀까? 사람을 해치는 관점이나 영화 「죠스」를 통해 널리 알려진 무시무시한 이미지로 보면 백상아리가 더 힘이 셀 것 같고 무섭게 느껴지지만, 실제로 바다에서 가장 흉포한 것은 범고래이다. 범고래가 좋아하는 먹이가 상어의 간이라는 점을 보아서도 알 수 있다. 야생 범고래가 인간에게 해를 끼친 예는 지금까지 몇 번 보고된 적이 있지만, 이는 자기가 좋아하는 물고기류로 오인한 것으로 확인되었다. 바다에서 범고래와 백상아리가 치열한 싸움을 하겠지만, 인간이 둘의 싸움을 촬영한 영상이 아직 없기 때문에 누가 더 강할 것이라고 판단하기는 애매한 것 같다.

우리 바다를 접수한 상어들
-식인 상어

인간을 공격하는 상어를 흔히 식인 상어라고 하는데, 백상아리를 포함한 청새리 상어(blue shark), 귀상어(smooth hammerhead), 청상아리(mako shark), 악상어(porbeagle), 뱀상어(tiger shark), 장완흉상어(oceanic whitetip), 황소상어(bull Shark) 등이 있다. 상어가 인간을 공격했을 때는 인간을 자기의 먹잇감으로 생각해서 그런 것이라는 의견이 지배적이다. 실제로 상어에 물려 죽는 사람보다 개에 물려 죽는 사람이 더 많다. 물론 사람이 상어를 만나는 횟수보다 개와 마주치는 횟수가 훨씬 많기 때문이기도 하다.

상어는 가끔 사람을 공격하기도 하지만 상어도 엄청나게 비싼 샥스핀을 인간에게 바치기 위해 매일 희생당하고 있다. 백상아리는 해안 근처에 돌아다니기도 하지만 온혈동물인 포유류를 목표로 삼기 때문에 더욱 위험하다. 인간의 경우 바다표범처럼 지방 덩어리가 아니기 때문에 백상아리가 한번 물어 보고 못 먹을 음식이라 판단하여 내뱉고 돌아가지만, 백상아리에게 한번 물린 상처로 인해 사람이 목숨을 건질 가능성은 거의 희박하다. 일단 대부분의 상어는 잠재적으로 위험성을 내포하고 있다고 보아도 된다. 인간에게 무해하다고 알려진 종이라도 돌발적인 행동을 보일 수 있기 때문에 항상 주의를 기울여야 된다.

2009년 2~3월에는 동해의 묵호 앞바다에서 백상아리가 어부의 그물에 잡혔으며, 고성군 아야진에서도 백상아리와 악상어가 그물에 걸려 죽은 채 발견되었다. 남해에서도 두 번의 출현이 있었으며, 제주 남부 해안에서는 어부의 그물에 걸린 상태로 발견되었다. 급기야 8월 8일 인천 소청도 남쪽 해상에서 4.7m 크기의 백상아리가 저인망어선 그물에 걸렸으며, 같은 날 밤에도 5.5m 백상아리가 인천 을왕리 해수욕장 근처 갯벌에서 발견되었다. 봄에 동해에 나타난 식인 상어가 남해와 서해를 거쳐 급기야 서울에서 가장 가까운 인천 을왕리해수욕장에 도달한 것이다. 8월 12일까지 모두 9번의 상어 출현 소식이 알려졌다. 이 외에도 울산과 경상남도 거제 앞바다에서 귀상어가 나타나는 등 전국적으로 상어의 출몰이 잇따랐다.

백상아리는 1998년 서해상에 처음 발견된 이후 띄엄띄엄 출몰하다가 근래 들어 집중적으로 나타나고 있다. 상어들의 국내 바다 출현이 잦아진 이유는 지구온난화로 인한 수온 상승 때문이다. 상어는 주로 열대 및 아열대 지방 인근 바다에서 활동하는데, 최근 지구온난화로 우리나라 연근해 수온이 20℃가 넘어가면서 상어가 활동할 수 있게 된 것이다. 상어들이 주식으로 먹는 고등어, 오징어 등이 북상하고 있는 것도 상어의 움직임과 무관하지 않다. 난류가 북상하면서 남해뿐 아니라 동해, 서해 등에서도 고등어와 오징어가 모이고 어획량이 늘어나자, 먹이를 찾아 나선 상어들이 남해를 넘어서 동해와 서해로 그 영역을 넓히고 있다. 하지만 상어의 서식지가 완전히 한반도 근처로 옮겨 왔다고 보기는 어렵다. 왜냐하면 상어는 어느 한 곳에 정착해 사는 어류가 아니기 때문이다.

여름철의 불청객, 바다의 젤리
-해파리

해파리의 몸은 한천질(寒天質: 젤리 상태로 굳어지는 물질)이다. 삿갓 모양으로 생겼으며 갓 밑에는 많은 촉수가 늘어져 있고 그 가운데에 입이 있다. 해파리 입 주위에 있는 가늘고 긴 돌기 모양의 촉수는 자세포(刺細胞)로 무장되어 있어 이를 이용해 독침으로 먹이를 쏘아 작은 생물들을 잡아먹는다. 세계적으로 약 200여 종의 해파리가 서식하고 있는데, 콩보다 작은 것부터 지름이 2m 이상에 이르기까지 종류가 다양하다. 해파리 몸의 구성 성분은 물이 94~98%이며, 수명은 대부분 2~3주 정도이지만 몇몇 종은 약 1년 동안 생존한다.

종류에 따라 다르지만 해파리는 투명하고 움직이는 모습이 아름다워 관상용으로도 인기가 있다. 해파리의 몸은 헤엄치는 힘이 약하기 때문에 수면을 떠돌며 생활하고 해류와 같이 이동한다. 굳이 분류를 하면 동물플랑크톤에 속한다.

이렇게 아름답기만 한 해파리가 최근에는 사람에게 피해를 주고 있다. 해파리로 인한 피해는 어업 생산성 저하, 국가 발전설비 가동 중단, 쏘임 사고 등 세 가지로 나눌 수 있다. 우리나라 연근해에 출현하는 해파리로는 노무라입깃해파리(Nomura's jellyfish)와 작은부레관해파리(Physalia physalis), 보름달물해파리(Aurelia aurita) 등이 있다.

어떤 사람들은 해파리냉채를 생각해서 식용이니까 잡아서 먹어도 되지 않느냐고 한다. 하지만 200여 종의 해파리 가운데 4가지 정도만 식용으로 쓸 수 있다. 우리가 먹을 수 있는 해파리는 숲뿌리해파리(Rhopilema esculentum)와 근구해파리로,

그것도 독이 없는 갓 부분만 먹을 수 있다. 식용 전용 해파리는 동남아시아에서 양식되어 국제적으로 거래되고 있는데, 중국에서는 숲뿌리해파리, 미국에서는 대형해파리(Stomolophus meleagris)를 식용으로 사용하고 있다.

한편, 바닷물을 많이 끌어다 쓰는 울진 원자력발전소 근해에 해파리들이 출몰하여 이중, 삼중 차폐막을 세웠다고 한다. 만약 일부라도 발전소 취수구에 걸리면 발전기가 멈추는 사고가 발생할 수 있다고 한다. 아예 해파리 전담반까지 두어 그물에 걸린 해파리를 내다 버리는데, 이렇게 버려지는 해파리가 한 해에 무려 2000톤 정도라고 한다. 더욱 심각한 문제는, 해파리는 죽어 가는 순간 본능적으로 놀라운 번식력을 발휘하여 하나의 폴립에서 30여 마리가 넘는 해파리가 다시 생긴다는 점이다. 그러므로 해파리의 무덤은 곧 대량 출생지가 되어 더욱 많은 해파리가 다시 태어난다.

어류학자들은 국내 동해, 남해 등지에서 해파리가 크게 증가하는 이유는 2000년 이후 따뜻해진 바닷물을 따라 남중국해를 누비던 해파리들이 우리나라까지 북상했기 때문이라고 설명한다. 또한 먹이사슬의 한 부분이 무너진 생태계에 중대한 하자가 발생한 것이라고 한다. 이 문제는 한반도에 국한되지 않고 전 세계적으로 몇 년째 지속적으로 나타나고 있는데, 해역의 수온 상승과 함께 오염 물질 증가도 원인으로 지적되고 있다. 참치, 상어, 거북 등 포식동물들이 사라지면서 천적이 없어진 덕분에 해파리의 개체 수가 늘었다고도 볼 수 있다.

2007년 북아일랜드에서는 해파리가 수십 제곱킬로미터의 해역을 뒤덮은 탓에 양식하던 연어 10만 마리가 폐사한 일이 있었다. 우리나라도 해파리의 대량 증식으로 어업의 피해가 발생하는 등 세계 곳곳에서 해파리로 인한 피해가 발생하고 있다. 지구온난화로 세계 평균 기온이 올라가고 무분별한 어획으로 어린 물고기 수가 감소한 것도 해파리로 인한 피해의 원인이다. 또 오폐수가 증가하면서 용존산소량이 줄어들고 있는데, 이같은 환경은 용존산소량이 1ppm만 되어도 살아갈 수 있는 해파리에게 유리하다고 한다(물고기는 4~5ppm 이상 되어야 한다). 그래서 전 세계 바다를 해파리가 점령할 것이라는 설도 나오고 있다. 이에 따라 급증한 해파리 피해를 줄이기 위한 여러 가지 노력들이 진행 중이다. 2004년부터 한국과 일본 양국 과학자들이 어민들에게 큰 피해를 입히고 있는 해파리에 대해 공동 조사에 착수하였다. 특히 바다에서 포획된 해파리에서 젤라틴을 뽑아낼 수 있는 기술을 개발 중이라고 한다.

독성 해파리

여름철마다 독성 해파리가 전국 연안에 광범위하게 나타나고 있어 해수욕객은 각별한 주의가 필요하다. 해파리에 쏘이면 즉시 물 밖으로 나와 몸에 붙은 촉수를 먼저 제거하고 바닷물이나 식염수로 여러 번 세척한 후, 냉찜질로 통증을 완화시키고 병원을 찾아야 한다. 대형 종인 노무라입깃해파리에 쏘인 경우 바닷물로 세척한 후 녹찻잎이나 녹차 티백 등을 따뜻한 물에 우려서 쏘인 부위에 올려놓으면 폴리페놀 성분이 독액을 억제하는 효과가 있다(다른 해파리는 효과 없음). 대표적인 독성 해파리로는 커튼원양해파리, 상자해파리, 야광원양해파리, 작은부레관해파리, 유령해파리, 아우렐리아 림바타, 노무라입깃해파리 등이 있다.

깜깜한 바다에도 생물이 산다
-심해 생물

일반적으로 바다에 태양빛이 희미하게나마 미칠 수 있는 수심은 100m 내외이며, 그 이상의 수심은 깜깜한 암흑의 세계이다. 이러한 바닷속에도 생물이 살고 있다고 하니 신기하지 않을 수 없다. 깜깜한 바닷속은 온도의 변화도 없고 빛이 없기 때문에 바다 식물도 살기 어렵다. 그러나 불가사리류, 성게, 해삼, 갯지렁이, 바다거미, 해면류 등이 서식하고 있으며 조개, 닭새우, 가재, 게 등 갑각류와 일부 심해어 등이 살고 있다. 그곳에서 사는 생물들은 어두운 환경에 적응하여 시각기관은 퇴화한 반면, 감각기관이 발달해 있다. 이들은 얕은 바다에서 생산된 식물플랑크톤이나 해저로 가라앉는 생물 찌꺼기들을 먹이로 한다.

수천 미터 심해에도 생물이 살고 있다. 특히 심해 열수공 주변에는 지렁이류와 거대 조개류 등이 살고 있는데, 이곳의 최고 온도가 400℃를 넘는 곳도 있다고 한다. 그래서 열수공을 '심해의 오아시스'라고 부르기도 한다. 최근 내셔널지오그래픽 등 외신 보도에 의하면 4000~5000m의 극심해에서 신종 생물로 추정되는 다양한 종류의 심해 생물이 발견되었다고 한다. 인도네시아 술라웨시섬과 필리핀 민다나오섬 사이에 위치한 술라웨시 심해에서 발견된 생물들은 특이한 외모로 인해 언론의 집중 조명을 받았다. 그중 가장 눈에 띄는 동물은 오렌지색 물고기와 0.5㎝ 크기의 초소형 오징어, 그리고 강렬한 붉은색이 인상적인 메두사(medusa)해파리 등이다.

심해 동물은 다음과 같은 특징이 있다. 첫째, 대부분의 동물이 몸에서 빛을 낸다.

어떤 때는 그 빛이 마치 반딧불처럼 보이기도 하고, 때로는 희미하고 푸르스름해서 오싹한 기분이 들게도 한다. 이들은 이런 빛(발광기관)을 이용하여 먹이를 유인하고, 번식기에는 암컷과 수컷이 서로 짝을 찾는 데도 이용한다. 둘째, 깊은 바닷속 동물들은 몸 색깔이 주로 진한 붉은색이나 검은색 계통이 많다. 이는 자신의 몸이 잘 보이지 않게 감출 수 있기 때문인데, 마치 푸른색 셀로판지를 통해 보면 붉은색 물체가 검게 보이는 것과 같은 이치이다.

미국과 영국 해양생물학자들이 2014년 말경 태평양의 마리아나해구 중 수심 8143m에서 심해어(곰치류) 2종을 찾아냈다고 한다. 탐사에 참여한 스코틀랜드 애버딘대학교의 심해생물학자 앨런 제이미슨은 예전에 관찰한 어떤 생물과도 닮지 않았다고 하며, 이들은 흐물흐물하고 큰 날개 같은 형태의 지느러미를 가지고 화장지가 떠다니는 것과 같이 헤엄쳤다고 한다. 이번 탐사로 종전 기록인 7703m보다 약 400m 정도 더 깊은 곳에서 어류를 발견하였는데, 이 기록은 당분간 쉽게 깨지지 않을 듯하다.

술라웨시 심해에서 발견된 심해 생물들

자료: 우즈홀 해양연구소

6장

바다와 인간 생활

코끝을 자극하는 싱그러운 바다
-바다의 향수

바다에 대한 느낌은 사람마다 다르다. 학생 때에는 청운의 꿈과 닮은 푸른 바다를 떠올리기도 하지만, 중년의 나이가 되어 바닷가로 놀러가면 바다는 또 다른 느낌으로 다가온다. '바다'라는 단어를 들을 때면 푸른빛과 하얗게 부서지는 파도 소리, 코끝을 자극하는 싱그러움, 그리고 저 멀리서 들려오는 파도 소리에 가슴이 설레기도 한다. 시원하게 불어오는 바닷바람에서 나는 비린내와 짠 내음, 발가락 사이로 비집고 들어오는 고운 모래의 느낌도 바다의 향수 가운데 하나이다. '바다' 하면 떠오르는 단어는 더 넓음, 청명함, 시원함 등 이루 헤아릴 수 없이 많다. 바다는 옛날부터 사람들의 모험심과 상상력을 자극하였고, 그로 말미암아 고대부터 탐험과 장사를 위해 사람들은 바다로 나아갔다.

바다에 가면 가슴으로 밀려오는 잔잔한 은빛 파도와 언제나 까마득한 수평선이 우리를 반긴다. 울고 싶을 때나 즐거울 때, 바다를 향해 가슴을 열면 어느새 응어리가 풀리고 기쁨이 넘쳐 난다. 그 때문에 바다를 소재로 한 노래나 시가 굉장히 많은 편이다. 바다를 배경으로 수많은 사랑이 만들어지고, 이별의 아픈 순간도 바다를 소재로 하여 연출된다. 부드럽고 싱그러운 해초의 촉감도 느낄 수 있고, 달콤한 우윳빛 생굴의 맛과 느낌, 신선하게 펄떡이는 우럭도 만날 수 있다.

바다라고 하면 해수욕을 즐길 수 있는 여름 바다가 가장 먼저 떠오르지만, 봄 바다와 가을 바다는 조용하고 포근한 느낌을 주며, 파도가 세차게 일렁이는 겨울 바다에 대한 추억도 심심찮게 오르내린다. 더구나 각 계절마다 노을이 비추는 바다는 환상과 감동의 극치이다. 이렇듯 낭만으로 가득 찬 바다는 늘 우리 가까이에 있는 친숙한 자연이다. 밤바다도 우리에게 친숙한 단어가 되었다. 주말 오후에 기차를 타고 밤바다를 즐기려는 젊은이들이 점점 늘어나고 있다.

지구의 2/3나 차지하는 바다는 생명체를 탄생시킨 곳이고, 우리 인류의 과거사를 담고 있는 곳이다. 또한 앞으로 우리 인간을 먹여 살리는 식량 창고로서 역할을 다할 것으로 생각된다. 한편 우주에서 태평양을 가운데 두고 찍은 지구 위성사진을 보면 육지는 하나도 보이지 않고 온통 바다뿐이다. 위성사진 중 특히 유명한 것은 1972년 아폴로 17호의 승무원이 태평양을 가운데 두고 찍은 블루 마블(The Blue Marble: 푸른 구슬)이라는 위성사진이다. 바다는 육지에서 보아도 푸르고 인공위성에서 보아도 푸르다. 앞으로도 언제나 푸르게 인간에게 남아 있을 것이다.

바다가 만들어 낸 보석
-진주

로마 전성기의 황제 비텔리우스(Aulus Vitellius, 15~69)는 자기 어머니의 진주 귀걸이 단 한 개를 팔아서 전투 자금을 조달하였다고 한다. 마르코 폴로는 인도 남서부의 말라바르(Malabar) 왕국에서 왕을 만난 일에 대해 기술하면서, 그 왕의 장신구 중에는 도시 하나의 배상액보다도 가치 있는 104개의 진주와 홍옥으로 만들어진 묵주가 있었다고 하였다. 그뿐만 아니라 중국인들은 진주를 '감추어진 영혼'이라고 불렀으며, 그리스인들 사이에서는 번개가 바다로 들어갈 때 진주가 만들어진다는 전설이 내려오고 있었다. 1947년 한 선원이 일주일간 3만 5000개의 진주조개를 채취하였는데, 그중 21개에서만 진주가 나오고 그나마 상품 가치가 있는 것은 단 3개뿐이었다고 한다. 이런 이유로 진주는 고대부터 아주 귀한 대접을 받았는데, 당시에는 자연산뿐이었으므로 얼마나 귀한 보석이었는지 알 수 있다.

진주조개는 진주조갯과에 속하는 조개로 껍데기는 부채꼴이며, 표면에는 흑갈색의 얇은 껍데기 성분의 조각들이 여러 층으로 중첩되어 있다. 주변에는 희미한 비늘 모양의 돌기에 검은색 띠가 가로로 여러 줄 나 있으며, 조개 속에는 아름다운 진주가 숨어 있다. 껍데기 앞뒤 양끝에 귀 모양의 돌출부가 있으며, 여기서 끈적끈적한 물질인 족사(足絲)가 나와 바위에 붙는다. 주로 깨끗하고 물결이 잔잔한 내해의 수심 20m 되는 곳에서 성장하는데, 우리나라에도 남해안과 제주도에 일부 자라고 있다. 진주란 이 조개류의 몸에서 형성되는 구슬 모양의 분비물 덩어리를 말하는데, 조개 속에 작은 알갱이(모래나 기생충의 파편 등)가 들어가면 자극을 받아 그 주위에서 진주 질을 분비함으로써 만들어지는 것이다. 그 성분은 주로 탄산칼슘이며, 은빛의 우아하고 아름다운 광택이 있어 예로부터 보석으로 귀히 여겨지고 있다. 하나의 진주가 탄생하기까지 조개는 많은 고통을 감내해야 하는데, 그래서인지 로마인들은 진주를 '조개의 눈물'이라고 생각했다고 한다.

자연산 천연 진주는 매우 인기가 있었으나 비싼 가격 때문에 왕족과 부호들만이 소유할 수 있었고, 일반 사람들은 감히 구경조차 하기 힘들었다. 당시 천연 진주는 금보다 귀했고, 잠수부들에게는 복권과도 같은 것이었다. 1893년 어느 날 일본의 미에현(三重縣) 토바시의 한 섬에서 미키모토 고키치(Mikimoto Kokichi, 1858~1954)가 바다에서 아직 진주가 채 되지 않은 알을 발견하고 오랜 연구 끝에 1916년경 완벽하게 둥근 진주를 세계 최초로 만들어 냈다. 지금은 섬의 이름도 미키모토 진주섬으로 바뀌었고, 세계적으로 유명한 미키모토 보석 가게로 성장하였다.

반면, 흑진주는 1973년 일본이 타히티섬에서 최초로 양식 기술 개발에 성공한 후, 지금은 타히티가 전 세계 생산량의 95%를 차지하고 있다. 우리나라는 2000년 5월 마이크로네시아 연방국의 추크(Chuuk)주에 남태평양해양연구센터를 설립하여 2008년 흑진주 양식에 성공하였다고 한다. 이는 일본, 중국, 프랑스가 보유하고 있는 기술이라고 한다. 생산된 흑진주는 일본의 전문 업체를 통해 감정한 결과, 색상과 외형 구조에서 모두 품질이 좋은 것으로 확인되었다. 앞으로 우리나라 기술진으로 키운 양식 흑진주가 대량생산되면 수입대체 효과는 물론 경쟁력을 갖춘 신산업으로 육성할 수 있을 것이라고 한다. 한편 중국에서는 호수에서 말조개류를 이용하여 민물진주를 대량으로 생산하고 있다고 한다.

백색 조미료의 보고
- 소금

인류가 바닷물로부터 소금을 얻은 것은 해안 바위에 남아 있던 바닷물이 햇빛에 의해 증발하여 농축된 소금을 발견하면서부터였을 것이다. 소금을 만들기 위해 바닷물을 끌어들여 논처럼 만들어 놓은 곳을 염전이라고 하는데, 염전법은 역사적으로도 꽤 오래된 소금 생산 방법이다. 우리나라도 삼국시대부터 소금이 이미 공물로 사용되었으므로 고대로부터 소금을 만든 것으로 보인다. 『삼국사기』에 의하면 고구려 초기 미천왕은 젊은 시절에 소금장수를 하면서 망명 생활을 했었다고 한다. 중국에서는 춘추시대부터 소금의 전매제가 이루어졌으며, 고려시대에는 국가가 소금 생산권을 갖고 있었다고 한다. 이 시기에는 사사로이 소금을 만들거나 비밀리에 거래하는 사람은 엄벌로 다스렸다. 조선시대에 들어와서는 해변가의 모든 군현에 염장을 설치하고 국가에서 직접 소금을 제조하고 관리하는 전매 제도를 시행하였다.

소금이 우리 몸에 좋지 않다는 속설이 많은데, 실제로 소금 성분을 알고 보면 그렇지 않다. 소금의 주성분은 염화나트륨으로서 전체의 90%를 차지하지만, 나머지 10%에는 수분, 황산마그네슘, 염화마그네슘, 황산칼슘, 염화칼륨 등이 함유되어 있다. 그러나 소금은 생산지나 제조 방법, 제조 지역에 따라 약간의 성분 차이가 있다. 소금은 짠맛이 나는 백색의 결정체로 인간에게는 생명과 밀접한 관계를 가지는 물질로서 건강을 유지하기 위한 대표적인 조미료이다. 인류는 오래전부터 소금을 얻기 위해 노력해 왔는데, 그 결과 소금이 산출되는 지역은 무역의 중심지가 되었고, 어떤 곳에서는 일을 한 대가로 소금을 지급하기도 했다.

태양광을 이용하여 소금을 추출해 내는 염전을 천일염전(天日鹽田)이라고 한다. 세계 소금 생산량(약 1억 톤)의 약 1/3이 천일염이며, 해마다 약 600만 톤의 소금이 바다에서 생산된다. 세계 염전의 대부분이 이 방식을 이용하며, 특히 기상 조건이 좋은 멕시코, 오스트레일리아, 지중해 연안 등에서 널리 사용되고 있다. 해안 근처의 저수지에 바닷물을 담아 증발지로 보내고, 이곳에서 농축된 바닷물을 다시 결정지로 보내어 소금을 추출하는 방법은 오래된 전통적인 방법이지만 아직까지 이용되고 있다.

소금은 가공 과정에 따라 호염, 소염, 정제염, 죽염으로 구분하는데, 호염은 알이 거칠고 굵은 천일염을 가리키며, 소염은 호염을 볶아서 만드는데, 이 소금은 간수 성분이 적고 미네랄이 그대로 남아 있어서 건강에 좋다. 정제염은 소금 성분 중에 있는 마그네슘, 칼슘, 황산근, 염화나트륨 외의 성분을 화학적으로 제거한 소금이며, 염도는 95%가량 된다. 죽염은 대나무 속에 소금을 넣고 여러 번 구워서 만드는데, 소금 속의 유해 성분이 제거된 만큼 민간 치료약으로 전승되어 오고 있다.

우리나라는 한때 가마솥에서 바닷물을 직접 끓여 소금을 생산했다고 한다. 대동강 하구의 천일염전과 황해도의 연백염전은 6·25 전쟁 이후 북한으로 넘어갔고,

천일염 채취 모습

남한의 일부 염전은 피해를 입어 생산량이 격감하였다. 이에 정부에서는 관영 염전을 확장하고, 민영 염전을 적극 장려하여 1955년부터는 자급자족하기에 이르렀다. 국토개발계획에 따라 염전이 공업용지로 전용되고 경제개발이 가속화됨에 따라 오늘날에는 신안군을 비롯한 일부 해안가에만 천일염전이 남아 있다.

바다는 우리 마을의 텃밭
-갯벌

서해의 갯벌은 조수가 드나드는 땅으로 해양 생태계의 먹이사슬이 시작되는 곳이다. 밀물과 썰물이 하루에 두 차례씩 드나들기 때문에 산소 공급이 풍부하고 유기물이 많아서 다양한 종류의 생물이 서식하며, 어류의 생산성은 1에이커(acre)당 10톤이라는 연구 결과도 있다. 연안 해양 생물의 66%가 갯벌 생태계와 직접 관련이 있고, 어촌에서는 어업 활동의 상당 부분을 갯벌에 의존한다. 그래서 이곳은 어민들에게 경제적 가치를 창출하는 삶의 터전이나 다름없다. 갯벌은 대부분의 어패류가 먹이 섭취와 번식 장소로 이용하므로, 각종 어패류는 이곳에서 태어나 자라고 또 사람들에게 양식을 공급하고 있다. 우리나라 서해안의 갯벌은 얕고 간석지가 발달하여 굴, 바지락, 조개 등 각종 어패류가 산란하기 좋은 곳이며, 사시사철 다양한 철새들이 먹이 섭취와 휴식을 위해 갯벌에 드나든다.

갯벌

갯벌이 형성되기 위해서는 강에서 충분한 흙이나 모래가 흘러들어 쌓이고, 바다의 퇴적물도 파도에 밀려와 차곡차곡 쌓일 수 있는 여건이 되어야 한다. 해안선은 구불구불하며 수심은 얕을수록 좋고, 밀물과 썰물 때의 바닷물의 높이 차이는 클수록 좋다. 갯벌에서는 자연 상태로 자란 수산물을 채취하기도 하지만 최근에 들어와서는 육상의 농업과 마찬가지로 인위적인 수단으로 굴, 조개, 홍합, 김 등이 양식되고 있으며, 이들 중 생산량이 가장 많은 것은 굴이다.

과거에는 갯벌을 질퍽거리고 쓸모없는 바닷가의 땅으로, 혹은 어민들이 조개잡이를 하는 바다 정도로 생각하였다. 요즘에는 그 기능과 가치가 다양하게 밝혀지고 환경의 중요성을 깨달으면서 갯벌에 대한 새로운 생각과 관심을 가지게 되었다. 갯벌은 육상에서 배출되는 오염 물질을 정화하는 기능을 가지고 있으며 사람들에게 낚시, 해수욕, 아름다운 경치, 레크리에이션의 장소가 되기도 하고 철새 서식지로서 자연 탐구, 조류 관찰, 학술 연구의 대상이 되기도 한다. 또 갯벌은 물의 흐름을 느리게 하고, 홍수를 방지하기도 하며, 태풍이나 해일의 영향을 감소시키는 완충 역할도 한다. 그러므로 갯벌이 가져다주는 사회적 이익은 대단히 크다고 할 수 있다. 갯벌의 자정 능력으로 갯질경이, 갈대 등의 염생식물(鹽生植物), 저서조류, 미생물에 의해 흡수와 분해가 이루어진다.

조간대는 해안에서 만조선과 간조선 사이가 겹치는 부분이다. 즉 물이 빠지는 간조에 노출되는 갯벌과 육지가 만나는 부분으로, 바다와 육지 양쪽의 일조량과 기후에 영향을 받는 지역이다. 밀물과 썰물에 따라 나타났다 잠기고 잠겼다 다시 나타나는 것을 반복하는 공간이라고 생각하면 된다. 조간대의 동식물에게 조석의 변화는 냉장고의 문을 열었다 닫았다 하는 것과 같다. 썰물 때는 육지 동물들이 퇴적물 속에 숨어 있는 먹이를 찾는데 두루미, 백로, 해오라기 같은 조류가 갯지렁이나 고둥 등을 먹기 위해 날아든다. 그러나 밀물 때가 되면 육지 동물들에게는 문이 닫히고 해양 생물들이 문을 열 차례가 온다. 밀물과 썰물은 얕은 해안에 사는 대부분의 생명체에게 식사 시간을 알리는 것과 같다.

바다에 둑을 쌓다
-방조제와 간척사업

간척사업은 수면 아래 토지의 이용 가치를 높이고 새로운 국토를 조성하는 것으로, 우리나라는 서해안에 간척할 수 있는 곳이 많은 편이다. 간척사업은 갯벌에 제방을 만든 다음 그 안의 물을 빼내어 육지를 만드는 작업으로 1945년경 주한 유엔민사지원사령부(United Nations Civil Assistance Command Korea, UNCACK) 경제협조처(Economic Cooperation Administration, ECA)의 원조로 시작되었다. 처음에는 주로 일본인들이 하던 사업을 마무리하는 수준이었으며, 신규 사업은 정부를 대행한 대한수리조합연합회에서 직영한 강화간척사업이 처음이었다. 6·25 전쟁 후에는 국제연합한국재건단(United Nations Korean Reconstruction Agency, UNKRA)과 수리간척사업을 체결한 후 정부 주도로 이루어졌다. 제1차 경제개발5개년계획(1962~1966)과 더불어 1963년부터 국토종합개발사업을 추진하면서 동진강간척사업(4000ha)이 처음이었다. 이때는 벼농사를 위한 관개사업과 더불어 개간, 간척, 목야지 등의 종합개발 차원에서 수행되었다.

1970년부터는 대단위 농업종합개발사업을 추진하면서, 아산방조제(2564m)와 남양간척지(3650ha)가 준공된 것을 계기로 간척 기술도 많이 발전하였다. 이후 삽교천방조제(3360m), 영산강하굿둑(4350m), 대호방조제(7807m), 금강하굿둑(1841m), 시화방조제(11.2㎞), 영산강 영암방조제(2219m), 영산강 금호방조제(2120m) 등 대규모의 간척사업이 시행되었다. 이 시기에 민간 주도 서산지구 간척사업으로 약 1만 2000ha의 대규모 간척지가 조성되었다.

새만금간척사업은 전라북도 김제시, 군산시, 부안군을 연결하는 33.9㎞의 방조제를 축조하는 사업으로, 1991년에 시작하여 2010년에 준공식을 개최하였다. 새만금방조제사업은 전라북도의 경제 규모를 키울 뿐만 아니라 우리나라 전체의 산업과 관광을 아우르는 중요한 사업이다. 특히 동북아 경제 중심지로 성장해 나가면 우리나라에서뿐만 아니라 글로벌 명품으로 자리매김할 것이다. '새만금'의 명칭은 김제·만경 평야를 뜻하는 '금만(金萬)'의 앞뒤를 바꾸어 '만금(萬金)'에 새롭다는 의미의 '새'자를 붙여 '새만금'이 된 것이다.

반면에 갯벌을 간척지로 개발하면 갯벌이 없어지므로 바다 생물들이 터전을 잃을 뿐만 아니라 생태계가 파괴되고 어민들의 소득도 줄어든다. 요즘 들어 갯벌이 오염 물질을 정화하고 다양한 생명체가 살아가는 생태계의 보고라는 사실이 알려지면서 간척사업을 반대하는 목소리가 높아지고 있다. 국토가 좁은 우리나라의 실정으로서는 어쩔 수 없는 일이라고 항변하지만, 간척사업은 결과적으로 갯벌을 죽이는 일임에 틀림없다. 따라서 향후 갯벌을 개발하려고 할 때에는 갯벌 개발에 따른 경제적 가치보다도 인근 어민들이나 환경 보존 측면에서도 충분한 검토가 있어야 할 것 같다.

간척사업은 네덜란드에서 처음 시작된 것으로 알려져 있다. 국토의 약 1/4이 해면보다 낮아 전통적으로 간척사업과 농지개량사업이 활발한 네덜란드는 일찍이 많은 간척지를 개발하였다. 네덜란드는 지형적으로 바다보다 낮은 땅에 대해 국토 확장 개념으로 제방을 쌓고 간척사업을 많이 해 왔다. 이렇게 제방에 둘러싸인 땅을 폴더(polder)라고 하는데, 15세기경 풍차발명 이후 간척사업이 시작되어 현재까지 계속되고 있다. 그중 규모가 가장 큰 자위더르제베르컨(Zuiderzeewerken) 간척사업은 1929년부터 1932년까지 3년만에 준공된 것으로 총 길이는 새만금방조제보다 1.4㎞ 짧다.

바다는 지구인의 논밭이다
-식량 창고

78억이 넘는 세계 인구는 앞으로도 계속 늘어나서 2100년경에는 110억을 넘어서리라 예상된다. 인구가 늘면 더 많은 양의 식량이 필요한 것은 당연한 이치이다. 물론 인간이 필요한 식량의 대부분은 육지의 농축산물이 책임지겠지만 바다도 지금보다 더 많은 식량을 공급해야 할 것 같다. 현재 어민들이 잡는 양보다 더 많이 잡는 것도 한 가지 방법이지만, 세계적으로 고갈될 정도로 어린 새끼들까지 남획하는 것이 문제이다. 물고기를 찾아내는 장비를 계속 개선해서 어획량을 늘리는 방법도 있을 수 있다. 하지만 이 또한 종(種)의 멸절 또는 자원 고갈이 예상되기 때문에 함부로 하기도 어렵다.

국제연합식량농업기구(Food and Agriculture Organization of the United Nations, FAO)에 따르면, 수산물 생산량은 이미 1989년에 1억 톤을 넘어섰으며, 아마도 지금쯤은 2억 톤을 넘어섰을 것이다. 특히 인구가 많은 중국의 소득 수준이 높아지면서 수산물 소비량도 빠른 속도로 늘어나고 있는 것이 문제이다. 이제는 물고기를 빨리 잘 키우는 방법도 연구해야 한다. 지금도 다양한 종류의 물고기를 양식하고 있지만, 인간들이 소비하는 패턴을 따라잡기는 역부족이다.

아직까지 심해 어족에 관해서는 자세히 알려지지 않았지만 수백 미터 깊이에도 사람이 먹을 만한 물고기가 분명히 있을 것이다. 깊은 바다에 사는 생물들은 아주 천천히 자라고 오랜 시간 자라서야 알을 낳으며, 또한 대단히 오래 사는 것으로 알려져 있다. 말하자면 30년은 자라야 알을 낳고 100년 정도 사는 식이다. 그러므로 이들의 생태를 잘 파악하여 활용할 수 있는 방안을 강구할 필요가 있다. 현재 뉴질랜드는 남극해의 심해에서 오렌지라피(orange roughy)라는 물고기를 수만 톤씩 잡고 있으며, 러시아는 북대서양 심해에서 1971년부터 쥐꼬리물고기(민태과)를 많이 잡았다고 한다. 이 외에도 깊은 바다에는 홍어, 홍게, 대구처럼 사람이 먹을 만한 어류들이 상당히 많이 분포되어 있다. 아직 우리나라의 동해 바다 깊은 곳에도 어떤 종류의 물고기가 얼마나 많이 살고 있는지 자세히 모르는 실정이다.

남극해 주변 바다에 많이 서식하는 크릴도 중요한 식량자원이다. 크릴에는 불소성분이 많고 특유한 냄새가 나는 것이 단점이지만, 분명히 미래 지구인의 식량으로 각광받을 것이다. 아직까지는 일본 사람들만 크릴을 넣은 식품을 조금씩 먹을 뿐이고, 그 외에는 주로 동물의 사료나 낚시 미끼로 사용하고 있는 것이 대부분이다. 이는 세계인들이 크릴을 먹지 못하는 것이 아니라 크릴 말고도 먹을 것이 많이 있기 때문에 선호하지 않는 것이다. 그러나 최근 우리나라에선 크릴 오일이 대유행하고 있다. 우리나라는 1970년대 말부터 남극해에서 크릴을 잡았지만 한때 중단하였으며, 최근 들어 다시 잡기 시작했다고 한다. 남극해에는 약 50억 톤의 크릴이 살고 있는데, 이 가운데 약 1억 톤 정도를 매년 잡는다고 해도 크릴은 줄어들지는 않을 것이다. 그러나 크릴은 남극해에 서식하고 있는 고래, 물고기, 펭귄, 물개 등의 먹이가 되므로 잡더라도 총허용어획량을 정해야 할 것 같다.

흐르는 바닷물이 전기를 만든다
-해양에너지

바닷물을 이용하여 얻을 수 있는 해양에너지는 파도, 조류, 염도, 조차, 온도차 등 다양하다. 이와 같이 바다는 우리가 알지 못하는 방대한 운동에너지를 품고 있다. 에너지 이용 방식에 따라 파력에너지, 조류에너지, 조력에너지, 해류에너지, 염도차에너지, 온도차에너지로 나눌 수 있는데, 이와 같이 해양에너지는 앞으로 인류의 에너지 수요를 충족시키고도 남을 만큼 풍부하다. 더구나 공해 문제가 없는 미래의 이상적인 에너지자원이다. 다만 연안의 얕은 바다에 설치된 풍력에너지는 해양에너지에 속하지 않는다. 그 이유는 풍력 터빈만이 해양에 위치해 있기 때문이다. 우리나라의 서해안은 세계적으로도 조석간만의 차가 크고, 수심이 얕고, 해안선의 굴곡이 심해 조력발전의 훌륭한 입지 조건을 지니고 있으며, 동해안은 수심이 깊고, 연중 파도 발생 빈도가 높아 파력발전의 가능성이 크다. 그뿐만 아니라 동해로 북상하는 구로시오해류를 이용하는 해양온도차발전도 가능하다.

- 파력에너지: 바닷가에 가면 파도가 쉴 새 없이 육지 쪽으로 밀려오고 있는데, 이렇게 파도를 이용한 것을 파력발전이라고 한다. 영국에서는 파력발전으로 작은 마을에 전기를 공급하고, 일본에서는 등대를 밝히기도 한다. 파도가 전기를 만드는 셈이다. 파력발전에 관한 연구는 미국, 일본, 영국, 노르웨이 등에서 약 100년 전부터 수행해 왔다. 우리나라 연안의 파력발전 에너지도 약 500만 kW로 추산되고 있지만, 아직 실용화된 곳은 없다.

- 조력에너지: 방조제로 막아 해수를 가두고, 수차발전기를 설치하여 외해와 내해의 수위차를 이용하여 발전하는 방식으로, 국내에는 2004년에 착공한 시화호 조력발전소가 2011년에 개통되었다. 이 발전소에는 2만 5400㎾ 규모의 수차발전기 10기가 설치되었으며, 발전 용량은 25만 4000㎾로 약 50만 명이 사용할 수 있는 전력이다. 앞으로 태안반도 가로림만과 강화 석모도 등에도 조력발전소 건설을 검토 중이다.
- 조류에너지: 해수의 운동에너지를 이용하여 전기를 생산하는 조류발전은 물의 흐름이 빠른 곳에 수차발전기를 설치하여 전기를 생산하는 방식이다. 우리나라에서 가장 조류가 센 울돌목은 진도와 해남 사이의 폭 약 300m의 좁은 해협으로 최대 유속은 11노트(22㎞/h)이다. 진도 울둘목 조류발전소는 2005년에 착공하여 4년 만에 1000㎾급(500㎾ 발전기 2대) 시험 조류발전소가 건설되어 2009년 준공식을 가졌다.
- 해류에너지: 육상에서 바람을 이용하여 거대한 풍차를 돌리는 것처럼, 바닷속에 큰 프로펠러식 터빈을 설치하여 전기를 얻는 해류발전소는 급류가 지나가는 바닷속에 초대형 발전기를 설치하여 전기를 생산한다. 1983년 일본에서 세계 최초의 해류발전에 성공한 바 있으며, 실용적인 발전기 개발에 주력하고 있다.
- 해양온도차에너지: 바닷물의 온도 차이를 이용한 발전 방식을 해양온도차발전이라고 한다. 해면의 해수온도는 보통 20℃가 넘지만, 해저 500~1000m 깊이에 내려가면 4℃에서 거의 변하지 않는다. 이것은 1881년 프랑스에서 최초로 제안된 이후 지금은 미국, 일본, 프랑스 등에서 가동하고 있다고 한다. 우리나라는 2014년부터 여러 기관이 모여 해양복합온도차발전에 관한 연구를 하고 있다.

바닷물로 농사를 짓는다
-해수농업

지구의 물 부족과 환경의 악화는 이미 오래전부터 심각한 문제로 대두되었는데, 앞으로 해수를 이용하여 농사를 짓는 방법이 개발된다면 인류가 재탄생하는 것이나 다름없을 것이다. 바닷물 농사로 수확한 곡물은 비록 사람이 직접 먹지 못하고 동물의 사료로 쓰이거나 사람에게 필요한 다른 성분을 만드는 데 사용된다고 하더라도 엄청난 사건이 아닐 수 없다. 해수는 무궁무진하기 때문이다. 지구의 물 중 97%는 해수로, 해수를 이용한 농법이 정착된다면 인류에게는 농업혁명이 일어날 것이다.

해수농업, 해수농경을 뜻하는 'biosalinity'는 바이오 'bio'와 소금기를 의미하는 설린 'saline(salty)'의 합성어다. 염분이 있는 바닷물을 이용하여 농작물을 수확하는 농업기술을 의미한다. 아랍에미리트연합국 두바이에 위치한 국제해수농업센터(International Center for Biosaline Agriculture, ICBA)는 사막 지역의 농업용수와 도시 조경수가 부족해지자 이를 해결하기 위해 설립되었다. 국제해수농업센터의 목표는 염수를 이용하여 농사를 짓는 것이었다. 1999년 미주개발은행과 아랍에미리트연합국의 지원을 받아서 설립된 국제해수농업센터는 올해로 22주년을 맞았다. 그간 많은 프로젝트를 진행하였으며, 세계적으로 수백 개의 연구기관이 생겼다. 시워터 재단(The Sea Water Foundation), 국제농업연구자문단(Consultative Group on International Agricultural Research), 아프리카 벼연구센터(Africa Rice Center) 등이 활동하고 있다.

현재 수백 개의 연구 기관에서 해수로 자랄 수 있는 쌀, 보리, 밀, 감자, 토마토 등 200여 종을 시제품으로 생산하고 있는 수준이다. 만약 이 식물들이 사람의 식량 혹은 제2차 가공 재료로 자리매김한다면, 식량 생산의 큰 전환점을 마련하게 될 것이다. 실험이 성공하여 실용화된다면 내륙의 사막처럼 현재 버려져 있는 바닷가의 빈 땅을 경작지로 바꿀 수 있을 것이다. 중요한 것은 미역, 다시마처럼 염분이 있어도 재배가 가능한 농작물을 생산하는 것이다. 해수 그대로 활용하여 육지에서 작물을 재배한다는 점이다. 만약 바닷물로 농사를 짓는 날이 온다면 식량 문제는 대변혁이 일어날 것이다. 언젠가 바닷물로 지은 농산물을 먹는 날을 기대해 본다.

바닷물로 먹는 물 만들기
-담수 공장

바닷물에서 염분을 제거하여 담수를 얻는 과정을 해수탈염(海水脫鹽)이라고 한다. 19세기 항해용 배에서 사용된 담수화 장치인 조수장치가 첫 시작이었다. 지금도 원양어선이나 상선 등 장기간 항해를 하는 선박에는 역삼투 방식으로 담수화하는 조수장치가 설치되어 있다. 육지에는 낙도에 소규모 담수 시설이 설치되기 시작하였으며, 최근에는 중동의 사막 지역을 중심으로 대규모 담수 공장이 가동되고 있다. 도시 인구 집중과 물 소비량 증가로 점차 물 부족이 심각해지면서 바닷물 담수화 시설에 대한 많은 연구가 진행되고 있다.

대부분의 사람들은 물이 모자란다는 생각을 하지 못하지만, 물은 앞으로 가장 부족한 자원 가운데 하나가 될 것이다. 실제로 지금도 세계의 많은 나라들이 물 부족에 시달리고 있다. 2019년 유엔은 우리나라를 물스트레스 국가로 지정하였다. 실제로도 늘어나는 인구와 물 수용에 비해 우리의 수자원은 풍족하지 못한 편이다. 2~3개월 정도의 가뭄이 계속되면 농업용수와 공업용수는 물론 식수까지도 위협을 받는다. 우리나라도 머지않아 바닷물을 먹는 물로 만들어 먹을 수밖에 없는 날이 오지 않을까 한다.

해수담수화(증류법)는 옛날 선원들이 배 위에서 갈증을 해소하기 위해 놋쇠항아리에 바닷물을 담아 이를 불로 끓이고 항아리 주둥이에 걸쳐 놓은 스펀지에 증발된 수증기를 모은 후 이 스펀지의 물을 짜서 마신 데서 기원하였다. 그러므로 수세기 전부터 이미 바닷물에서 염분을 제거하는 담수화에 대해 연구해 온 것이다. 바다는 광활하여 많은 물을 가지고 있지만, 이런 물을 우리가 바로 먹을 수 있는 물로 만드는 과정은 아주 쉬울 것 같지만 그리 쉽지만은 않다. 그리고 많은 사람이 제한 없이 물을 펑펑 쓰려면 돈이 많이 드는 큰 공장을 만들어야 한다. 그래서 과학자들은 낮은 가격으로 담수화할 수 있는 기술을 개발하기 위해서 끊임없이 노력하고 있다.

해수탈염 방법은 크게 세 가지로 구분한다. 증류법, 결빙법, 역삼투법이 그것이다. 증류법은 가장 오래된 방법으로, 바닷물을 기화시킨 후 냉각시켜 물을 얻는 방법이다. 전 세계적으로 담수화 과정을 통해 만들어지는 약 5억 갤런의 물 가운데 90% 이상이 이 방법으로 만들어진다. 결빙법은 최근 수년간 연구 개발 중에 있으나 아직 상업적으로 이용되지는 못하고 있다. 끝으로 역삼투법은 압력을 사용하여 바닷물을 반투막으로 통과시켜 높은 농도로부터 낮은 농도로 이동케 하여 먹는 물을 만드는 방법이다.

최근에는 해양 심층수에 대한 관심이 높아져 각 지방자치단체에서도 앞다투어 개발하고 있다. 심층수는 수심 200m 아래의 바닷물을 먹는 물로 만드는 것이다. 이 물은 표층에 있는 바닷물과는 다른 성질을 지니는데, 대체로 저온인 심층수에는 칼슘, 인, 나트륨 등의 미네랄과 영양염류가 풍부하다. 또한 대기의 영향을 거의 받지 않기 때문에 표층수에 비해 온도와 여러 가지 물질적인 변화가 적다. 햇빛이 충분히 닿지 않기 때문에 식물성 플랑크톤이 적고, 표면에 있는 물과도 섞이지 않기 때문에 용존산소도 적은 특징을 가지고 있다. 이러한 특성 때문에 해양 심층수는 식수뿐만 아니라 다양한 용도로 활용되고 있다. 토마토, 기능성 콩나물, 새싹채소 등을 재배하는 데도 해양 심층수를 이용하면 좋은 성과를 얻을 수 있다고 한다. 또한 해양 심층수는 여름철 수온 상승과 질병으로 인한 어류의 대량 폐사를 막는 데도 유용하다. 이미 슈퍼마켓에 몇몇 상품이 진열되어 있지만, 언젠가는 모든 생수가 해양 심층수로 바뀔지도 모른다.

난치병 치료는 바다가 맡는다
-의약품 생산

바다는 인간이 필요로 하는 여러 가지 식품을 공급해 주지만, 앞으로는 중요 의약품도 바다가 공급할 듯하다. 실제로 20세기 초반까지만 해도 의약품은 전적으로 육상의 천연자원으로부터 얻어졌다. 약은 원시인들이 산과 들에서 식용으로 수집하였던 초근목피에서 시작됐으므로 약의 개발을 육상의 천연자원에서 찾는 일은 당연하다. 지금도 많은 의약품을 육지자원에서 얻고 있지만 점차적으로 바다와 해양 생물에서도 난치병에 필요한 물질이 개발될 것이다. 왜냐하면 바다는 약 5만 종 이상의 생물이 살고 있고, 천연자원의 관점에서 볼 때 상당한 잠재성을 지니고 있기 때문이다.

1965년에 밝혀진 바에 따르면 복어의 독성분인 테트로도톡신(tetrodotoxin)은 지금까지 민간에 알려진 가장 독성이 강한 비단백성(非蛋白性) 독소 중의 하나이다. 일본에서는 테트로도톡신을 근육이완제 또는 암으로 인한 통증을 진정시키는 데 유용하다고 판단하고 있다. 미국과 캐나다에서는 조개의 삭시톡신(saxitoxin)이라는 물질이 중독 사고를 자주 일으키는데, 이를 신경생리 연구에 응용할 것이라고 한다. 고대 하와이 사람들은 산호충(珊瑚蟲)에도 맹독성 물질이 있다고 했는데, 실제 연구해 본 결과 산호충에 있는 팔리톡신(palytoxin)이 항암 작용, 국소마취 작용, 혈관수축 작용 등에 유용하게 쓰일 것이라고 한다. 노르웨이 과학자들은 바다의 박테리아에서 새로운 항생물질을 만들었다고 한다. 모스크바의 연구 단체와 노르웨이 베르겐대학교 연구진은 이 물질이 약품으로 태어나기까지는 상당한 시간이 필요하겠지만 백혈병, 위암, 결장암, 전립선암 등 11종의 질병에 대해 실험하고 있다고 한다.

해양 생물 연구 결과가 실제 의약품으로 탄생된 예는 항바이러스와 항암 작용이 있는 '아라-A(Ara-A)'와 '아라-C(Ara-C)'를 들 수 있다. 이 약품은 해수면의 바닷물에서 분리된 성분을 원료로 하여 개발하였다고 한다. 일본에서는 바다 벌레에서 추출된 네레이스톡신(nereistoxin)을 원료로 이용하여 강력한 살충제 파단(padan)을 만들었다. 후코이단(Fucoidan)은 황산기와 다당류가 결합된 분자량 20만의 성분으로 다시마, 미역, 톳 같은 갈조류에 들어 있다. 항암 치료와 항바이러스에 탁월하고 위염, 위궤양, 장, 식도 등의 염증에 효능이 있다고 한다. 육지자원의 조사 연구가 100여 년의 전통을 갖고 있는 것에 비하면 해양 생물이나 바닷물 연구는 이제 걸음마 단계이다. 앞으로 연구가 본격화되면 바다로부터 난치병 치료에 도움이 되는 좋은 의약품이 많이 개발될 것으로 예상된다.

해양 산업의 우주인
-머구리

'머구리'는 다이버나 잠수사(潛水士)를 일컫는 일본어로, 예전에는 상용어로 통용되었으나 오늘날은 잠수사라고 부른다. 일본어 동사 모구루(もぐる: 잠수하다)가 변형되어 우리말로 '머구리'라고 하는 듯하다. 국어사전에는 머구리를 '개구리의 옛말'이라고 명시하고 있는데, 개구리와 연관성도 있다. 옛날에 수렵을 하기 위해 사람들이 물속을 오르내리는 모습이 마치 개구리와 같아 보였기 때문이 아닌가 싶다. 재미있는 예로 영어에서는 수중폭파요원을 'frogman'이라 한다.

머구리는 우주복 같은 잠수복을 입고 수면 위에 연결된 호스를 통해 공기를 공급받는다. 마치 우주인이 유영하는 모습과 같이 물속에서도 이동을 하며 작업을 한다. 해안방조제공사, 수몰된 난파선 수색, 시신 인양까지 매우 다양하고 중요한 역할을 맡고 있다. 장시간 물속에서 작업을 할 수 있을 뿐만 아니라, 호스를 통해 대화도 가능하다.

작업 용도에 따라 비교적 얕은 곳에서 해산물을 채취할 때 사용하거나 선박에 비상용 비품으로 비치하는 천해용(淺海用, 마스크식) 잠수기, 토목공사에 이용되는 헬멧식 잠수기, 순환자급식 호흡기, 스포츠에 이용되는 스쿠버 잠수기 등으로 나눌 수 있다. 이 중 헬멧식 잠수기는 1840년 독일인 아우구스투스 지베(Augustus Siebe)가 발명하여 전 세계적으로 애용되어 왔는데, 180여 년이 지난 지금도 사용되고 있다. 최신 잠수정이나 무인 로봇이 개발된 현재에도 머구리는 매우 중요한 역할을 한다. 특히 산업 현장에서는 없어서는 안 될 직종이지만, 안타깝게도 첨단 장비의 발달로 점점 그 영역이 줄어들고 있다. 이제 머지않아 머구리의 헬멧은 골동품으로 어구 박물관에서나 볼 수 있을지도 모르겠다.

잠수사 복장

2014년 진도에서 발생한 세월호 사건으로 일반인들도 잠수사에 대해서 잘 알고 있다. 세월호 수색이 중단될 때마다 잠수병에 관한 이야기가 많이 전해졌다. 잠수병은 해녀나 잠수사들이 기압이 높은 해저에서 질소를 다 배출하지 못했다가 기압이 낮은 물 위로 급히 올라올 때 생기는 부작용이다. 이때 질소가 기포로 변해 혈액 안을 돌아다니는 바람에 생기는 증상으로, 이로 인해 잠수사들은 만성 두통, 관절통, 난청 등을 호소한다. 이를 일명 감압병(減壓病)이라고도 한다.

잠수병을 예방하기 위해서는 물속에서 수면으로 올라올 때는 천천히 올라와야 한다. 평균 300m 깊이로 잠수를 즐기는 남극의 신사 황제펭귄 역시 잠수병을 피하기 위해 인간과 비슷한 방법을 사용한다. 펭귄도 수면에 도착하기 전에 바닷속에서 잠시 멈춘 다음, 비스듬한 각도로 수면으로 올라온다. 사람들이 시행착오를 통해 습득한 것을 이미 펭귄은 본능적으로 알고 있는 셈이다. 잠수병 치료는 산소를 주입해서 질소를 밀어내는 방식으로 한다.

바다는 얼마나 깊을까
-수중음파탐지기

'바다가 얼마나 깊은지 알 수 없을까'라는 생각은 오랫동안 인류의 관심사였다. 그러다가 1912년 영국의 호화 여객선 타이태닉호가 빙하에 부딪혀 침몰하자 사람들은 바닷속에 무엇이 있는지, 얼마나 깊은지 알아내야 한다는 생각을 갖게 되었다. 1920년까지는 바다의 깊이를 알기 위해 무거운 추를 로프에 달아 수심을 측정하는 로프측심법을 사용하였다. 이 방법은 해류에 의해 추가 해저에 닿기도 전에 비스듬히 떠내려가는 오류가 발견되어 장기간은 사용되지 못하고 소멸되었다. 그러다가 1925년 독일의 해양 탐사선 메테오르호가 최신 음파탐지기를 이용해 대서양 밑에 가로놓인 거대한 바다 산맥인 대서양중앙해령을 발견하게 된다.

음파의 속도는 공기 중에서는 333m/s이고 해수 중에서는 평균 1480m/s로, 바닷물이 훨씬 더 빠르게 음파를 전달한다. 음파의 속도는 염분이 1‰만큼 증가하면 1.3m/s만큼 증가하고, 수심이 100m(10기압) 증가하면 음속은 1.7m/s만큼 증가한다. 또한 수온이 1℃ 증가하면 음속은 4.5m/s만큼 증가하는데, 음파의 속도는 수온에 가장 민감하게 영향을 받는다. 이러한 변수를 감안하더라도 해면에서 음파를 발사하면 대략 1500m/s의 속도로 수중을 통과하여 해저에 이르고, 해저 면에서 반사된 음파는 다시 동일한 경로로 출발점으로 되돌아오는데, 이것을 이용해 바다의 깊이를 측정한다. 이때 음파의 정확한 속도는 해수의 온도, 염분, 수압 등의 요인들을 보정해서 정확한 값을 산정한다. 이러한 방법으로 해저화산이나 해구 등 해저지형을 파악하여 심해저의 지형도를 작성하는 것이다.

수중음파탐지기 소나(sound navigation and ranging, sonar)는 흔히 항해용 등의 수중음향기기를 총칭하는데, 좁은 의미로는 서치라이트(탐조등) 소나와 스캐닝 소나를 말한다. 즉 이들 기계를 이용하여 바닷속 물체의 존재, 위치, 성질 등을 탐지하는 계측 장치이다. 이는 물체로부터 오는 반사파를 수신하여 물체에 관한 정보를 얻는데, 이를 액티브(active) 수중음파탐지기라고 한다. 또 물체로부터 발생한 수중음을 수신하여 그 물체에 관한 정보를 얻고자 하는 것을 패시브(Passive) 수중음파탐지기라고 한다.

소리통로

전 대양의 수심 1000m 근처에는 온도와 압력이 작용하여 소리가 반사와 굴절을 통해 모이는 층, 즉 소리통로(sound channel)가 존재하는데, 이를 소파(sound fixing and ranging, sofar) 채널이라고 한다. 소파 채널 안으로 들어온 소리는 그 안에 갇혀서 먼 거리를 갈 수 있다고 하는데, 고래들이 이 소리통로를 이용하여 대양 건너편의 수천 킬로미터 떨어진 다른 고래들과 소통한다고 한다. 1991년 스크립스 해양연구소의 뭉크(Walter Munk, 1917~) 교수 등 연구진은 바다 밑에 대형 스피커 여러 대를 묶어서 내려놓고 6일간 소리 신호를 발사하였다. 이 소리 신호는 몇 시간에 걸쳐 멀게는 1만 9000㎞ 떨어져 있는 선박의 수신기에서 포착되었다고 한다. 바다 밑에 소리가 통하는 길이 있다는 것이 신기하지 않을 수 없다.

인간이 1000m 해저에 내려갔다
-구형 잠수구

인간의 잠수 기록은 약 2000년 전부터 시작되었다고 하나, 최초의 잠수 기구는 1690년 영국의 천문학자 에드먼드 핼리(Edmund Halley, 1656~1742) 경이 만든 잠수종(diving bell)이다. 이것은 바다 밑으로 내려갈 때 종 안에 공기가 채워져 잠수부가 해저에서 숨을 쉬면서 일을 할 수 있게 고안된 것으로, 지금도 유사한 장치가 사용되고 있다. 1800년대 중반에 이르러 잠수부는 두꺼운 고무옷을 입고 머리에는 구리로 만든 헬멧을 쓰기 시작하였다. 그런데 이것도 1940년대에 이르러 스쿠버 장비로 바뀌기 시작하였다. 프랑스의 군인이자 해저 탐험가인 자크 쿠스토(Jacques Cousteau, 1910~1997)와 공학자이자 고압가스 전문가인 에밀 가냥(Emile gagnan, 1900~1979)이 스쿠버를 발명하였기 때문이다. 보호안경, 오리발, 스노클, 얼굴 마스크 등 물속에서 작업하는 데 도움이 되는 많은 장비들이 이 시기에 개발되었다.

1943년 쿠스토가 잠수용 수중 호흡기인 아쿠아렁(aqualung)을 메고 물속으로 들어갔다. 그는 수중 카메라와 수중 촬영 기술을 발달시키는 데도 큰 공헌을 하였으며 각종 책, 영화, TV 프로그램 등을 통해 해양 스포츠를 대중화시켰다. 이후부터 각종 장비가 개선되고 손쉽게 구입할 수 있게 됨에 따라 동호인 모임도 생겨났다. 프랑스, 이탈리아, 영국, 캐나다, 미국 등지에서는 수중다이빙협회가 결성되었고, 쿠스토는 1959년에 15개국의 기구를 모아 세계수중연맹을 창설하였다.

사람들은 물속에 점점 더 깊이 잠수할 수 있는 기구에도 착안하게 되었다. 드디어 둥근 공간이 생긴 구형 잠수구(bathysphere)가 만들어졌다. 둘레에는 창문이 나

초기의 구형 잠수구

있고 수면 위에 떠 있는 배와 굵은 쇠줄로 연결된 형태로 고안되었다. 미국의 생물학자이자 탐험가인 윌리엄 비브(William Beebe, 1877 ~1962)와 공학자 오티스 바턴(Otis Barton, 1899~1992)이 함께 만들었는데, 이들은 자신들이 만든 이 잠수구를 이용해 1930년 첫 잠수 때 400m 깊이까지 내려갔다. 그 후에도 여러 차례의 실패와 개선 끝에 1934년에는 923m까지 내려갔다. 이렇게 몇 차례의 시험 잠수로 그 우수성이 입증되었으나, 문제점도 함께 발견되었다. 갑작스런 파도로 배가 크게 흔들려 연결된 밧줄이 끊어진다면 잠수구의 탑승자 모두는 목숨을 잃게 된다. 이러한 단점에도 불구하고 인류 역사상 923m까지 잠수함으로써 인간의 활동 영역과 심해 지식을 넓혔으며 뒷날 잠수 기구의 발달에 크게 이바지하였다.

에베레스트산보다 더 깊은 곳
-심해 탐사

바다 깊이 잠수할 수 있는 구형 잠수구가 개발된 이후 인간은 좀 더 깊은 곳에 잠수하여 탐사하기를 바랐다. 문제는 강한 수압을 견딜 수 있는 잠수 장비가 없었던 것이다. 그러나 18세기부터는 심해잠수정에 대한 학문적인 연구가 많이 진전되었다. 1850년경에 미국의 해군 장교인 M. F. 모리는 해류와 해저지형을 조사한 후, 대서양을 횡단하는 해저전선의 설치가 가능하다는 것을 알아내었다. 또한 스위스 태생의 벨기에 물리학자인 오귀스트 피카르(Auguste Piccard, 1884~1962)는 머릿속으로 생각한 것을 실제로 만들어 내는 천재였다. 그는 1931년에 알루미늄 기구를 직접 만들어 하늘의 성층권까지 올라가서 기상을 관측하였고, 심해 잠수정인 바티스카프호도 고안하였다.

오귀스트 피카르는 1933년 윌리엄 비브와 만난 것을 계기로 심해잠수정을 만들기 시작해 1940~1950년대에 걸쳐 새로운 잠수정을 계속 만들어 냈다. 밧줄로 연결되어 있던 과거의 잠수정과는 달리, 새로이 만든 잠수정은 독자적으로 자유롭게 움직일 수 있었다. 1948년은 심해잠수 사상 두 가지 신기록을 남긴 해이다. 오티스 바턴이 잠수구를 타고 1372m까지 잠수함으로써 15년 전 자신이 윌리엄 비브와 함께 세웠던 기록을 경신하였다. 또한 물리학자 피카르가 전혀 새로운 형태의 잠수정(FNRS-2)을 타고 1380m까지 잠수하였다. 초기에는 벨기에 정부의 도움을 받았지만, 정부의 관심이 사라지자 스위스 정부와 이탈리아 트리에스테시의 도움을 받아 1953년 트리에스테 잠수정를 완성하였다.

69세의 오귀스트 피카르와 31세의 아들 자크 피카르(Jacques Piccard, 1922~2008)는 1953년 9월 25일 나폴리 앞바다를 3.3㎞나 내려가는 실험을 하였으며, 이후에도 여러 차례 심해를 탐사하였다. 피카르가 고안하고 제작한 바티스카프호가 등장하면서 사람이 직접 심해에 잠수하여 관측할 수 있게 되었다. 이는 해양 조사에서 혁명적인 일이었다. 1948년 피카르는 직접 바티스카프호로 잠수 시험을 하였으며, 그 뒤 여러 부분에서 개량이 이루어져 프랑스의 아르시메드호와 미국의 트리에스테 2호로 다시 태어났다.

한편, 미국의 지원을 받게 된 피카르 부자와 미국 해군의 돈 월시(Don Walsh, 1931~)는 1960년 1월 23일 트리에스테호를 타고 바다에서 가장 깊은 챌린저해연 바닥까지 잠수하였다. 4시간 43분을 내려가 오후 1시 6분, 마침내 그들은 세계에서 가장 깊은 해저에 다다랐다. 20분쯤 머문 뒤 수면으로 올라오는 데 3시간 27분이 걸렸다. 이후 심해에 관한 미국 해군의 관심이 점차 줄어들자 피카르는 해군 대신에 매사추세츠주에 있는 우즈홀 해양연구소와 함께 신형의 심해잠수정 앨빈호를 건조하였다. 앨빈호는 최대 심도가 4000m로 바티스카프호보다는 못하지만 잠항 실적이 800회에 다다랐다. 해저협곡, 해저산맥 등을 탐험할 때 널리 쓰였으며, 북극 근처에서 침몰한 타이태닉호의 탐사에도 이용되었다.

무인 잠수정

최근에는 인간을 대신하여 무인 잠수 로봇이 바다로 들어가고 있다. 해저자원의 탐사, 침몰된 선박의 인양 작업, 바다 밑바닥의 기름 제거 작업, 해저케이블 설치, 각종 수중 구조물의 설치 및 수리 등을 위해 원격조종 로봇(Remotely Operated Vehicle, ROV)이나 무인 로봇잠수정(Autonomous Underwater Vehicle, AUV)이 바다로 들어간다. 무인 로봇은 스스로 판단하여 해저의 지형에 따라 조사할 방향과 거리를 결정하고, 해저에서 조사한 자료를 모선에 송신하는 시스템을 갖추고 있다. 미국의 심해잠수정 앨빈호와 수중 로봇 제이슨은 제2차 세계대전 당시 침몰한 독일 최대의 전투함 비스마르크호와 북대서양에서 침몰한 타이태닉호를 찾아내는 데 결정적인 역할을 하였다.

육지보다 많은 광물자원
-바다 광상

바다에는 우리에게 필요한 지하자원이 생각보다 많이 있다. 건물을 짓는 데 필요한 자갈과 모래 따위의 이른바 골재자원이 있으며, 석유와 천연가스 등 연료도 많이 매장되어 있다. 조간대 및 해빈에는 다이아몬드, 금, 백금, 티타늄 합금, 자철광, 사철, 주석, 사금, 중석 등이 함유되어 있고, 대륙붕에도 인광석(燐鑛石), 석탄, 석회석, 석유, 천연가스 등 다양한 광물질이 매장되어 있다. 또 깊은 바다에는 여러 금속으로 이루어진 광물 덩어리가 흩어져 있거나 얇은 담요처럼 깔려 있기도 하고 굴뚝처럼 높이 솟아 있기도 하다. 특히 심해의 열수공에는 유황, 철, 구리, 아연, 금, 은과 같은 금속화합물 성분을 가진 광물이 즐비하다.

바닷물은 그 자체가 일종의 광상(鑛床: 유용한 광물의 집합체)이라고 할 수 있다. 왜냐하면 바닷물 속에는 염화나트륨, 브로민(Bromine), 마그네슘 등 광물질이 다량으로 포함되어 있기 때문이다. 만일 바닷물을 모두 증발시킬 경우 증발되지 않고 남는 염류(염화나트륨, 황산칼슘, 황산칼륨, 염화마그네슘 등)의 총량은 아프리카 대륙만 한 크기가 된다고 한다. 그뿐만 아니라 바닷물 속에는 금도 많이 함유되어 있는데, 이 금을 전부 골라낸다면 약 85억 kg이나 된다고 하므로 전 세계 모든 사람들이 1kg 이상을 나누어 가질 수 있는 어마어마한 양이다.

2500만 년 전 홍해가 생기면서 밑바닥에는 금, 은, 망간, 구리, 철, 아연 등의 황화광물 같은 금속 성분이 섞인 두꺼운 진흙층이 생겼다. 이곳은 다른 곳보다 깊고 수온과 염분이 높으며 특히 매우 검어서 마치 기름 덩어리처럼 보이지만 인류에게는 보물 덩어리나 다름없다. 표면의 10m만 걷어 올려 개발을 한다고 해도 수십억 달러에 이르는 막대한 가치가 있다고 한다.

심해 물질

깊은 바다에 퇴적한 물질 중 가장 흔한 것이 바로 상어 이빨과 고래 귀뼈이다. 상어는 연골어류이므로 죽으면 남는 것이 몸에서 가장 단단한 이빨뿐이며, 고래도 죽으면 다 썩어 버리고 단단한 귀뼈만 남게 된다. 그래서 바닷속 퇴적물을 채집해 보면 상어 이빨과 고래 귀뼈들이 많이 발견된다. 수심 3000m가량의 바다 밑바닥에는 단세포생물인 부유 유공충(有孔蟲)의 껍데기가 마치 허연 죽처럼 쌓여 있다. 이는 바다 표면에서 살던 유공충이 죽어 가라앉아서 쌓인 것이다. 이것을 탄산염질 연니(炭酸鹽質 軟泥)라고 하는데, 마치 석회암이 지하수에 녹아 석회동굴이 형성되는 것과 같은 원리로 쌓인다.
약 4000m 깊이의 바닷속에는 화산재나 미세한 먼지가 산화된 붉은색의 펄 같은 물질이 있다. 또 약 5000m 깊이에는 규산 성분이 많이 섞인 규질(硅質) 연니가 있다. 규질 연니는 방산충(放散蟲)과 규조류(硅藻類)의 껍데기가 가라앉으면서 생긴 것으로, 엷은 황색 또는 회백색을 띠거나 거의 투명한 무색에 가깝다. 이것은 유리를 만들 때 쓰이는 이산화규소인데, 이 성분은 얕은 깊이에서는 녹지 않기 때문에 주로 깊은 곳에 모여 있다. 특히 극지방이나 남극 대륙 둘레의 바다에는 규조류와 방산충이 많이 살고 있으므로 이곳의 깊은 바다에는 규질 연니가 많이 분포하고 있다.

바닷속의 검은 광상
-망간단괴

심해저에 있는 망간단괴(manganese nodules)는 1873년 해양 탐사선 챌린저호에 의해 처음 발견되었으나, 1950년대에 이르러서야 상업적 가치를 인정받았다. 망간단괴에는 첨단산업의 기초 소재로 활용되는 금속광물이 들어 있어 '해저의 검은 노다지'로 불리기도 한다. 망간이 20~30%, 철이 5~15%, 니켈이 0.5~1.5%, 구리가 0.3~1.4%, 코발트가 0.1~0.3% 들어 있으며, 그 밖에도 아연, 알루미늄 등 40여 종의 금속이 함유되어 있다. 우리나라는 1994년에 발효된 유엔해양법협약에 따라 태평양 공해상의 클라리온-클리퍼턴 해역(Clarion-Clipperton Fracture Zone)에 심해저 망간단괴 개발광구 15만 ㎢를 국제해저기구(International Seabed Authority, ISA)에 등록함으로써, 세계에서 7번째로 망간단괴 개발광구를 확보한 국가가 되었다. 이곳은 하와이 남동쪽 2000㎞ 지점에 위치하는데, 우리나라는 2002년까지 7.5㎢에 달하는 해역을 탐사하였다. 해양수산부에서는 2006년 우선채광지역(4만 ㎢)을 선정하고, 2008년 시험채광 시스템을 개발하여 2009년 채광 시험을 성공시켰으며, 2010년 1차 채광 지역으로 2만 ㎢를 선정한 바 있다.

우리나라 단독 개발광구 내에 묻힌 망간단괴의 추정 부존량은 약 5억 6000만 톤으로서, 이는 연간 300만 톤씩 100년 이상 채광할 수 있는 양이다. 망간단괴의 용융환원 기술실증 시험에 성공한 해양수산부는 망간단괴의 제련 기술과 수심 2000m에서 실용 가능한 채광 기술을 연구하고 있다. 이를 위해 채광 로봇 '미내로(Minero)'를 개발하고 기술 확보를 위해 노력하고 있다. 미내로는 광물을 의미하는

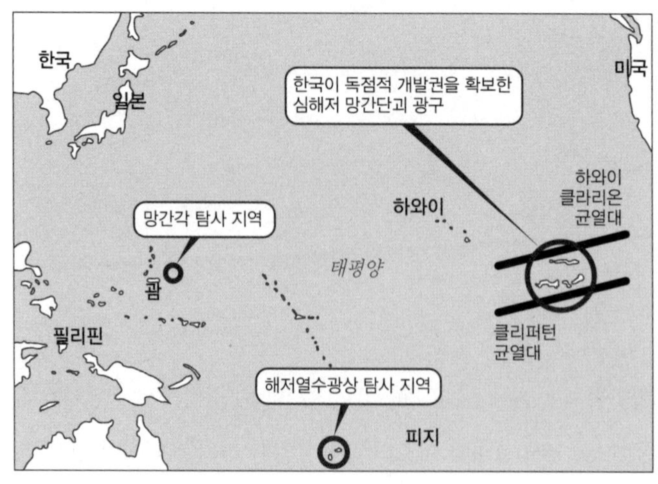

망간단괴 매장위치도

미네랄 'mineral'과 로봇 'robot'의 합성어로 이름 지어졌다. 전문가들은 이미 확보한 심해저 채광만으로도 우리나라가 향후 30년 이상 사용할 광물을 얻을 수 있다고 예상한다. 특히 망간은 철강 산업, 니켈은 화학·정유 시설, 전기 제품, 자동차 관련 소재, 구리는 통신·전력 산업, 코발트는 항공기 엔진 제작 등에 사용된다.

우리나라는 2016년 7월 20일 국제해저기구 제22차 총회의 최종 승인을 받으면서 서태평양 공해상 마젤란 해저산 사면 지역에 3000㎢ 규모의 망간각 독점탐사광구를 확보하였다. 이번 망간각 독점탐사광구 확보를 통해 태평양 공해상 망간단괴 독점광구, 인도양 공해상 해저열수광상 독점광구, 통가 배타적 경제수역 해저열수광상 독점광구, 피지 배타적 경제수역 해저열수광상 독점광구에 이어 5번째 독점광구를 확보하여 총 11.5만 ㎢ 해양 경제활동 영역을 확보하게 되었다. 독점탐사광구 확보는 우리나라가 중국·러시아에 이어 국제사회에서 세 번째로 공해상 심해저에서 3개 광종(망간단괴, 해저열수광상, 망간각)에 대한 독점탐사광구를 모두 확보한 나라가 되었다는 점에서 의미가 크다.

서태평양 독점탐사광구에 매장되어 있는 망간각은 코발트와 희토류의 함량이 높고 망간단괴보다 얕은 수심(800~2500m)에 분포되어 채광 비용이 저렴해서 세계 각국의 관심이 높아지고 있는 광물자원이다. 이번에 확보한 서태평양 망간각 독점 탐사광구에는 약 4000만 톤 이상의 망간각이 매장되어 있을 것으로 파악되며, 연간 100만 톤씩, 20년간 총 6조 원의 주요 광물자원 수입대체효과가 있을 것으로 기대된다. 정부는 승인 이후 국제해저기구와 탐사 계약을 체결하고 정밀 탐사를 한 후 민간 주도로 개발할 계획이라고 한다. 주요 광물자원을 대부분 수입에 의존하는 우리나라에서 심해저 광물자원 개발사업은 해양 경제활동 측면에서 아주 중요하다. 한편 공해상 심해저자원을 관리할 목적으로 설립된 국제해저기구는 심해저 활동을 주관·관리하는 국제기구로서 2020년 5월 기준으로 현재 167개 회원국이 가입되어 있다. 우리나라는 1996년 1월 유엔해양법협약 비준으로 가입되었다.

망간단괴가 수심 5000m 내외에 있다면, 망간각은 비교적 얕은 곳인 수심 1000m 내외에서 아스팔트 모양으로 형성되어 있다. 과거에는 망간단괴와 망간각을 모양은 같지만 다른 종류의 물질로 생각했으나, 연구 결과 금속의 성분이나 생성 과정 등이 다른 것으로 밝혀졌다. 망간각은 산소 결핍으로 형성되며, 해저에서 산처럼 돌출된 지역에서 많이 발견된다. 해저산은 태평양에만 약 5만 개가 있다. 이 중 극히 일부 지역에서만 망간각 탐사가 이루어졌으므로 앞으로 얼마나 많은 망간각이 더 발견될지는 미지수이다. 망간각은 망간단괴보다 코발트의 함량이 높으며, 백금·게르마늄·티타늄·몰리브덴·토륨·탈륨·스트론튬 등 30여 가지의 광물로 이루어져 있다.

바다에서 검은 황금을 퍼 올리다
-원유 시추

19세기 후반 이후 문명사회에 접어들면서 에너지원으로 가장 큰 비중을 차지한 자원은 원유(原油)이다. 흔히 원유라는 단어는 땅속이나 바닷속에 묻혀 있는 그대로의 석유를 일컫는데, 가끔 매스컴에서도 석유 시추라는 용어를 쓰기도 한다. 국어사전에도 천연으로 지하에서 솟아나며 탄화수소를 주성분으로 하는 혼합물을 석유라고 명시하고 있다. 일반 가정에서도 석유라는 말을 많이 쓰기도 하지만, 등유를 석유라고도 한다. 그리고 원유 또는 석유라는 단어 대신에 액체탄화수소(hydrocarbon)라고도 하며, 이를 정제한 것을 석유제품이라고 한다.

생물의 유해가 퇴적된 후에 생긴 원유는 여러 가지 유기 분자의 혼합물이다. 머나먼 지질시대부터 바다에 살던 생물들의 사체가 해저에 가라앉고 그 위에 진흙과 모래 등의 퇴적물이 수백만 년 동안 쌓이면서 지하의 열과 압력이 분해 작용을 일으켜 원유와 천연가스로 만들어진 것이다. 현재까지 밝혀진 것으로는 세계 원유 부존량은 대략 2조 배럴(barrel)이며, 미발견 원유가 1조 배럴 내외이지만, 이들 중 약 40%가 해양에 있다고 본다. 확인매장량은 1975년부터 1986년까지 약 7000억 배럴을 유지하고 있는데, 1986년의 확인매장량을 지역별로 살펴보면 중동 지역이 56.8%를 차지하고 있다.

석유 산업은 원유 개발을 담당하는 상류 부문과 원유를 수송·정제·판매를 담당하는 하류 부문으로 분류되는데, 우리나라에서는 하류 부문의 석유 산업이 주를 이룬다. 국내 대륙붕 탐사도 외국 회사에 많이 의존하고 있는 형편이다. 이에 각 대학과 한국동력자원연구소를 중심으로 석유 탐사 및 개발 기술의 자립화를 위해 부단히 노력하고 있다. 1999년 대한석유개발공사가 한국석유공사로 바뀐 이후 국내·해외 대륙붕 탐사 및 개발(국내 대륙붕 제6-1광구, 베트남 제15-1광구, 베트남 제11-2광구)이 활발해지는 한편, 외국 정유사 인수에도 적극적인 성과를 거두고 있다.

원유는 이미 고대 이집트나 그리스시대부터 알려져 있었으며, 1556년 독일의 광물학자인 게오르크 바우어(Georg Baue, 1494~1555)가 쓴 학술 논문에서 석유라는 표현으로 'petroleum' 단어가 최초로 등장한다. 이 단어는 암석을 뜻하는 라틴어 페트라 'petra'와 기름을 뜻하는 올레움 'oleum'을 합성한 단어로 '암석 기름'이라는 뜻이다. 예전부터 기름이 괸 구덩이 형태로 석유가 지표면에 조금씩 나와 있는 것은 이미 많이 알려졌으며, 개척시대의 유럽인들도 아메리카와 인도네시아에서 검은 액체가 나오는 현상을 발견했다고 한다. 원유는 주로 사암층에 많이 고이는데, 이처럼 원유가 고이는 곳을 오일 풀(oil pool)이라고 한다. 이러한 오일 풀 중 일부는 지각변동이나 대륙이동 때 바다에서 육지로 이동하여 육지에 유전 지대를 만들었다. 중동 지역이나 미국, 러시아, 중국 등에 위치한 대부분의 유전은 바다에 있던 오일 풀이 육지로 이동한 것이다.

석유를 뽑아내기 위하여 건설한 최초의 유정(油井)은 1859년 펜실베이니아 북서부에 있는 에드윈 드레이크(Edwin Laurentine Drake) 유정이었다. 그 후 20~30년 동안 석유 시추 방법은 미국뿐만 아니라 유럽, 중동, 동아시아로 널리 퍼져 나갔다. 이후 자동차가 개발되면서 원유 사용은 급속히 증가했다. 그뿐만 아니라 원유를 정제하여 휘발유·등유·경유·중유·나프타·LPG 등을 만들 수 있었고, 용매·페인트·아스팔트·플라스틱·합성고무·섬유·비누·세제·왁스·젤리·의약품·화약·비료 등의 수많은 석유제품으로 가공할 수도 있다.

유전이 형성되기 위해서는 몇 가지 조건이 충족되어야 한다. 원유의 생성과 부존의 충족 조건이 모두 갖추어졌다고 하더라도 기본적으로는 원유의 매장량이 경

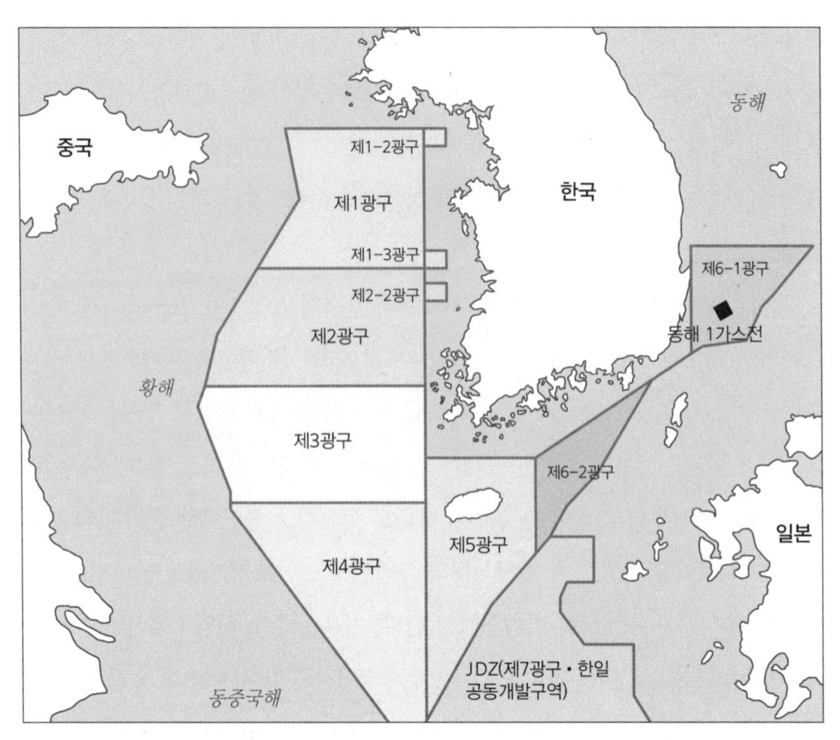

우리나라 대륙붕 내의 해저광구

제적 가치를 가져야 한다. 현재 대륙붕과 대륙사면 해저에서 원유가 생산되는 해역은 멕시코만, 캘리포니아 남쪽, 알래스카 연안, 북해 등이다. 우리나라의 민간기업도 인도네시아의 마두라 해역 및 북예멘의 바다에서 석유·천연가스 개발사업을 하고 있다. 우리나라 내에서도 1970년대부터 개발 가능성이 있는 몇몇 해역에서 탐사를 지속하고 있는데, 아직 경제성이 있는 곳은 발견하지 못하였다. 우리나라의 서해와 남해는 대륙붕이 잘 발달하여 원유가 묻혀 있을 가능성이 매우 높다고 한다. 한편 10~20년 뒤에는 원유 채굴이 급감할 것으로 내다본다. 자동차의 동력이 원유를 정제하여 사용하는 휘발유에서 전기로 대체될 것이기 때문이다.

7장
선박과 교통수단

기원전에 계획한 국제수로
-수에즈 운하

최초의 운하는 기원전 7~6세기경 이집트 제26대 왕조의 왕인 네코 2세에 의해 시도되었다. 그리스의 역사가 헤로도토스(Herodotos)에 따르면, 네코는 이집트 삼각주 유역에서 교역이 늘어나자 나일강과 홍해를 잇는 운하 건설을 시작하였지만, 예언자들의 반대로 중단하고 말았다. 기원전 500년경 페르시아의 다리우스 1세(Darius I)가 홍해에서 나일강 삼각주 내의 도시인 부바스티스(Bubastis)까지 수로를 연결하는 데 성공하였다. 이 수로는 한때 이집트의 농산물을 실어 나르는 중요한 교통로였으나 이슬람교 내분으로 폐쇄되었다. 1798년 나폴레옹에 의해 운하의 유적이 발견되었고, 통상로로 이용하기 위해 다시 개발 공사가 이루어졌지만 얼마 되지 않아 또 중단되고 말았다.

프랑스는 1859년 카이로 주재 프랑스 외교관이었던 레셉스(Ferdinand de Lesseps, 1805~1894)에게 수에즈 운하 건설의 임무를 맡겼다. 레셉스는 정식 교육은 받지 않았지만 토목기사로서 젊었을 때부터 운하 건설에 대한 집념을 불태워 온 사람이었다. 그로부터 10년 뒤인 1869년 11월 17일 운하가 개통되었다. 지중해와 홍해 사이를 지날 때 육로로 우회해서 갈 필요 없이 유럽과 아시아를 바로 연결해 주는 뱃길이다. 이 운하의 북쪽 종착지는 시나이반도 서쪽인 포트사이드(Port Said)이고, 남쪽 끝은 수에즈 인근이며, 이스마일리아(Ismailia)가 중간 지점에 있다. 프랑스에 의해 건설된 수에즈 운하는 영국에서 인도로 가는 뱃길을 무려 6400㎞나 단축시켰으며, 1888년 콘스탄티노플 조약에 의해 국제수로가 되었다.

수에즈 운하

수에즈 운하의 서쪽은 저지대이고, 동쪽에는 지대가 높고 지형이 험난한 시나이반도가 자리 잡고 있다. 운하의 개통 당시 수심은 8m, 폭이 약 22m였으나, 확장 공사를 계속하여 1967년에는 수심 12m, 폭 54m로 일정하게 확장되고 길이는 164㎞였다. 운하의 건설로 인해 사람이 거의 살지 않던 이 지역 군데군데에 촌락들도 생겨났다. 수에즈 운하는 1967년 6월 아랍과 이스라엘 간의 전쟁으로 일시 폐쇄되었으나 1975년 다시 개통되었으며, 1975~1980년에 다시 확장 공사를 실시하여 수심 24m, 폭 205m, 길이 192㎞로 확장하였다. 지금은 흘수(吃水: 수면에서 물에 잠긴 배의 가장 밑까지의 거리) 20m로 24만 톤 선박까지 다닐 수 있다. 수에즈 운하는 북쪽(지중해)에서 남쪽(홍해)으로 물이 흐르고, 운하를 통과하는 데 걸리는 시간은 대체적으로 12~16시간 정도이며, 하루에 100척 이상의 배가 통과할 수 있다고 한다.

공해와 공해를 연결하는 뱃길을 국제운하 또는 국제수로라고 하는데, 이는 조약에 의해 모든 외국 선박에게 개방되어 있다. 군함을 포함하여 세계 어떤 나라의 선박도 자유로이 통행할 수 있고, 전쟁 동안에도 자유로운 통행이 보장된다. 어떤 경우에도 폐쇄되지 않는다. 운하의 양쪽 출입항으로부터 4.8㎞ 이내의 구역에서는 어떠한 적대 행위도 금지되어 있으며, 운하 시설물 일체는 불가침 구역이다.

대륙의 잘록한 곳을 끊어라
-파나마 운하

16세기 스페인의 초대 국왕이자 신성 로마 제국 황제였던 카를 5세(Karl V)가 운하에 대해 관심을 가지고 있었다. 1521년 멕시코의 아스테카 왕국을 정복한 스페인의 정복자 에르난 코르테스(Hernán Cortés, 1485~1547)가 1529년에 운하 건설의 필요성을 언급하였다. 1492년에 콜럼버스가 신대륙을 다녀오고, 1519~1522년까지 마젤란이 남아메리카 끝자락(마젤란해협)을 돌아 세계 일주를 한 시기였다. 운하의 필요성이 제기된 이유는 대항해시대가 시작된 이래로 유럽에서 태평양으로 가는 방법은 남아메리카의 끝인 드레이크해협을 통과하여 올라가는 방법밖에 없었기 때문이다. 이 문제를 해결하기 위해 주목받은 곳이 바로 파나마 지협이었다.

파나마 운하는 중앙아메리카의 파나마 지협을 통해 대서양과 태평양을 이어 주는 호수-갑문식 운하로서 길이는 82㎞이다. 이 운하는 미국의 동해안에서 서해안으로 향하는 배들이 남아메리카 끝자락을 돌아서 가야 하는 불편을 없애기 위해 남·북아메리카 대륙의 잘록한 부분을 파서 만들었다. 수에즈 운하와 함께 세계에서 가장 전략적인 국제수로로 꼽힌다. 파나마 운하를 이용함으로써 선박은 대략 1만 4800㎞(약 40~50일 소요)의 항해 거리를 단축시킬 수 있게 되었다.

처음에는 수에즈 운하의 굴착을 감독했던 프랑스의 외교관 레셉스가 공사를 책임지고 시작하였으나 불충분한 계획, 질병, 사기죄 등으로 10년간의 작업 기간을 끝으로 14억 프랑이라는 거액 그리고 2만여 명의 희생자를 내고 1889년에 중단하고 말았다. 세계의 대토목 공사 중 하나로 평가된 파나마 운하는 이러한 이유로 공

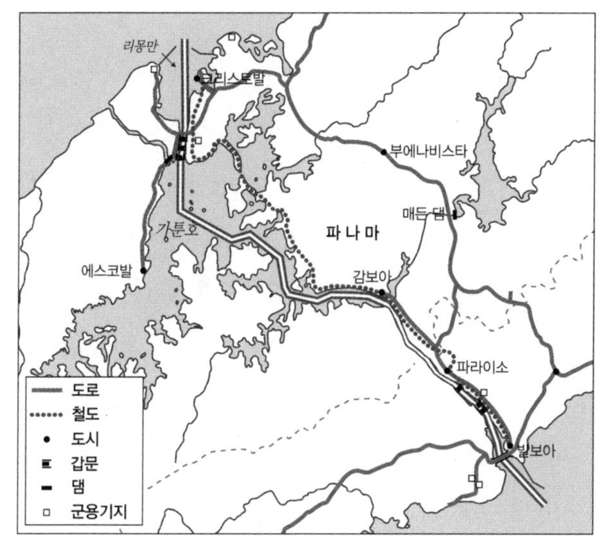

파나마 지협을 종단하는 파나마 운하

사 과정이 난관에 봉착하였다. 당시 미국도 니카라과를 통과하는 운하를 계획하고 있었으나, 수프리에르(Soufrière) 화산 폭발로 취소하고 말았다. 그 후 미국은 프랑스가 중도에 포기한 파나마 지협을 인수해 건설하기로 하고 1903년 파나마와 헤이-뷔노 바리야 조약(Hay-Bunau-Varilla Treaty)을 체결하였다. 운하의 건설권과 관리권을 독점하고 영구 소유권까지 거머쥔 미국은 10년 만인 1914년에 완공하였다. 즉 운하의 건설은 프랑스가 먼저 시작하였으나 완공은 미국이 한 셈이다.

이 운하는 군사전략 면에서 중요해 미국과 파나마가 지배권을 놓고 수많은 의견 충돌과 갈등을 빚었다. 1903년 미국의 조차지였던 파나마 운하 지대의 주변 8㎞ 지역은 헤이-뷔노 바리야 조약으로 미국이 관리하였는데 1979년 재협상 후 지금은 소멸되었다. 이후 파나마 운하는 미국과 파나마가 공동관리하다가 현재는 파나마가 운영·관리하고 있다. 파나마 운하에서는 어떤 선박도 자체 동력으로 운하의 갑문을 통과할 수 없다. 선박은 시속 3.2㎞ 속도로 갑문 벽 위의 치형(齒形) 궤도에서 운행되는 6개의 예인 기관차로 움직이게 된다. 갑문은 이중으로 되어 있어 선박은 반대편에서도 통과할 수 있다. 기다리는 시간까지 합쳐 운하를 통과하는 시간은 대략 24~30시간 정도이다.

파나마 운하는 해수면보다 약 20m 높아서 선박들은 도크에 들어온 뒤 물을 채워 더 높은 위치의 도크로 올라가게 되고, 운하 중간에 위치한 가툰 호수를 거쳐 다시 도크로 들어가 물을 빼 내려간 뒤 바다로 들어가게 된다. 이렇게 복잡한 갑문식 운하를 만든 이유는 운하 중간에 산맥이 있어서 당시의 기술로는 천문학적인 공사 금액과 시간, 인력이 소모될 것 같았기 때문에 수에즈 운하처럼 평탄한 운하를 만들지 못하였다. 그래서 복잡한 갑문 시설 때문에 통과 속도가 느리고 운하의 각 지역에 수위를 조정하는 댐도 여러 곳에 만들었다.

1509년 스페인 탐험가 바스코 발보아가 유럽인 최초로 파나마를 발견한 이후 스페인과 영국, 미국, 프랑스 등이 드레이크해협을 거치지 않고 태평양으로 가는 항로를 개척하기 위해 고군분투하였다. 세계 일주를 하기 전이므로 희망봉을 거쳐

한국과의 인연

새 운하 개통식 때 우리나라 기업이 만든 배가 첫 통과하는 행운을 거머쥐었다. 파나마운하청에 따르면, 그리스 동남부 도시인 피레에프스항에서 출발한 컨테이너 운반선인 코스코 쉬핑 파나마호(Cosco Shipping Panama)가 개통식 당일 처음으로 8시간 만에 새 운하를 통과하였다고 한다. 이 선박의 길이는 300m, 폭은 48m로 적재 규모는 20피트 컨테이너 9500개를 실을 수 있다. 이 선박을 제조한 회사는 현대삼호중공업으로 2016년 1월에 건조를 마치고 중국 선사에 선박을 인도하였다. 2016년 4월 파나마운하청의 추첨에서 당첨되어 개통식 통과 선박으로 선정되었으며, 부산항에 들른 뒤 8월 초 최종 기착지인 상하이에 도착하였다.
현대삼호중공업과 파나마 새 운하의 인연은 여기서 끝이 아니다. 이 회사는 2010년 다국적 컨소시엄인 GUPC사(Grupo Unidos Por El Canal)로부터 약 2400억 원에 핵심 설비 공사인 갑문 설비 공사를 수주하였으며, 수위를 조절하는 소형 수문 158개와 유압 장치 158세트도 제작해 설치하였다. 또한 칸막이벽 84개와 이물질막이 등 총 중량 2만 톤에 달하는 기자재도 시공하였다. 모든 설비의 오차를 2㎜ 이내로 제작하고, 설치를 끝낸 소형 수문의 누수 확인은 전체 갑문에 물을 채우는 대신 이동식 특수 가벽을 설치하는 방식을 도입하여 공사 기간을 줄이고 비용을 절감하여 호평을 받았다.

태평양으로 가는 길은 알지 못하였을 것이다. 그로부터 약 400년이 지난 1914년에 파나마 운하가 개통되었다. 다시 102년이 지난 2016년 6월 26일 약 7년간의 확장 공사를 완료하고 파나마 운하가 재개통되었다. 확장 공사는 두 개의 관문으로 이루어진 기존 운하 옆에 새로운 운하를 건설하는 방식으로 이루어졌다. 새 운하는 이전 운하에 비해 폭이 46m 더 넓고, 길이는 275m 더 길다. 폭 49m, 길이 366m의 초대형 선박도 지나갈 수 있는 규모이다.

동북아를 이어 주는 해저교통로
-해저터널

일본의 혼슈와 홋카이도를 잇는 세이칸(Seikan) 해저터널의 길이는 53.9㎞이며, 영국과 프랑스를 잇는 영불 터널의 길이도 50㎞나 된다. 블라디미르 푸틴이 총리(현 대통령) 시절 러시아와 아메리카 대륙을 잇는 베링해협에 해저터널을 구상하고 미국과 함께 구체적인 논의를 벌인 적이 있다. 이 터널이 완성된다면 양국뿐만 아니라 양 대륙 간의 교류가 더욱 활발하게 이루어져 주변 국가에도 장기적으로 매우 큰 이익을 가져다줄 수 있다.

한일 해저터널도 일제강점기 때부터 구상되었다. 당시 일본의 규슈에서 출발하여 한반도를 통과하는 동아시아 종단철도에 대한 구상에서부터 시작되었다. 동아시아 종단철도는 당시 일본의 지배하에 있던 한반도의 부산을 기점으로 서울을 지나 중국 단둥을 거쳐 만주로 진입하고 선양, 베이징, 난징 등을 경유하여 베트남의 하노이, 사이공, 프놈펜, 말레이반도까지 이어지는 약 1만 ㎞의 노선이다. 1940년대 들어서 도쿄와 시모노세키를 연결하는 고속열차 계획을 세운 일본은 쓰시마섬을 거쳐 부산과 연결되는 해저터널을 구상하였으나 일본이 제2차 세계대전에서 패함으로써 무산되었다.

1980년대부터는 한국에서도 한일 해저터널(부산·거제도~쓰시마섬 약 50㎞)을 건설하고자 하는 의견이 일부 단체에서 제시되었다. 한일 해저터널은 경부선, 경의선 등 남북한 내 철도망과 유라시아 횡단철도, 시베리아 횡단철도, 중국 횡단철도 등을 연결하여 유럽까지 육상으로 이어지도록 하는 거대 철로망 구축사업의 일환

한일 해저터널 구상안

이다. 이 해저터널이 가시화된다면 중간에 쓰시마섬과 이키섬이 있어서 건설에 유리하게 작용할 것이다. 부산~쓰시마섬의 거리는 약 50㎞, 쓰시마섬이 남북으로 약 82㎞, 쓰시마섬~이키섬까지는 약 40㎞, 이키섬에서 일본 본토까지는 20㎞이다. 실질적으로 전 구간이 200㎞ 정도 되지만 해저터널 구간은 총 110㎞ 정도된다. 하지만 우리나라의 국토해양부는 '경제성이 없다'라는 이유로 이 사업을 백지화했다고 한다.

한일 해저터널 구상에 이어 한중 해저터널도 구상 중이라고 한다. 중국으로 연결되는 한중 해저터널의 구체적인 노선은 인천~웨이하이, 평택~웨이하이, 태안~웨이하이 등으로 구상되었다. 한중 양국의 인적 교류가 폭발적으로 늘어나서 매주 400~500편의 항공편이 두 나라를 왕래하고 있다. 앞으로 한국과 중국은 경제, 문화, 관광 등 다양한 분야에서 하나의 생활권이 될 것으로 전망된다.

해저에 설치된 소리 통로
-해저케이블

국제전화를 이용해 외국에 있는 가족이나 친구와 이야기할 수 있는 것은 대부분 바닷속에 가라앉힌 해저통신케이블(submarine communications cables) 덕분이다. 전화선을 바다 밑에 깔아 먼 나라와 통화를 할 수 있다는 생각은 전기통신 기술이 발명된 1840~1850년경부터 생기기 시작하였다. 미국에서 처음으로 모스(Samuel Morse, 1791~1872) 교수가 작은 호수 바닥에 전화선을 깔고 통화에 성공하였다. 그는 언젠가는 대서양 건너 영국과도 통화를 할 수 있을 것이라고 생각하였다. 해저통신케이블은 해저전신케이블, 해저동축케이블, 해저광케이블로 발전하여 지금은 디지털신호로 전달한다. 전화뿐만 아니라 인터넷, 개인 데이터 트래픽 전송에 이르기까지 다양하게 이용된다. 일반적으로 케이블의 지름은 69㎜(2.7인치)이며, 무게는 미터당 10kg이지만 더 가늘고 가벼운 케이블이 개발되고 있다.

초기의 해저케이블은 절연용 고무인 구타페르카(gutta-percha)로 싸고 다시 납으로 두껍게 둘러싸서 사용했다. 이렇게 튼튼히 에워싼 케이블을 도버해협 바다 밑에 깔았는데, 그 일부가 프랑스 어부의 낚시에 걸려 올라온 일이 있었다. 그는 처음 보는 이 케이블을 대단히 질긴 해초 줄기로 생각하고 낚시 미끼로 쓸 수 있을까 해서 이로 씹어 보았다고 한다. 그리고 그 케이블을 끌어 올려 집으로 가지고 와서 바다에서 신기한 것을 찾았노라고 자랑하였다고 한다. 당연히 전화는 불통되었다. 1929년에는 북대서양에 있는 북아메리카 대륙붕의 일부인 그랜드뱅크스(Grand Banks)에서 지진이 나서 애틀랜타를 지나는 일련의 케이블들이 손상되었다. 또

2011년 일본에서는 도호쿠(Tohoku) 지방의 지진으로 일본과 연결된 수많은 해저 케이블이 손상을 입은 일도 있었다.

1857년 영국과 미국 사이의 해저케이블 공사는 엄청 힘든 작업이었다. 케이블을 배에 싣고 대서양을 건너야 하고 3000㎞가 넘는 케이블에 조금이라도 흠이 생기면 모든 노력이 허사가 될 판이었다. 또 케이블의 무게가 엄청났으므로 케이블이 가라앉는 동안 별 사고가 없어야 했다. 결국 이 공사는 실패로 끝났지만, 이듬해인 1858년에 성공하여 유럽 사람들의 목소리가 대서양을 건너 미국으로 날아갈 수 있었다. 그러나 설치한 지 얼마 지나지 않아 전화가 불통이 되었다. 어딘가에 흠이 있었지만 정확하게 확인되지는 않았다. 그래서 1864년 훨씬 가볍고 튼튼한 케이블로 대체되었다. 이러한 해저케이블 덕분에 전 세계 어디에서든지 인터넷이 가능하여 동영상을 본다든가 대용량 자료도 마음대로 보낼 수 있게 되었으며, 인터넷 전화도 무료로 쓸 수 있게 되었다.

해저케이블은 어선이나 상선 등의 닻이 내려지면서 훼손될 수 있기 때문에 대략 1000m 수심까지는 해저 3m 아래로 묻어야 한다. 옛날에는 1.5~2m 정도로 묻었다가 지금은 3m까지 깊게 묻고 있다. 그만큼 해저를 긁고 다니는 선박이 많아졌고, 해양 산업도 다양해지고 있어서 이를 방지하기 위해 좀 더 깊게 묻는 것이다. 태평양같이 깊은 해저에서는 그냥 케이블을 수중에 띄워 놓는다고 한다. 이러한 공사에는 특별히 제작된 케이블 설치 전용 선박이 동원되는데 쟁기(plough)도 필요하고, 깊은 곳까지 내려가는 무인 잠수정도 필요하다. 현재 우리나라의 K사가 보유하고 있는 장비로는 세계로호, 미래로호, 리스폰더호(Responder), 무인 잠수정 등이 있다.

중국에서 한국을 경유하여 미국으로 가는 태평양 횡단 해저케이블이 2017년 새로 설치되었다. 인구가 많은 중국과 한국의 인터넷 및 통신 수요 급증으로 그동안 사용하였던 케이블의 속도가 현저히 저하되었기 때문에 중국, 타이완, 한국, 일본을 경유하여 미국까지 연결하는 1만 4천여 ㎞ 길이의 태평양 횡단 해저광케이블이 설치되었다. 세계 최대 규모의 해저케이블인 만큼, 기존 광케이블이 소화하지 못했던 방대한 양의 데이터를 주고받을 수 있게 되어 인터넷·동영상 등의 서비스 질이 한층 개선되었으며, 급증하는 북아메리카 통신 수요를 충족할 수 있을 뿐 아니라 기존 해저케이블과 루트를 차별화해서 지진으로 인한 국제통신 대란과 같은 재난에도 더 수월히 대처할 수 있게 되었다.

화물선의 고향
-항구

우리나라에서 화물을 실어 나가고 들어오는 항구는 약 60개이다. 그중에서 주로 외국으로 화물을 실어 나르는 무역항은 31개이고, 나머지는 국내의 화물을 실어 나르는 연안항(沿岸港)이다. 외국으로 화물을 실어 나르는 선박은 오랜 항해를 해야 하므로 대부분 규모가 큰 편이다. 선박을 정박시키거나 화물을 싣고 내리는 데 불편이 없도록 시설도 그에 맞게 아주 넓어야 한다. 화물을 보관하는 물류 시스템이 갖추어져야 하므로 부산항, 인천항, 울산항, 포항항 등 대부분의 무역항은 규모가 매우 큰 편이다. 선박들에게 다양한 편의를 제공하기 위해 화물 처리 시설, 금융기관, 전시장, 회의장, 정보 센터 등 다양한 시설이 조성되어 있다.

일반적으로 항구에서 화물을 싣고 내릴 때는 선박의 옆 부분을 육상에 붙여야 한다. 이런 시설을 안벽이라고 하며, 그 안벽에 선박을 붙이는 것을 접안이라고 한다. 안벽에는 화물을 신속하게 처리하기 위한 각종 기계장치들이 설치되어 있다. 우리나라 안벽 가운데 가장 큰 시설은 광양항의 원유 부두로, 약 28만 톤(길이 314m, 넓이 58m, 높이 27m) 규모의 유조선이 접안할 수 있으며, 포항종합제철항에도 25만 톤 규모의 유연탄 운반선 안벽이 갖추어져 있다. 선박을 안벽에 접안시키지 않고도 화물을 싣고 내릴 수 있는 시설도 있다. 대형 유조선의 경우가 그렇다. 바

항구 수

구분	무역항	연안항	합계
동해	7	5	12
서해	10	9	19
남해	12	10	22
제주	2	5	7
합계	31	29	60

자료: 항만법시행령(2013.7.1.)

다 한가운데에 유조선을 고정시킬 수 있는 시설을 만들어 놓고 육지의 유류 저장 탱크까지 파이프라인을 설치하여 유류를 처리하는 것이다. 울산항이 33만 톤의 배가 원유를 하역할 수 있는 최대 규모의 시설을 갖추었다.

바다로 수송해야 할 물자와 수송 수단(자동차, 기차, 선박 등)이 많이 모이는 항구를 물류 중심기지라고 하는데, 부산항이 이에 해당한다. 부산항은 물자와 선박이 많이 모이는 항구로 싱가포르항, 홍콩항, 타이완의 가오슝항, 상하이항, 고베항 등과 함께 동아시아 지역의 물류 중심기지 역할을 하고 있다. 목포에서 미국의 뉴욕항으로 상품을 수출하려면 목포항에서 인천항이나 부산항까지 국내 선박으로 화물을 수송한 다음 그곳에서 큰 선박에 옮겨 싣고 미국의 뉴욕항까지 간다. 이때 부산항과 미국의 뉴욕항을 물류 중심기지라고 한다. 그러므로 동북아시아나 극동 지역 등에서도 유럽이나 미국으로 수출입하는 물자는 주로 우리나라의 부산항에서 큰 선박으로 옮겨 수송한다. 그러므로 우리나라의 부산항은 동북아 지역의 물류 중심기지라고 할 수 있다.

항해의 기준을 밝혀낸 시계공
- 크로노미터와 경도

아주 먼 옛날에는 지구가 물 위에 둥둥 떠 있는 원반이라고 생각하였고, 15세기 후반부터 지구가 둥글 것이라고 어느 정도 확신을 가지기 시작하였다. 이때부터 본격적으로 바다로 나아가려는 사람이 많아졌지만 함부로 항해하기를 두려워하였다. 요즘처럼 해도가 있는 것도 아니고 근거가 될 만한 아무런 기준이 없었기 때문이다. 콜럼버스가 신대륙에 다녀오고 마젤란이 세계 일주를 한 이후에도 선박들은 바람이 부는 대로 흘러가거나 아니면 이미 알고 있는 지점을 출발점으로 하여 그 후에 배가 나아간 방향과 거리에 의하여 현재 배의 위치를 추산하는 추측항법에 의해 대양을 항해하였다. 세월이 흐르면서 외국과 무역하는 배가 점차 많아졌지만 과학적인 항해 기법은 알려지지 않았다. 특히 배가 얼마쯤 움직였는지 경도를 알 수 있는 방법이 없었다.

육지에서는 목표물이 있기 때문에 어느 지점을 지나는 임의의 기준(zero point)을 알면 대강의 위치를 계산해 낼 수 있었지만 바다에서는 그럴 수가 없었다. 그래서 당시에는 추측항법과 위도선을 따라 항해하는 평행항법 등이 널리 이용되었다. 이런 방법으로 항해를 하다가 구름이 많이 낀다거나 밤이 되면 뱃사람들은 앞을 제대로 볼 수 없었다. 더구나 갑작스럽게 태풍을 만난다면 난감하지 않을 수 없었다. 따라서 당대의 유명한 탐험가들도 예외 없이 바다에서 길을 잃었는데, 그들은 하나같이 갈팡질팡하다가 간신히 목적지에 닿았고 그때마다 무사한 것을 신의 은총으로 여겼다.

그러던 중 결국 큰 사고가 나고 말았다. 1707년 영국의 쇼벨(Clowdisley Shovell) 장군이 이끄는 4척의 왕실 함선이 시칠리아섬 인근에서 암초에 부딪히는 사건이 발생하였다. 이렇게 되자 실행 가능한 경도 측정 방법을 빨리 찾아야 한다고 난리가 났다. 이때부터 안전한 항해를 위해 경도의 기준선이 절실히 필요하다는 것을 깨달았다. 1714년 영국 왕실과 의회에서는 경도위원회를 열어 경도법(Longitude Act)을 제정하고, 경도를 결정하는 방법을 제안하는 사람에게는 2만 파운드의 상금(경도상)을 주기로 하였다.

경도상은 많은 사람들에게 과학적 흥미를 유발시켰을 뿐만 아니라 기상천외한 제안들이 쏟아졌다. 하지만 대부분의 제안이 경도위원회에서 받아들여지지 않았다. 몇몇 관심 있는 사람들 사이에서는 그리니치를 기준(0°)으로 하고 몇 시간 후에 얼마나 멀리 떨어져 있는지를 아는 어떤 메커니즘일 것이라는 시간 개념이 널리 퍼지기 시작하였다. 하지만 당시의 시계들은 흔들리는 배 위에서 속도가 느려지거나 빨라졌으며, 기온 변화로 윤활유가 묽어지거나 진해지고, 기압의 상승 하락, 중력 차이, 금속 부품들의 수축과 팽창 등 수없이 많은 요인들 때문에 시계가 정확하지 않았다.

한편, 요크셔 출신의 해리슨도 정확한 시계만 있다면 경도 측정이 가능할 것이라고 생각하였다. 해리슨은 정식 교육을 받지 않았지만 20세쯤 스스로 시계 만드는 기술과 이론을 터득하였다. 그도 경도상을 받기 위해 연구에 박차를 가하였지만 여러 차례 실패를 겪었다. 드디어 1730년 해상시계에 대한 기본 계획을 세우고 이를 실행하기 위해 당시 왕실 천문학자였던 핼리(Edmund Halley)를 찾아가 도움을 청하였다. 그리고 핼리로부터 당대의 유명한 시계공이었던 그레이엄(George Graham)을 소개받고, 시계가 완성될 때까지 자금과 기술도 지원받기로 하였다. 힘을 얻은 해리슨은 그때부터 피나는 연구와 노력 끝에 드디어 해상시계인 크로노미터를 완성한 것이다. 이 소식은 전 유럽에 엄청난 반향을 불러일으켰다. 그다음 단계의 시계를 제작하는 데는 약 19년의 세월이 또 흘렀지만 시계의 성능이 좋아지

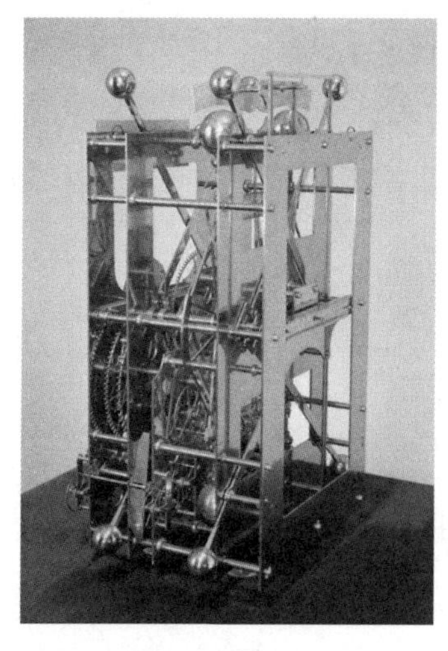

해리슨 시계 녹슬지 않는 소재로 제작되었으며, 윤활유를 치거나 먼지를 청소할 필요도 없었고, 배가 아무리 요동을 쳐도 부품들이 완벽한 균형을 유지할 수 있는 신비의 세계였다. (영국 그리니치 천문대 보관 중)

지 않았을 뿐만 아니라 자금 부족으로 개발이 중단될 위기에 처했다.

1755년 해리슨의 나이도 이미 62세가 되었다. 그는 좀 더 진보된 시계를 개발하기 위해 경도위원회에 자금 지원을 요청했지만 그들은 비우호적이었다. 이는 천문학자들에 의해 하늘에서 경도를 찾을 가능성이 높았기 때문이었다. 천문학계 인사들은 해리슨에게 단순한 시계공이라며 인간적인 모멸감을 주었으며 그의 기술을 질시하였다. 그뿐만 아니라 경도상을 심사하는 위원들도 천문학자가 경도상을 받을 수 있게 시상 규정을 뜯어고쳤다. 반면에 새로 임명된 왕립천문대장인 매클린(Nevil Makelyne)은 다른 천문학자들의 반대와 방해에도 불구하고 해리슨의 경도 개발 자금 요청서에 추천서를 써 주었다. 이에 힘을 얻은 해리슨은 그 후 다시 연구를 시작하여 H-4 시계를 만들었다. 하지만 경도위원회에서는 경도상을 수여할 수 없다고 잘라 말했다. 화가 난 해리슨은 시계의 비밀을 전 유럽에 공개하여 다른 시계 제조업자가 자기의 시계를 복사하여 만들 수 있도록 하겠다고 엄포를 놓았다. 일부 해리슨 옹호자들도 해리슨 시계를 더욱 발전시켜 디자인을 고치고 대량생산의 길을 열게 되자, 조지 3세는 해리슨을 만나 자기가 직접 그 시계를 검증하기로 약속하였다.

그리하여 1772년 5월부터 10주 동안 왕실에서 직접 해리슨의 시계를 실험하였는데, 하루에 평균 1/3초 정도의 오차가 나는 것을 확인하였다. 그뿐만 아니라 세 차례에 걸쳐 세계 일주를 한 제임스 쿡을 통해 해상 실험을 병행한 결과 시계의 성능은 거의 완벽한 것으로 입증되었다. 그런데도 경도위원회에서 상금을 줄 생각을 하지 않자 왕실에서는 특별재정위원회를 열어 해리슨에게 8750파운드를 지급하라는 결정을 내렸다. 비록 학문적으로 인정받지 못하고 정상적인 경도상을 받지 못하였지만 세계는 그를 '경도를 발견한 사람'으로 인정하게 되었다. 약 40년에 걸친 정치적 음모, 학문적 중상모략, 국제적 전쟁, 과학적 변혁기, 경제적 격변기 등 수많은 어려움을 이겨 내고 정확한 시계를 만들어 내어 경도선을 결정하는 데 도움을 준 해리슨은 비록 시계공이었지만 천문학의 수준을 한 단계 끌어올린 사람이다.

아이디어로 일군 선박조선사업
-조선소

우리나라 조선소의 역사는 현대중공업(구 현대건설 울산조선소)의 역사와 맥을 같이하는데, 1970년 3월에 조선소 설립을 위해 현대건설 내에 조선사업부를 발족하였다. 또한 세계의 조선 산업도 우리나라의 조선 산업과 관련이 있는데, 그 정점에 고(故) 정주영 회장이 있다.

당시 정주영 회장은 박정희 대통령의 지시로 울산의 모래벌판에 조선소를 건설하기로 한다. 공장이 들어설 울산의 항공사진과 거북선 그림이 새겨진 500원짜리 지폐를 들고 영국에 가서 4500만 달러를 빌려 온 것은 유명한 일화로 남아 있다.

당시 정주영 회장도 조선소 설립을 그다지 호감 있게 생각하지 않았지만, 박정희 대통령의 고집을 꺾을 수 없었다고 한다. 대통령의 지시에 정주영 회장도 계속 고집을 부릴 수가 없어서 마음을 접고 건설을 시작하여 1972년 3월에 기공식을 하고 1974년 6월에 준공식을 가졌다.

정치인들도 불가능한 일이라고 극구 반대하고, 국내외 언론과 여론은 20~30만 톤급 선박을 건조할 수 있는 대형 조선소를 건설한다고 하자 다들 '미친 짓'이라고 하였다. 당시 한국이 건조한 최대의 선박은 대한조선공사가 건조한 1만 7000톤에 불과하였다. 대형 선박 건조 기술이 없는 데다 엄청난 투자비를 마련할 방법도 없었다. 그러나 정주영 회장은 미포만의 사진과 외국에서 빌린 26만 톤급 유조선 설계 도면을 들고 차관 도입과 수주 활동에 나선 것이다. 우여곡절 끝에 영국 버클레이즈 은행에서 차관 승인을 받은 다음, 그리스 리바노스사(현 선엔터프라이즈사)에 가서 26만 톤급 유조선 두 척을 수주하는 데 성공하였다. 세계 조선사상 유례가 없는 공장 건설과 선박 건조를 동시에 시작한 것이다.

1976년 사우디아라비아가 발주한 주베일 항만 공사는 당시 우리나라 예산액의 절반에 맞먹는 9억 3000만 달러(당시 환율로 약 4600억 원)였다. 공사를 진행하던 정주영 회장은 또 하나의 아이디어를 구상해 냈다. 모든 기자재와 콘크리트 슬래브를 울산조선소에서 제작해 대형 바지선으로 현장까지 운반한다는 계획이었다. 당시 오일쇼크로 일감이 없던 울산 현대조선소에 일거리도 주고, 경비도 줄이는 등 공사 기간을 줄이기 위해 내놓은 극약 처방이 오히려 대성공을 거둔 것이다. 실제로 19차에 걸쳐 이루어진 바지선 운반 작업은 대성공을 거두었다. 당시 외국 보도에서도 '20세기 최대의 역사'라고 표현하였다. 정주영 회장의 이런 아이디어가 현대건설뿐만 아니라 현대조선소를 먹여 살리고 살찌워 오늘날 세계 제일의 조선소로 발전시켰다.

선진국의 경우 조선소 건설에 걸리는 기간은 짧게 잡아도 3년이 걸리는데, 현대조선소는 조선 사상 유례없는 1년 3개월 만에 대규모 조선소를 탄생시킨 것이다. 1974년 6월 28일 준공식과 더불어 수주한 배 두 척(애틀랜틱 배런, 애틀랜틱 배러니스)의 명명식도 함께 거행하여 조선소 건설과 동시에 배를 진수시키는 전무후무한 기록을 세웠다. 정주영 회장은 그해 11월 수출의 날 기념식에서 우리나라 사상 처음으로 1억불 수출탑을 받았다.

우리나라의 조선 역사는 1937년 조선중공업으로 설립되어 1949년 명칭이 변경된 대한조선공사(大韓造船公社)가 효시이다. 대한조선공사는 1989년에 한진중공업으로 승계되었다. 한진중공업은 필리핀 수빅만 경제자유구역 내의 257만 ㎡ 부지에 초대형 선박 건조가 가능한 수빅 조선소를 2007년 12월에 1단계 건설 완료하였다.

대우조선해양은 1973년 대한조선공사 옥포조선소로부터 출범하여 1977년 소조립공장을 준공하고, 1978년에 대우조선 창립기념식을 거행하였다. 삼성중공업도

1973년부터 조선사업에 관심을 가지고 1974년에 설립 인가와 1976년에 창원에 대단위 플랜트 설비 및 기계공장 1단계 공사를 착공하였다가 1977년 우진조선(구 고려조선)을 인수하고, 정부가 거제도를 조선공업단지로 지정 육성한다는 방침에 따라 거제에 자리 잡았다. 1973년에는 조선 해양 분야의 세계 최고 기업인 현대중공업이 설립되었고 1975년에는 수리조선소로 출발한 현대미포조선소의 건설, 그리고 1992년 목포의 한라중공업을 인수 합병한 현대삼호중공업 등 지금은 3개의 조선소가 있다. 이들 조선그룹사는 영업, 기술 개발, 설계, 구매 등의 업무를 통합 운영하여 시너지효과를 극대화함으로써 세계 조선 해양 산업을 선도하고 있다.

선박의 흔적

2004년 경상남도 창녕군 부곡면 비봉리 유적에서 8000년 전의 것으로 추정되는 나무배(木舟)가 발견되었고 2012년에는 우리나라에서 가장 오래되었다는 통일신라시대의 영흥도선이 출토되었다고 한다. 현재로서는 영흥도선과 안압지의 배(8세기)가 가장 오래되었다고 한다. 이는 일본에서 가장 오래된 배보다도 무려 2000년 이상 앞서 있다. 또한 지금으로부터 약 8000년 전 신석기시대의 것으로 보이는 배와 노(櫓)가 경상북도 울진군 죽변면 죽변리에서 발견되었다고 한다. 한국뿐만 아니라 세계에서도 가장 오래된 것으로 알려진 이 배와 노는 2010년 울진군 도시계획사업으로 도로부지에 포함된 지역의 출토 유물을 정리하는 과정에서 확인하였다고 한다. 하지만 두 지역에서 발견된 배 유물은 완벽한 형태의 배가 아니고 나무배의 조각을 발견하였기 때문에 국제적으로 그 가치를 인정받기 쉽지 않다.

전 세계를 이어 주는 운송 수단
-선박

20세기 들어 국제무역의 활성화 및 다양화로 선박의 종류도 많이 세분되었다. 여객선도 순수 여객만을 실어 나르는 일반 여객선과 차량을 함께 운반하는 페리선(ferry boat), 유람을 위해 각 항구와 나라를 돌아다니는 대형 크루즈선 등으로 나뉜다. 화물선은 물기가 없는 화물을 운반하는 컨테이너선(container ship), 곡류·광물·시멘트 등을 실어 나르는 벌크선(bunk carrier), 화물을 적재한 트럭이나 트레일러를 수송하는 Ro-Ro선(roll on/roll off), 화학제품 운반선(chemical tanker), LPG/LNG선, 원유탱크선 등 그 종류가 아주 다양하다. 다목적선(multi-purpose vessel)으로는 케이블·파이프 설치용 선박, 해양조사선, 해양공사선 등이 있고, 공공 선박(service vessel)으로는 수로안내선, 해안감시선, 병원선, 쇄빙선(ice breaker), 해군 군함 등이 있다. 이 외에도 고기잡이 어선, 각종 공사나 다이빙을 지원해 주는 바지선, 유람과 항해를 위한 요트선 등 다양한 선박이 있다.

이렇게 다양한 선박을 쉽게 구분하기 위해 초창기 유럽에서는 배의 이름 앞에 종류를 나타내는 영문 이니셜을 붙였다. 지금도 옛날 역사를 조사하다 보면 심심찮게 보인다. HMS는 'His/Her Majesty Ship'의 약자로, 영국을 비롯한 영연방 국가에서 국왕을 모시는 국가의 군함 앞에 붙인다. 가장 유명한 타이태닉호(RMS Titanic)는 증기를 동력으로 사용하였기 때문에 'SS(Steam Ship)'라야 되지만 'RMS (Royal Mail ship)'가 붙어 있다. 그 이유는 당시 항공 운송이 발달하지 못했기 때문에 유럽과 미국 간 우편물 운송을 여객선이 하였는데, 우편물 운송은 아무 여객선에

나 맡기지 않았다. 당시 우편물 운송은 정부의 허가를 받은 배만 운반할 수 있었으며, 이러한 배들을 RMS(Royal Mail Ship)라고 표현하였다. 타이태닉호는 우편물을 운송할 수 있는 자격을 얻었는데, 이때 자매선 두 척도 RMS 선박 자격을 얻었다.

- CS: Cable Ship(케이블 운반선)
- FIS: Fisheries Investigation Ship(어업감시선)
- HMS(또는 HM): His/Her Majesty Ship(영국 전함, 군함)
- LPG: Liquefied Petroleum Gas carrier(액화석유가스 운반선)
- LNG: Liquefied Natural Gas carrier(액화천연가스 운반선)
- MFV: Motor Fishing Vessel(엔진 낚싯배)
- MS: Motor ship(엔진 선박)
- MV: Motor Vessel(엔진 선박)
- MT: Motor Tanker(엔진 탱크선)
- MSV: Motor Stand-by Vessel(대기선)
- MY: Motor Yacht(엔진 요트)
- RMS: Royal Mail Ship(우편물 수송 허가 선박)
- RRS: Royal Research Ship(왕립연구선)
- RV: Research Vessel(해양조사선)
- SS: Steam Ship(증기선)
- SV: Sailing Vessel(범선)
- USS: United States Ship(미국 해군 군함)

민간 유엔선

독일의 비영리 국제구호단체(Good Books for All, GBA)에서 '모든 사람에게 좋은 책을'이라는 모토를 걸고 운영하는 둘로스호(Doulos of christ: 그리스도의 종)는 타이태닉호보다 2년 늦은 1914년에 미국에서 건조되었다. 현존하는 세계 최고령 여객선으로 기네스북에 올라 있는 이 배에는 50개 국가 350여 명의 자원봉사자들이 승선해 활동하는 것으로 알려져 있다. 독일 선적으로 길이 130m, 폭 16m, 총 6818톤인 둘로스호는 세계 각국을 돌며 선교 활동과 서적 판매를 하는 민간 유엔이라고 한다. 자원봉사자들의 임기는 2년이며, 구성원 중 매년 90명이 새로운 자원봉사자와 바뀐다. 보통 여객선의 수명이 40년 안팎인데, 사람으로 치면 100세 장수한 셈이다. 우리나라에는 1992년, 2001년, 2007년 등 세 번에 걸쳐 인천, 군산, 목포, 포항, 부산 등에 입항하였는데, 2010년에 퇴역하고 새로운 배로 바뀌었다고 한다.

문명을 전파한 갈대배
-파피루스배

노르웨이의 인류학자 토르 헤위에르달(Thor Heyerdahl, 1914~2002)은 잉카인들이 남아메리카에서 태평양을 횡단해 폴리네시아까지 갔을 것으로 추측했다. 남아메리카 잉카 문명은 고대 이집트에서 전파되었다는 것도 알려졌다. 이를 증명하려고 뗏목배 콘티키호를 타고 태평양과 대서양을 건넜던 것이다. 1914년 오슬로 근처 라르비크(Larvik)에서 태어난 그는 동물학을 전공하였지만 폴리네시아 문명과 잉카 문명의 상관관계에 빠져들었다. 그래서 남태평양의 외딴섬 파투히바(Fatu Hiva)에서 1년쯤 지내며 바다 생물을 연구하다가 23세 때 직접 뗏목을 만들어 타고 태평양을 건너기로 결심하였다. 1947년 4월 28일 뜻을 같이한 젊은이 5명과 함께 콘티키호를 타고 페루를 떠나 남태평양 8000㎞를 횡단해 101일 만에 폴리네시아의 라로이아(Raroia) 산호섬에 닿았다. 이로써 그는 남태평양의 여러 섬 문화가 남아메리카에서 건너왔음을 증명하였다. 옛날과 똑같은 환경에서 똑같은 도구와 수단을 써서 이동 경로를 증명한 것이다.

고대 이집트인들도 파피루스(papyrus)로 만든 갈대배를 타고 대서양을 건너 남아메리카로 건너갔을 것이라고 생각한다. 갈대배는 성경에도 나오고 피라미드 벽화에도 등장한다. 아직도 아프리카 오지에서는 이 배를 이용하여 고기를 잡는다. 헤위에르달은 1969년 갈대배 라호(Ra)를 만들어 두 번째 모험에 나섰으나, 배는 모로코를 떠난 지 55일 만에 4260㎞를 항해하고 가라앉고 말았다. 그는 1970년 5월 라 2호(Ra II)를 만들어 두 번째로 모로코 사피항(Safi)을 떠났다. 도중에 산더미 같은 파도와 만났지만 5232㎞를 항해하여 57일 만인 7월 6일 드디어 서인도 제도의 바베이도스(Barbados)섬에 닿았다. 이 배도 콘티키호처럼 노르웨이의 박물관에 전시되어 있다. 헤위에르달은 1977~1978년에도 갈대배 티그리스호를 만들어 고대 메소포타미아 지역에서 페르시아만과 아라비아해를 거쳐 홍해까지 6720㎞를 항해해 고대인들의 무역과 문명 전파 경로를 탐사하였다.

정상적인 배의 형태는 아니지만 인류가 초기에 이동 수단으로 이용했을 뗏목은 주로 벌채된 원목을 하류로 이동시킬 때 많이 이용하였다. 원목의 가지를 치고 원목끼리 단단히 묶어서 뗏목을 만든다. 뗏목이 작으면 1명, 뗏목이 큰 경우에는 2~5명이 타고 긴 막대를 이용하여 뗏목이 바위에 부딪히지 않도록 유도하면서 운반하는데, 이렇게 물의 흐름을 이용하여 뗏목을 하류로 운반하는 방법을 '벌류(筏流)'라고 한다. 벌류는 우리나라에서는 압록강 중상류의 무성한 산림에서 벌채된 목재를 하류로 운반하던 것이었으나, 지금은 운송 수단의 발달로 거의 이용되지 않고 있다.

바다 밑에 숨어 다니는 배 -잠수함

물속으로 다니는 배를 일반적으로 잠수함(潛水艦)이라고 하는데, 이때 함(艦)은 전투용 배, 정(艇)은 거룻배 정도로 해석할 수 있다. 경기용 배를 일컫는 조정(漕艇)에서 '정'을 쓰는 것도 이 배가 작기 때문이다. 이를테면 잠수용 배를 잠수함과 잠수정으로 구분하는 식이다. 구분 기준은 300톤이다. 300톤을 기준으로 그 미만은 '정'이고, 300톤부터는 '함'이라고 하지만, 잠수정의 기준을 500톤으로 보는 견해도 있다. 그리고 잠수라는 말은 '숨는다'라는 뜻을 가진 관용구이다. 제1차 세계대전 때 독일이 상선을 공격하면서 처음 알려진 잠수함은 전쟁에서는 어뢰(魚雷)라는 수중 미사일을 기본적인 무기로 사용한다. 잠수함은 제2차 세계대전 때에도 상당히 중요한 역할을 하였다. 특히 대서양에서는 독일의 잠수함이, 태평양에서는 미국의 잠수함이 많은 활약을 하였다. 그 후 여러 단계의 발전 과정을 거쳐 1960년대에는 핵추진 잠수함이 개발되었는데, 이 잠수함은 한번 잠수하면 수면에 떠오르지 않고도 수개월 동안 잠수가 가능하였다. 이때부터 장거리 미사일을 발사할 수도 있어서 잠수함이 중요한 전략무기로 발전해 왔다.

최초의 군용 잠수함인 터틀(Turtle)은 1776년 미국 독립 전쟁 때 발명가 데이비드 부슈널(David Bushnell, 1740~1824)이 만들었다. 영국 해군도 잠수함을 만들었다는 이야기가 있지만, 그 잠수함은 바다에 가라앉아서 떠오르지 못했기 때문에 제 역할을 다했다고 말하기가 어렵다. 터틀은 양조용 큰 나무통에 타르를 발라 방수하여 만들었는데, 적함에 접근하여 수동 드릴로 구멍을 내어 기뢰를 부착해 놓고 터

트리게 되어 있었다. 추진은 발로 젓는 오리배 방식으로 1인승이었다. 아무튼 현재 잠수함이 갖추어야 할 것은 다 갖춘 어엿한 잠수함이었다. 적함을 격침시킨 최초의 기록은 1864년 남북 전쟁 당시 남부연합군 잠수함인 헌리(Hunley)였다. 이 잠수함은 헌리 대위가 개발하였는데, 2000년에 인양되어 당시 돌아오지 못한 원인에 대한 연구가 진행되었다고 한다.

잠수함 홀랜드(Holland)는 미국 해군에서 처음으로 취역한 잠수함으로, 함명은 개발자였던 존 필립 홀랜드(John Philip Holland, 1840~1914)의 이름에서 따왔다. '홀랜드 VI'는 1896년 뉴저지주 엘리자베스에서 만들어 미국 해군에 인도되었는데, 이 배는 '홀랜드 SS-1'이라는 정식 명칭을 부여받았으며 초대 함장에는 해리 콜드웰 중위가 맡았다. 홀랜드는 다른 나라의 잠수함 건조에도 영향을 끼쳤는데, 영국 해군도 도입하였으며 일본도 수입 후 자국에서 조립해 제1호 잠수함으로 운용하였다.

당시 세계정세를 주도하던 영국은 잠수함을 두고 비신사적이고 야만적인 무기라 하였다. 왜냐하면 당시 교전 조약에는 "군함은 적함을 격침시킬 때, 해당 함정의 승무원들을 모두 구조한 다음에 침몰시켜야 한다."라는 조항이 있었기 때문이다. 그런데 잠수함은 몰래 다가가서 적함을 격침시키고, 승무원들을 구조할 수 없었기 때문에 비난받은 건 당연한 일이었다. 심지어 독일까지도 영국의 생각에 찬성했지만, 나중에 U보트(U-Boot)라는 잠수함을 사용했는데, 이는 제2차 세계대전 중 독일 해군의 주력 잠수함이었다.

세계 최초의 해양조사선
-챌린저호

19세기에 해양학 분야에서 가장 의미 있는 사건은 1872년 12월 7일부터 1876년 5월 26일까지 해양 자료 수집을 위해 장기간 실시한 해양 조사였다. 영국 해군과 영국왕립학회가 공동으로 연구를 진행한 이 탐험선은 길이 69m, 무게 2306톤의 목제 코르벳함(Corvette: 경무장을 한 작은 군함)인 챌린저호였다. 이 배는 대서양을 항해하고 희망봉을 돌아 인도양을 횡단하였다. 1875년 일본 근해를 지나 태평양을 가로지르고 마젤란해협을 거쳐 1876년 귀항할 때까지 약 12만 7000㎞를 항해하였다. 그뿐만 아니라 챌린저호는 증기선이지만 바람을 이용하여 남극권까지도 항해하였다.

선장은 군인이자 탐험가인 네어스(George Nares, 1831~1915) 경이, 과학 연구 책임자는 에든버러대학교의 톰슨(Charles Thomson, 1830~1882) 교수가 맡았다. 이 항해는 8000m 이상의 깊은 수심을 측정하고 필리핀 마리아나해구의 챌린저해연을 발견하는 등 괄목할 만한 과학적 업적을 이루었다. 챌린저호는 362개의 기지에서 관찰 자료를 모았으며, 492개소에서 수심 측정을 실시하고, 133개소의 퇴적물 및 암석을 채취하였다. 또한 4700종의 새로운 생물을 발견하여 기록하는 등 인류사에서 가장 의미 있는 일을 해냈다. 챌린저호의 탐험으로 대양의 수온 분포와 해류의 파악, 대해분의 깊이와 수심선을 작성하였고, 수로도 작성과 측량, 생물학적인 조사 등도 함께 진행되었다. 챌린저호 탐험으로 알려진 사실들을 보충하는 탐험도 몇 차례 더 있었지만 새롭게 바뀐 사실들은 별로 없었다. 이때 실시한 탐험은 정확

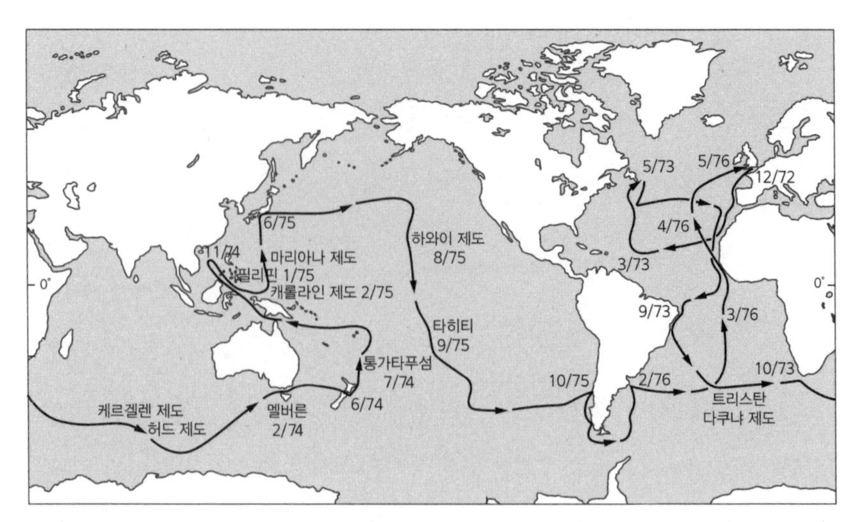

챌린저호의 항적도

성이 인정되어 해저 탐험 역사에 신기원을 이루었다.

챌린저호에 승선한 6명의 과학자는 각종 측정, 분석, 생물 채집, 바닷물과 해저 퇴적물 채취 등 다양한 해양 자료를 수집하였다. 귀국 후 이 자료들은 무려 23년에 걸쳐 연구 분석하여 2만 9500쪽의 챌린저호 과학탐험결과 보고서(Report on the Scientific Results of the Voyage of H.M.S Challenger, 1895년) 50권을 작성하였다. 당시 수집된 많은 정보 가운데 일부는 현재도 사용되고 있는데, 특히 1874년에는 심해 바닥에 널려 있는 망간단괴를 발견하는 큰 성과도 거두었다.

바다 위를 날아다니는 배
-위그선

바다에서 아무리 빠른 속도로 달려도 일반적인 배는 육지의 차량보다는 속도가 느린 편이다. 그러나 기술의 발전에 따라 자동차는 물론 소형 비행기만큼 빠른 배가 나오고 있다. 즉 물 위를 스치면서 날아가는 위그선(Wing In Ground effect craft, WIG)인데, 최고 시속이 550㎞로 물 위를 살짝 떠서 날아간다. 물갈퀴와 노를 사용하면서부터 출발한 배의 역사가 위그선까지 오게 된 것이다. 1930년경 핀란드의 카아리오(Kaario)에 의해 초보적인 위그선이 개발된 다음, 독일을 비롯하여 서방 여러 나라에서 400노트까지 속도를 낼 수 있는 위그선이 개발되었다. 소련은 군사 목적으로 1960년대부터 개발하였으며, 미국에서도 첩보를 목적으로 1976년에는 시속 550㎞로 날아 달리는 물체를 만들었다. 보통의 선박은 시속 90㎞가 이상적인 속도이다. 그런데 당시 미국에서는 이 배를 'Sea Monster'라고 명명하였지만, 경제성이 없다는 이유로 개발에 적극적이지 않았다.

위그선이 이렇게 빨리 달릴 수 있는 것은 바다 위를 2~3m가량 떠서 날아가기 때문이다. 날아다니기 때문에 배가 아니고 비행기라고 주장하는 사람들도 있지만, 위그선은 분명 바다 위를 떠서 고속으로 이동할 수 있는 선박임에 틀림없다. 왜냐하면 위그선은 1990년대 후반 국제해양기구(International Maritime Organization, IMO)와 국제민간항공기구(International Civil Aviation Organization, ICAO)의 협약에 따라 선박으로 분류되었기 때문이다. 국제해사기구는 바다에서 고도 150m 이하로 움직이는 기기를 모두 선박으로 분류하고 있다.

시험운행 하고 있는 위그선 '해나래 X1'

위그선은 수중 날개는 효율이 떨어지지만 공기 중으로 날아가는 날개는 수면에 가까워질수록 효율이 높아진다는 점에 착안하여 개발되었다. 날개의 표면이 지면에 바짝 붙을 경우 날개 아랫부분에 공기가 갇혀 양력(중력과 반대 방향으로 비행기 위로 향하는 힘)은 올라가나 저항은 양력의 증가에 비해 덜 증가한다. 다만 높은 파도가 치는 바다에서는 물 위로 떠오르기 전 저항의 증가로 목표 속도에 도달하지 못하여 이수와 착수가 어렵고 파도 높이가 다소 높으면 운항을 할 수 없다는 단점도 있다. 위그선은 흔들림이 없기 때문에 뱃멀미가 없으며, 공항 시설을 따로 설치할 필요가 없다. 위그선 개발에는 고속 선박 기술이 2/3, 항공 기술이 1/3 정도 필요하다. 연료비도 기존 항공기의 절반 수준이고 물 위를 스쳐 날아가기 때문에 안전에도 유리하지만, 현재로서는 경제성이 없다고 지적된다.

우리나라는 1993년 한·러 과학기술교류사업으로 러시아 위그선 기술이 도입되었다. 2001년에는 한국해양연구원과 벤처기업 ㈜인피니티가 공동 개발한 4인승 위그선 시운전에 성공하였다. 2005년 민군 겸용 20인승 위그선과 시속 250㎞의 200인승 위그선의 기본 구상과 설계를 완료하고 곧 개발을 완료할 예정이었다. 하지만 대형 위그선 개발 프로젝트에 참가했던 STX조선·STX엔진·21세기조선 등 7개 컨소시엄이 사업을 포기하였다. 2007년에는 고성 당항포 대첩축제 개막식에 맞추어 한국해양연구원에서 설계한 20인승 위그선이 사람들에게 공개되었지만,

개발에 뛰어들었던 업체들이 경제성을 이유로 더 이상 추진하지 않았다.

수면비행 선박인 위그선은 선박보다는 고가이지만 비행기보다는 저가로 예상되기 때문에 앞으로 우리나라에서 1000㎞ 이내의 근거리 수송 시스템으로 발전할 가능성이 크다. 위그선은 빠르다는 선박보다 고속이고 파도의 영향을 덜 받으며, 비행기보다 연료 소비가 50% 정도 적게 소모된다. 또한 비행장 등 인프라를 구축할 필요가 없으므로 새로운 교통수단으로 이용이 가능하다. 특히 육지와 도서 간 교통수단뿐만 아니라 레저·관광용, 응급구조용, 해상 작전용 등 해경 및 군용으로도 활용이 가능하다. 우리나라에서도 2020년 6월 초에 위그선이 개발되었다. 해상 이·착륙이 가능하며 수면 위를 운항하는 차세대 선박인 위그선이 선진 여러 나라를 제치고 상용화에 성공하였다. 3월 31일 아론비행선박산업(주)의 8인승 위그선 'M80' 기종이 수면비행안전검사기준을 통과하고 건조승인을 받았다고 한다. 이 위그선은 해상 관광, 여객 운송, 해양경찰 등으로 다양하게 이용이 가능하다. 예를 들어 울릉도를 가려면 현재는 쾌속선을 타고 3시간 30분가량 소요되지만 위그선을 이용하면 뱃멀미 없이 포항에서 1시간이면 울릉도에 도착할 수 있다고 한다.

1노트

노트(Knot, kt)는 바다에서 배의 속도를 나타내는 단위로서 1시간에 1해리, 즉 1852m를 달리는 속도를 말한다. 따라서 시속 30노트인 배는 1시간 동안 약 55.5㎞를 항해할 수 있다. 17세기 영국의 천문학자 E. 건터는 지구 표면, 즉 구면(球面) 위를 항해하는 편의를 위해 위도 1°의 평균 길이를 1해리로 정하였다. 그 거리는 위도에 따라 다르기 때문에 나라마다 차이가 있었는데, 1929년에 열린 국제수로회의에서 1해리를 1852m로 통일하였다. 이로써 1해리, 즉 1852m가 배의 속도인 노트의 기준이 되었다.

얼음 바다를 다니는 배
-쇄빙선

북극 바다는 항상 얼음으로 덮여 있으므로 선박이 다니기에는 아주 부적절하다. 물동량이 많은 유럽과 아시아 사이의 운송비를 줄이기 위해 단축 코스인 북서항로를 개척하였지만 일상적으로 이용하기에는 많은 어려움이 따랐다. 지금도 바다가 꽁꽁 어는 겨울철에는 보통 선박으로는 다니기 어렵다. 이에 대응하기 위해 스스로 얼음을 깨면서 가는 쇄빙선이 개발되었다. 쇄빙선은 북극해처럼 얼어 있는 바다에서도 독자적으로 항해가 가능할 뿐만 아니라 일반 선박에게 항해할 수 있는 길을 뚫어 주는 역할도 한다. 또한 운항하던 선박이 얼음에 갇힐 경우 이를 구조하는 역할을 수행하기도 한다. 독자적인 쇄빙 능력은 없지만 선체의 외벽 철판을 튼튼하게 만들어 빙산과 유빙이 산재한 지역을 운항할 수 있는 내빙선(Icestrengthed vessel)도 개발되었다. 이 배는 얼음이 조금 녹는 여름철에 쇄빙선 대신 운행이 가능하며, 가끔은 쇄빙선을 앞세우고 뒤따라 운항하기도 한다.

쇄빙선은 일반 선박에 비해 쇄빙하는 부분인 배 앞부분의 폭이 넓은 것이 특징이다. 무엇보다 얼음을 깨고 전진해야 하므로 일반 선박에 비해 구조적으로 튼튼하며 엔진 출력도 크고 얼음을 쉽게 깰 수 있는 선형으로 되어 있다. 또한 얼음에 부딪쳐도 안전하도록 선체의 외벽이 매우 두꺼운 철판으로 되어 있을 뿐만 아니라 최근에는 환경을 보호하고 안정성을 강화하기 위해 의무적으로 이중 선채로 설계하기도 한다. 쇄빙선은 빙판 위에 올라가 그 중량을 이용하여 빙판을 깨뜨리므로 무게중심을 쉽게 옮기는 별도의 장치도 필요하다.

쇄빙선에는 부서진 얼음 조각들이 선체에 부딪혀 진행을 방해하지 않도록 선체 옆에서 물이나 공기를 뿜는 분사 장치가 있다. 아무리 잘 만들어진 쇄빙선이라 하더라도 극지 해역을 항해하기 위해서는 항해 지역의 얼음 상태 및 유빙에 대한 정보를 파악하는 것이 필수적이다. 인공위성 등을 통해 항해 지역의 얼음 및 기상 상황에 대한 정보를 입수하거나 헬기 등을 사용하여 사전에 전방을 정찰한 후 얼음이 두꺼운 지역을 미리 피하고 얼음이 깨어져 있거나 상대적으로 얇게 얼은 지역으로 항해하는 것이 보통이다.

초기 쇄빙선은 얼음을 깨고 항로를 개척하는 것이 아니라 빙산 및 유빙의 충격으로부터 배를 보호할 수 있는 내빙선 수준이었다. 1800년대 초·중반 북극 항해를 위해 사용된 쇄빙선은 유빙과 수시로 충돌하는 외판을 두 겹으로 제작하거나 철판의 강도를 높이거나 선수, 선미 및 용골을 철판으로 제작하여 얼음에 부딪힐 때 생기는 충격과 압력을 견딜 수 있도록 제작되었다. 증기 엔진을 장착한 최초의 쇄빙선 파일럿(Pilot)은 1864년에 러시아에서 제작되어 북극 탐험에도 참여하고 스칸디

주요 쇄빙선

이름	보유국	길이	톤수	연도	비고
레닌(Lenin)	러시아	134	16,000	1959	최초의 원자력 쇄빙선
ARA 알미란테 이리자르 (ARA Almirante Irizar)	아르헨티나	121.3	14,899	1978	1m 두께 쇄빙 가능
폴라스턴(Polarstern)	독일	118.0	17,300	1982	1.5m 두께 쇄빙 가능
폴라 듀크(Polar Duke)	노르웨이	66.8	1,696	1983	
오로라 오스트랄리스 (Aurora Australis)	오스트레일리아	94.9	6,574	1991	
너새니얼 B. 파머 (Nathaniel B.Palmer)	미국	93.9	6,640	1992	
제임스 클라크 로스 (James Clark Ross)	영국	99.0	5,731	1992	
폴라비오르(Polarbjorn)	노르웨이	89.7	3,500	2001	

자료: 극지연구소

나비아반도의 여러 나라와 러시아 사이에 물자 수송과 자원 개발에도 이용되었다. 그 외에 증기 쇄빙선으로는 에르마크(Yermak), 시비르야코프(A. Sibiryakov), 바이가치(Vaygach), 타이미르(Taymyr), 말리진(Malygin) 등 다수가 있는데, 대부분이 북극해와 인접한 러시아 소유이다.

20세기에 들어서는 여러 나라에서 쇄빙선을 제작하였다. 1959년에 러시아에서 최초의 원자력 쇄빙선 레닌호를 만들어 취항하였다. 특히 핀란드의 쇄빙선 건조 기술은 세계 최고 수준이다. 쇄빙선이 제자리에서 180° 방향 전환이 가능할 뿐만 아니라 모든 방향에서 얼음을 깰 수 있도록 설계되었다. 미국의 경우 제2차 세계대전 중 처음으로 건조한 4척의 쇄빙선이 있었다. 1970년대부터 세계 최고의 쇄빙 능력을 갖춘 폴라 클래스(Polar class) 쇄빙선을 운영하고 있다.

최근 미국, 러시아를 비롯한 세계 각국이 보유하고 있는 쇄빙선은 대략 40여 척 정도이나 대부분이 북극항로 개척과 북극해 자원 개발, 해양환경 연구, 석유 탐사 등에 이용하고 있으며, 10여 척 정도만 남북극의 연구용 쇄빙선으로 운항되고 있다. 1980년대 이후 경쟁적으로 쇄빙선을 건조하기 시작하여 현재에는 남극에 상설기지를 두고 있는 대부분의 국가가 자국의 쇄빙선을 보유하고 있다. 남극기지 보유국의 쇄빙선들은 얼음을 쇄빙하여 자국기지에 물품을 보급할 뿐 아니라 남극 해역에서의 연구 활동에도 쓰이고 있다.

아라온호

우리나라의 첫 쇄빙연구선인 아라온호(Araon)는 순수 우리 기술로 건조되어 2009년 11월 6일에 진수하였다. 남북극 지역의 결빙 해역에서 독자적으로 운행할 수 있을 뿐만 아니라 남북극기지에 대한 보급과 장보고과학기지 건설에도 참여했다. 바다를 뜻하는 순수 우리말 '아라'에 모두라는 뜻의 '온'을 붙인 아라온호는 순수 우리말이다. 길이 111m, 폭 19m, 7507톤으로 경제속도는 12노트이고 항속거리는 약 2만 해리 정도 된다. 배의 앞쪽에 있는 아이스 나이프는 두께 1m의 얼음을 깨고 시속 3노트의 속도로 항해할 수 있다. 선내에는 지질 환경, 자원 연구, 해양 생물 연구, 고해양 및 고기후 연구, 대기 환경, 극지 환경 모니터 등 60여 종의 첨단 연구 장비가 설치되어 있다. 운행은 남북극의 기후를 감안하여 남극의 여름철인 10월부터 이듬해 4월까지는 남극세종기지와 장보고기지에 물자 보급 및 연구를 위해 항해하고 북극의 여름철인 7월부터 8월까지는 북극기지에 연구을 위해 항해한다. 나머지 기간에는 모항인 인천에서 유지보수, 정비, 휴식, 대기 중이다.

아라온호의 모습

도시를 싣고 다니는 배
-크루즈선

크루즈선은 순전히 승객만을 싣고 운행하는 여객선이나 관광선과는 다르다. 우선 선박의 크기가 엄청나다. 짧게는 3~4일, 보통은 10여 일~1개월, 길게는 3~ 6개월까지 배를 타고 전 세계를 유람하는 것으로 떠다니는 호텔과도 같다. 배 안에는 숙소와 식당, 목욕탕, 수영장, 각종 운동 시설, 오락 게임장, 노래방, 미용실, 병원 등 없는 것이 없다. 배가 워낙 크기 때문에 도시처럼 시설도 복잡하고 높이도 보통 10층이 넘는다. 크루즈선은 주로 서양 사람이 많이 이용하는 편인데, 최근 들어 동북아 쪽의 항구나 우리나라에도 크루즈선이 가끔 정박하여 관광객이 내리고 타기도 한다. 다음 표는 크고 호화스러운 대표적인 크루즈선 자료이다. 선정 기준에 따라 순서는 조금씩 다르지만 대체적으로 규모가 큰 선박들이다. 세계적으로 초대형

주요 크루즈선

배 이름	중량(톤)	승객(명)	승무원(명)
오아시스 오브 더 시즈(Oasis of the Seas)	220,000	5,400	2,165
퀸 메리 2(Queen Mary II)	148,528	2,620	1,253
디즈니 드림(Disney Dream)	128,000	4,000	2,000
프리덤 오브 더 시즈(Freedom of the Seas)	154,407	4,730	1,360
스플렌디다(Splendida)	138,000	3,959	1,325
노르웨이지안 에픽(Norwegian Epic)	150,000	4,228	1,690
셀러브리티 이클립스(Celebrity Eclipse)	122,000	2,850	1,250
보이저 오브 더 시즈(Voyager of the Seas)	137,276	3,114	1,180
카니발 드림(Carnival Dream)	130,000	3,646	1,367
다이아몬드 프린세스(Diamond Princess)	115,875	2,674	1,238

크루즈 선박이 연이어 만들어지는 추세이므로 중량이나 규모의 순서가 언제 바뀔지 알 수 없다.

바다 위의 특급 호텔인 크루즈선을 타고 푸른 바다를 가르며 여행하는 꿈은 상상만 해도 마음이 설렌다. 때로는 항구에 내려 인근의 유명한 관광지를 탐방하기도 하지만, 크루즈 여행은 운행 중에도 배 안에 즐길 거리가 한두 가지가 아니다. 배 안에서 공연되는 영화나 쇼를 즐기고, 수영이나 조깅을 비롯한 운동을 하고, 연인과 함께 바에서 와인을 마시는 등 할 일이 무궁무진하다. 배 안을 전부 다 돌아보는 것도 큰 재미라고 하지만 워낙 규모가 커서 다 돌아보기도 어렵다고 한다. 크루즈 선박의 크기는 총톤수(Gross Tonnage)로 구분한다. 일반적으로 배의 무게라고 생각하기 쉬운데 무게는 아니고 배의 용적, 즉 부피를 의미한다.

많은 크루즈선 중에 프리덤 오브 더 시즈호는 타이태닉호의 3.4배의 크기로 길이 339m, 폭 56m, 높이 64m이고 건조 비용으로 8억 7000만 달러가 들었다고 한다. 이 배는 미국·노르웨이 합작 회사인 로열캐리비언인터내셔널이 운영하고 있

STX 유럽

STX 유럽은 노르웨이의 크루즈선 건조기업인 아커야즈(Aker Yards)를 인수하여 설립한 STX의 자회사이다. 아커야즈는 1841년 설립된 회사로 노르웨이, 프랑스 등에 다수의 조선소를 보유하고 있으며, 세계 크루즈 및 페리 사업에서 30% 이상을 점유하고 있으며, 대형 크루즈선과 쇄빙선 제작이 주력 사업 분야이다. 현재 건조되었거나 건조 중인 크루즈선 중 대부분이 이 회사 작품이다. STX 유럽은 핀란드 투르쿠(Turku) 조선소에서 세 번째 크루즈선 오아시스 오브 더 시즈호를 2009년 진수시켰다. 이 선박은 세계적 크루즈 선사인 로열캐리비언사가 2006년에 발주한 선박으로, 가격은 약 1조 8200억 원 정도 된다. 길이 360m에 총톤수 22만 톤 규모의 오아시스 오브 더 시즈호는 2700개의 선실에 승객과 승무원을 포함해 총 9400여 명이 승선할 수 있는 선박으로 '바다에 떠다니는 도시'로 불린다. 선박 내부에는 100m 길이의 센트럴파크를 설치하였으며, 분수쇼 및 각종 공연이 펼쳐지는 수영장 형태의 아쿠아시어터(Aqua Theater)를 비롯해 1400명을 수용할 수 있는 극장, 3100명이 동시에 식사할 수 있는 식당 등 대규모 시설을 갖추었다고 한다.

으며, 핀란드의 아커핀야드(Aker Finnyards) 조선소에서 건조되었다. 이 유람선의 부대시설로는 아이스링크, 카지노, 스파, 피트니스센터, 일광욕장, 극장, 도서실, 결혼식장, 수영장, 인공 서핑 시설, 어린이용 풀장, 농구장, 탁구장, 퍼팅 골프장, 인라인스케이트장, 암벽등반 코스 등이 있으며, 각 시설은 초호화 시설로 이루어져 있다. 이 유람선의 승객들이 일주일 동안 소비하는 음식의 양은 각종 차 3만 컵, 감자 2만 파운드, 아이스크림 1500갤런, 계란 3만 3000개, 샴페인 3000병 등으로 가히 어마어마한 양을 소모한다. 유람선은 미국의 마이애미에서 출발하여 멕시코의 코수멜(Cozumel)섬, 케이맨(Cayman) 제도, 자메이카, 바하마, 아이티 등 카리브해 서부 지역을 여행하는 일정으로 정기 운항한다.

500년 전에 태어난 세계 최고의 전함 - 거북선

거북선은 왜구를 퇴치하기 위하여 만들어진 전투함으로 일반적인 배와는 전혀 다른 형태의 선박이다. 세계 최초의 장갑선(裝甲船)이라고 할 수 있다. 일찍이 고려 말 또는 조선 초부터 제조되기 시작하였으나, 1592년(선조 25)에 일어난 임진왜란 때 이순신 장군에 의해 거북선의 등에 철갑을 두른 군함으로 재건조되었다. 『태종실록』에 따르면, 1413년(태종 13)에 임진(臨津)나루를 지나던 왕이 거북선과 왜선(倭船)이 서로 싸우는 상황을 구경하였다고 한다. 1415년 조선 초 정치인인 탁신(卓愼, 1367~1426)은 국방 문제를 논의하면서 전쟁 도구로 거북선을 갖추게 하라는 의견을 제시하였다. 이런 것으로 미루어 볼 때 조선 초기부터 거북선 형상의 윤곽이 어느 정도 잡히었지만 전투에는 적극적으로 활용되지 않았던 것 같다.

거북선은 조선 후기 수군의 주력 군함인 판옥선(板屋船)이다. 이는 갑판 위에 나무판으로 덮개를 씌운 배로서 겉에는 적병이 못 뛰어오르도록 무수한 송곳과 칼을 꽂아 놓았다. 『조선왕조실록』 등의 기록에는 거북을 한자로 옮긴 귀선(龜船)으로 적혀 있는데, 선수부는 거북 머리 모양으로 만들어 입에서 화포를 쏘게 하였고, 선미부의 거북 꼬리도 바로 세워서 화포를 쏘게 만들었다. 거북선 위에는 아무도 없었으므로 내부에 있는 승조원들은 안전한 곳에서 적과 전투를 한 셈인데, 거북선의 전후좌우에도 각각 6개씩 화포를 발사할 수 있도록 하였다. 이순신 장군은 거북선을 임진왜란 직전에 건조하여 임진왜란 중 사천해전(泗川海戰)에 첫 출전시켰다. 거북선은 일본 수군에게 공포의 대상이었다. 이후 일본인들에게 사치호코(상상의 동물)와 닮은 복카이센(沐海潛)으로 불렸다는 설이 있다. 1597년 음력 7월 16일 새벽 칠천량해전(漆川梁海戰)에서 전투에 참여한 거북선은 일본군에 의해 모두 침몰되었다고 한다. 이후에도 거북선이 만들어졌다고 하나 임진왜란 당시와 비교해서 모양과 크기가 조금씩 변형되었을 것으로 추측된다.

전라남도 여수시는 거북선을 하나의 축제로 승화시켜 매년 여수거북선대축제를 시행하고 있다. 이 축제는 1967년부터 시작하여 2019년 현재 53회에 이르고 있다. 축제 프로그램으로 통제영 길놀이, 둑제, 거북선 그리기 및 만들기, 승전한마당, 수륙고혼천도대재 등이 구성되어 있다.

현재까지 전하는 거북선 그림은 10여 종에 달하한다. 가장 신빙성 있는 기록으로 간주되는 것은 『이충무공전서(李忠武公全書)』에 수록된 통제영과 전라좌수영의 거북선이다. 흥미로운 것은 일본에서 도요토미 히데요시의 일대기를 그림으로 그린 『회본태합기(繪本太閤記)』에 실린 거북선에는 "이순신이 거북선을 만들어 일본군을 물리치다."라는 설명문이 붙어 있다.

1910년 경상남도 고성에서 발굴되어 현재는 해군사관학교 박물관에 소장되어 있는 청화백자에는 용머리에서 연기를 토하고 있는 모습의 거북선이 그려져 있다. 해군사관학교 박물관에는 10폭짜리 병풍으로 된 「해진도」도 소장되어 있다. 여기에는 거북선을 비롯한 여러 종류의 전선(戰船) 포진 상황이 그려져 있다. 한편 이순신 후손의 종가에서 전해져 내려오는 두 종의 거북선 그림이 있는데, 다른 거북선 그림과는 달리 거북선의 등 위에 두 개의 돛대가 달려 있고, 지휘소라 할 수 있는 장대가 설치되어 있는 것이 특징이다. 아울러 거북선의 크기를 비롯해 구조, 장대 설치 등에 대한 설명도 첨부되어 있다. 임진왜란 당시의 거북선은 남아 있지 않지만, 다양한 모습으로 남아 있는 거북선이 우리를 당당하게 해 준다.

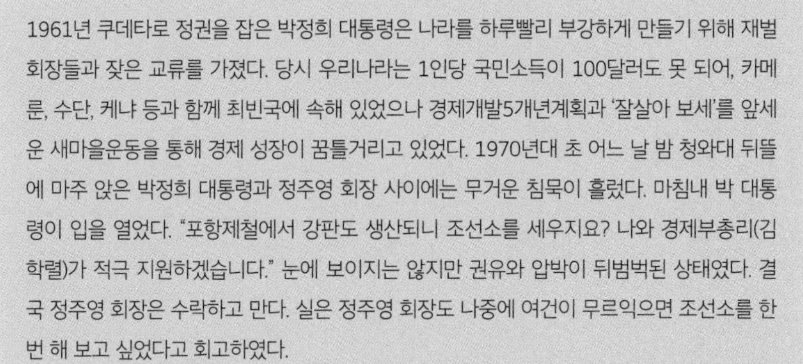

거북선이 일군 조선업

1961년 쿠데타로 정권을 잡은 박정희 대통령은 나라를 하루빨리 부강하게 만들기 위해 재벌 회장들과 잦은 교류를 가졌다. 당시 우리나라는 1인당 국민소득이 100달러도 못 되어, 카메룬, 수단, 케냐 등과 함께 최빈국에 속해 있었으나 경제개발5개년계획과 '잘살아 보세'를 앞세운 새마을운동을 통해 경제 성장이 꿈틀거리고 있었다. 1970년대 초 어느 날 밤 청와대 뒤뜰에 마주 앉은 박정희 대통령과 정주영 회장 사이에는 무거운 침묵이 흘렀다. 마침내 박 대통령이 입을 열었다. "포항제철에서 강판도 생산되니 조선소를 세우지요? 나와 경제부총리(김학렬)가 적극 지원하겠습니다." 눈에 보이지는 않지만 권유와 압박이 뒤범벅된 상태였다. 결국 정주영 회장은 수락하고 만다. 실은 정주영 회장도 나중에 여건이 무르익으면 조선소를 한번 해 보고 싶었다고 회고하였다.

당시에는 조선소를 건설할 돈이 없었고, 해외 차관을 얻기도 하늘의 별 따기였다. 일본도 가고 미국도 가 보았지만 너희들이 어떻게 조선소를 짓느냐고 비웃음만 받았다. 정주영 회장은 영국 은행의 문을 두드리기로 하고 영국의 버클레이즈 은행과 협상을 벌였으나 반응이 없었다. 그뿐만 아니라 영국의 선박 컨설턴트 기업인 A&P 애플도어도 추천서를 거절하였다.

애플도어사의 찰스 롱바톰 회장도 회의적이긴 마찬가지였다. 한국 정부의 보증도 별 소용없었다. 1973년 대한민국 500원권 지폐의 앞면에는 숭례문과 뒷면에는 거북선이 도안되어 있었다. 정주영 회장은 문득 바지 주머니에 들어 있는 500원짜리 지폐를 꺼내어 롱바톰 회장과 마주 앉은 테이블 위에 펴 놓으면서, 이것은 1500년대 철로 만든 우리나라 함선으로 일본을 물리친 이순신 장군의 거북선이라고 설명하였다. 롱바톰 회장은 지폐를 들고 꼼꼼히 살펴본 후 "당신은 당신네 조상들에게 감사해야 할 겁니다."라고 말하며, 정말 좋은 배를 만들기를 바라겠다며 미소와 축하 악수를 청하였다고 한다. 당시 롱바톰 회장은 현대건설이 고리원자력 발전소를 시공하고 있고 정유공장 건설에 풍부한 경험도 있으므로 대형 조선소를 지어 큰 배를 만들 능력이 충분하다고 버클레이즈 은행에 추천서를 보내 주었다고 한다.

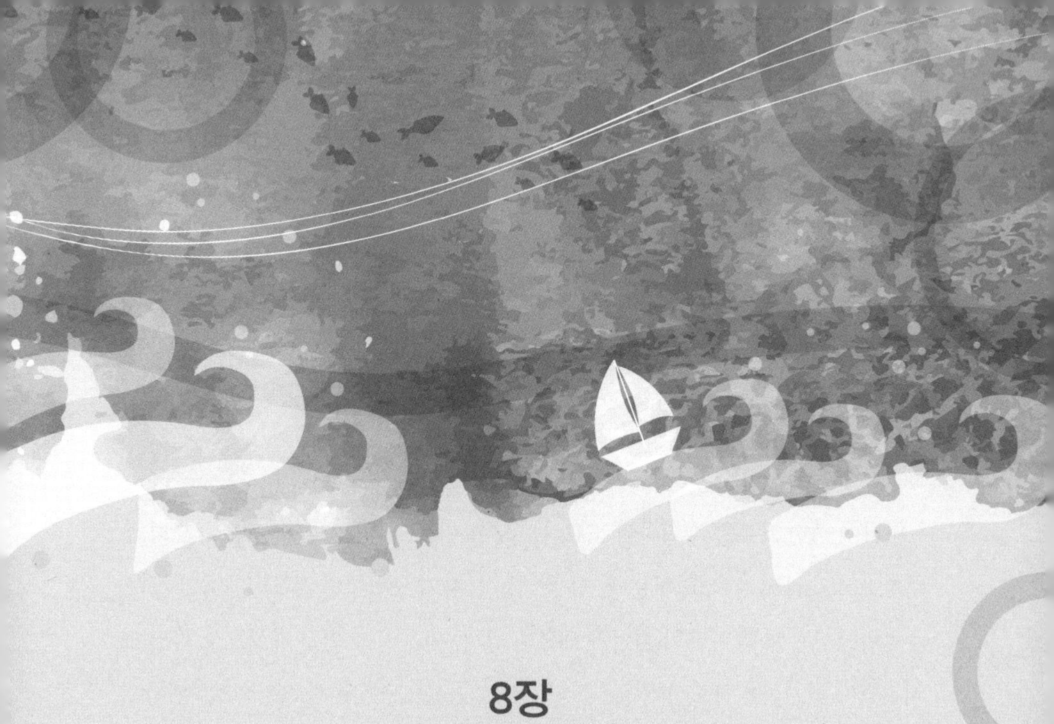

8장
해양 연구

바다를 연구하는 학문
-수로학과 해양학

바다에 대한 자료를 수집하여 도표나 지도를 만들고 연구하는 분야를 수로학(水路學, hydrography)이라고 하는데, 이 용어는 16세기 중반부터 사용되었다고 한다. 수로학에서는 보통 바다의 깊이와 해류의 방향, 세기 등을 연구 대상으로 하고 해저지형과 연안선을 해도상에 표시한다. 영국 해군은 1795년 최초로 수로학자(수로측량사, 해양측량사)를 고용하였고, 미국은 1854년 해군에 관측 및 수로 업무 사무실을 개설하였다고 한다. 그 후 많은 해양 국가들은 영해와 대양을 항해하는 데 필요한 항해도와 수로도서지를 공급하기 위해 수로 연구 기관들을 설립하였다.

초기의 항해자들은 주로 대륙 해안을 따라 항해하였지만, 12세기경부터는 나침반이 발명되어 외해를 건너는 데 많은 도움이 되었다. 이때부터 항해도가 필요하게 되었는데, 초기의 수로학자들은 경도 1°와 위도 1°가 같다고 가정한 도법(圖法)과 자기(磁氣) 방향을 근거로 해도를 만들어 사용하였다. 이 해도는 적도 부근에서는 큰 오차가 없었지만 적도를 벗어나 고위도로 올라갈수록 왜곡이 심하다는 것을 알게 되었다.

해양학(海洋學, oceanography)은 바다에서 발생하는 물리학, 화학, 생물학 및 지질학적 현상을 종합적으로 연구하고 해석하며 서로 연계하는 종합 기초과학이다. 해양학에서 연구하는 분야는 전통적으로 해양물리학, 해양화학, 해양지질학, 해양생태학 등이 있지만 해양기상학, 해양공학, 오염해양학, 수산학, 해양고고학, 해양자원개발 등 응용 해양학 분야에 이르기까지 매우 광범위하다. 해양학자는 해양에 관련된 분야를 연구하는 과학자로서 해양물리학자, 해양화학자, 해양생물학자, 해양지질학자, 해양기상학자 등의 여러 전문 분야로 나뉜다.

해양물리학은 바닷물의 온도·밀도·압력 등과 같은 해수의 성질, 파도·해류·조석 등과 같은 해수의 운동, 해수와 대기 사이의 상호 작용 등을 연구하는 분야이다. 해양화학은 해수의 생화학적인 순환을 연구하는 분야이며, 해양지질학은 해양 분지의 구조, 지질학적 특성, 진화 등을 중점적으로 연구하는 분야이다. 해양생태학은 해양생물학이라고도 하는데, 바다에 사는 동식물의 생활사와 이들의 먹이 구조 등에 대해 연구한다. 그뿐만 아니라 해수나 해양 생물 연구에 이용되는 시료 채취나 해저 퇴적물을 연구하며, 더 나아가 심해 시추 및 탄성파 단면도 작성 등에도 관여한다. 해양기상학은 해수와 대기와의 관계를 조사 연구하는 분야로 장기간에 걸친 일기예보, 기후변화의 예측, 인공위성을 이용한 원격 탐사 등을 연구하는 학문 분야이다.

해양과 바다를 총괄하는 국제기구
- 국제수로기구

해양이 경제적으로 중요하게 된 이래로 민족과 국가 간에는 개발과 이익을 둘러싸고 많은 갈등을 빚어 왔다. 15세기 말 신대륙이 발견된 후 대양에서 항해와 탐험을 주도하던 스페인과 포르투갈이 교황을 정점으로 바다의 영역을 분할하는 토르데시야스 조약을 맺었다. 이것이 해양에 관한 최초의 규정이었다. 이 조약에 대해 영국을 비롯한 주변 국가들은 해양자원을 어느 한 국가가 소유할 수는 없다고 반기를 들었으며, 이로 인해 국제적 분쟁이 야기되었다. 이후 네덜란드의 동인도회사가 '바다는 만인의 공유물'임을 주장하면서 공해의 개념이 싹트기 시작하였다. 국제적으로 해안 포대에서 포탄이 도달하는 거리인 3해리(약 5㎞) 바깥을 공해의 개념으로 인정하기에 이르렀다.

세계 각국에서 발행하는 해도와 수로도서지를 통일하고, 회원국 간에 수로 정보를 신속하게 주고받으면서 세계 각국의 선박이 안전하게 항해할 수 있게 되었다. 드디어 1919년 6월 런던에서 전 세계 21개국이 참여하여 제1차 국제수로회의를 개최하고 국제수로국을 설치하였다. 국제수로국은 모나코에 본부를 두게 되었는데, 이는 수로와 해양학에 깊은 관심을 보인 모나코의 알베르트 1세(Albert I)가 건물과 시설을 무상으로 제공하면서였다. 국제수로국은 1970년 9월 정부 간 국제기구인 국제수로기구(International Hydrographic Organization)로 확대·개편되면서, 국제수로총회(International Hydrographic Conference)와 이사회(Directing Committee) 및 국제수로사무국(International Hydrographic Bureau)으로 개편, 구성되었다.

개편된 사무국은 각종 간행물의 제작 및 배포 이외에도 수로학 관련 과학기술의 연구, 회원국 수로 기관과의 해도 및 수로도서지 교환, 회원국에 대한 문서 회람, 각국 수로국에 자문 및 기술 지원, 국제기구와의 협력 체제 구축 등의 업무를 수행하고 있다. 전 세계적으로 통일성 있는 해도와 수로서지에 대한 표준화를 위해 수로 측량 기준, 국제해도 제작 기준, 전자해도 제작 기준 등의 제정뿐만 아니라 수로집 『해양과 바다의 경계(Limits of Oceans and Seas)』 등을 간행하고 매년 수로 기술 연보, 수로 기술 논문집 등을 발행하고 있다.

현재 국제수로기구 총회는 5년마다 모나코에서 열리고, 현 회원국은 93개국으로 대한민국은 1957년에 가입하고 국립해양조사원이 대표 기관으로 지정되었으며, 북한은 1989년에 회원국으로 가입하였다. 국제수로기구는 동해와 많은 연관이 있다. 5년마다 열리는 총회에서 '동해냐, 일본해냐'를 결정하기 때문이다. 이 기구에서 간행하는 『해양과 바다의 경계』에 표기되면 국제적으로 공인이 되기 때문이다. 이 해도집의 1929년 초판과 1937년 제2판에는 일본 식민시대라서 일본해로 표기되었고, 1953년 제3판도 6·25 전쟁 중이라서 일본해로 표기되었다.

제4차 개정판은 2017년 총회에서 논의하기로 하였으나 상정을 위한 표결에서 일본만 찬성표를 던졌고, 나머지 77개 회원국은 반대 혹은 기권하였다. 이럴 경우 『해양과 바다의 경계』 제4판 발간 결정도 다음 총회로 넘어가게 된다. 다만 양국이 합의안을 도출할 경우 이를 회원국들에 회람시킨 뒤 책자의 발간을 추진하기 때문에 출간 시기가 앞당겨질 수 있다고 한다. 대한민국이 주도권을 상실하기 이전까지는 대부분 문서에서 동해 또는 한국해 표기가 우선되었다. 특히 18세기 이전까지는 'Sea of Japan'이라는 표기보다는 'Sea of Korea'라는 표기가 더 많이 등장한다.

해양법 협약

제2차 세계대전으로 석유가 전략적 자원으로 중요해지자, 1945년 미국은 수심 200m 이내 연안 대륙붕 지역의 모든 광물자원에 대해 일방적으로 소유권을 선포하고, 미국 연안을 어업권보호수역(fishery conservation zone)으로 지정하였다. 그러자 이를 따라 다른 많은 국가들도 속속 영해권을 선포하였다. 그 후 1950년대에 들어 라틴아메리카의 몇몇 나라에서도 200해리까지 독점적인 어업권과 통치권을 선언하게 되었다. 그리하여 유엔은 1958년 총회를 소집하여 영해와 공해의 정의, 대륙붕의 범위와 생물자원에 대한 어업권과 보호에 관해 논의하기 시작하였으며, 이는 결국 1982년 유엔해양법협약으로 구체화되고 1994년 11월 발효되었다. '바다의 헌장'이라고 할 수 있는 이 법이 발효됨에 따라 우리나라도 주변국인 중국, 일본과 바다를 둘러싼 전쟁이 시작되었다. 유엔해양법협약은 2019년 기준 168개 국가가 서명 가입하였다. 유엔해양법협약의 발효로 바다의 환경 보호와 국제해협을 비롯한 특수한 통항 제도, 심해저자원 개발 문제, 국제해양법재판소, 대륙붕한계위원회 등 새로운 바다 분쟁 해결 제도가 마련되었다. 이 협약에는 전체 480개 조문이 있다. 우리나라는 1996년 1월에 이 협약을 비준하면서 세계에서 84번째 비준 국가가 되었다.

바다에도 지켜야 할 법질서가 있다
-해사안전법

육지의 경우 도로교통법이 있는 것처럼, 바다에도 배가 다니는 길이 있고 신호 등이 있으며 지켜야 하는 법이 있다. 즉 해사안전법, 개항질서법, 국제해상충돌예방규칙 등이 그러하다. 이러한 규정에 따라 배가 바르게 통행하는 방법, 배끼리 충돌을 피하는 방법, 야간에 운항하는 방법, 안개가 낀 바다를 운항하는 방법, 추월하는 방법 등을 잘 익혀야 한다. 해사안전법 제1조(목적)를 보면, "이 법은 선박의 안전운항을 위한 안전관리체계를 확립하여 선박항행과 관련된 모든 위험과 장해를 제거함으로써 해사안전 증진과 선박의 원활한 교통에 이바지함을 목적으로 한다."라고 규정되어 있으며, 선박의 입항 및 출항 등에 관한 법률 제1조(목적)에는 "무역항의 수상구역 등에서 선박운항의 안전 및 질서 유지에 필요한 사항을 규정함을 목적으로 한다."라고 되어 있다.

육지에서 자동차들이 우측통행을 하듯이 바다에서도 배들은 우측으로 다닌다. 해사안전법 제67조에 보면, 좁은 수로나 항로를 따라 항행하는 선박은 항행의 안전을 고려하여 될 수 있으면 좁은 수로 등의 오른편 끝 쪽에서 항행하여야 한다고 규정되어 있다. 특히 배들의 운항이 잦은 항구에 들어오거나 나갈 때는 반드시 안전 항법을 지켜야 한다. 왜 바다에서 배들이 우측통행을 하게 되었는지 그 까닭은 알 수 없지만, 배의 방향타가 각도 없이 똑바로 되어 있을 때 자동적으로 우측으로 돌아가는 특성을 가지고 있어서 우측통행이 관행으로 굳어졌을 것으로 짐작된다. 망망대해에서는 좌우를 구분할 필요가 없기 때문에 가장 경제적인 방법에 따라 배를 운항하면 된다.

항구에도 육상의 도로와 마찬가지로 가로등이 있고 중앙선과 교차로, 분리대, 신호등 같은 항행 시설이 있다. 특히 큰 배나 외국에서 온 낯선 배들은 내항의 지리를 잘 아는 파일럿이 조종하여 부둣가에 접안시킨다. 길을 잘 모르는 낯선 곳에 차를 몰고 갔다고 생각해 보자. 낯선 장소에 편히 주차하기란 쉬운 일이 아니다. 게다가 배는 자동차만큼 핸들이 쉽게 돌아가지도 않을 뿐더러 멈추기도 쉽지 않아서 충돌을 피하기 위해서는 여유 시간을 두고 핸들을 돌리거나 엔진을 세워야 한다.

밤바다는 아무것도 안 보인다. 이럴 때를 대비해 바다에는 부표가 떠 있는데, 즉 위치를 알리는 표시등(신호등)이다. 낮에도 필요하지만 특히 밤에는 부표에서 발산하는 불빛의 색깔이나 반짝이는 간격을 보고 항진한다. 등대도 항해사들에게 위치를 알려 주는 중요한 길 안내자이다. 등대에는 '내가 여기서 빛을 낼 테니 항해사들은 나를 확인한 후 배의 위치를 파악하여 참고하라.'라는 뜻이 숨어 있다. 바다의 신호등도 육상의 신호등과 같이 홍색과 녹색의 등화를 가지고 있다. 하지만 홍등의 경우 그 의미가 도로의 그것과는 조금 다르다. 바다에서 홍등은 '긴급사태 발생 시 모든 선박 정선'이라는 의미를 가지고 있다. 또한 선박의 조난이나 사고에 대비하여 모든 선박은 선박출입항신고소의 허가를 받고 출입항해야 한다. 이와 같이 바다의 배들은 도로의 자동차처럼 각종 규정에 따라 운행을 해야 한다.

바다에 그어진 경제 경계선

-영해, 배타적 경제수역

각 나라의 영토에 인접한 해역은 그 나라의 통치권이 미치는데, 이를 영토의 연장선상으로 영해(領海)라고 한다. 영해의 기준선은 해수면이 가장 낮은 썰물 때의 해안선이 원칙이지만, 해안선의 굴곡이 심하고 연안에 섬이 많을 경우에는 외측의 돌단부와 섬들을 직선으로 연결한 선을 기선으로 한다. 이 기선으로부터 바깥쪽 12해리까지가 영해이다. 우리나라는 영해 및 접속수역법(2018년, 법률 제15429호)에 따라 한반도와 그 부속 도서의 육지에 접한 12해리까지를 포함한다고 되어 있으며, 영해법시행령에 따라 대한해협에 대해서는 국제적인 관계를 고려하여 잠정적으로 3해리까지만 영해로 하고 있다. 대부분의 나라들이 초기에는 3해리로 설정하였지만, 최근에는 수산자원의 확보와 해저의 지하자원(석유, 가스 등) 등에 더 관심이 많아져서 영해를 12해리(약 22㎞)까지 설정하고 있다.

동해안에서의 영해는 해안으로부터 12해리로 결정되어 있고, 남해와 서해에서는 가장 바깥쪽에 있는 섬(기점)을 연결한 선(직선 기선)을 기준으로 영해가 설정되어 있다. 그러나 육지로부터 멀리 떨어져 있는 제주도, 울릉도, 독도의 경우는 각 섬의 해안으로부터 12해리로 한다. 이처럼 다른 나라와 바다의 경계를 따질 때 가장 중요한 것이 영해기점인데 우리나라는 GPS측량기로 결정한 23점의 영해 기선점(동해안 4점, 남해안에 9점, 서해안 10점)이 있다. 영해 다음 해역 12해리를 접속수역(接續水域, adjacent zone)이라 하는데 접속수역은 영해에 인접하는 일정 범위의 공해로서 연안국이 관세, 재정, 출입국 관리, 위생 등에 관해 일정한 권한을 행사한

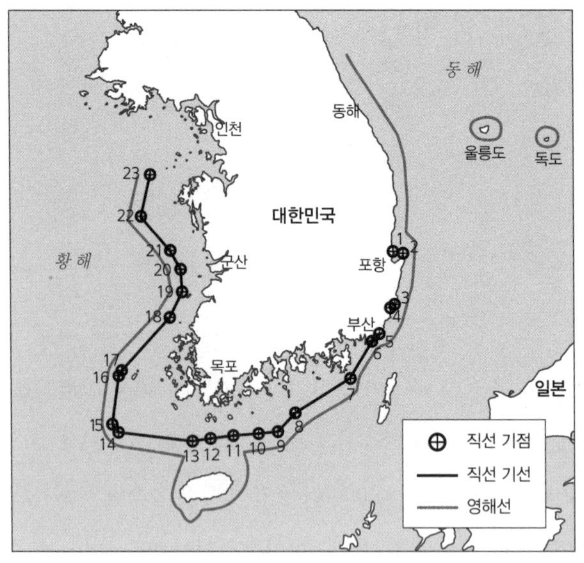

우리나라의 영해 기선도

다. 즉 접속수역은 영해와 공해의 중간에 위치하여 다른 나라와 분쟁과 대립을 완화시켜 주는 기능을 한다.

지난 100년간 우리나라의 해안선 길이가 약 1950㎞ 줄어들었다는 조사 결과가 나왔다. 국립환경과학원은 1910년과 현재의 지형도를 비교한 결과 해안선의 길이가 7569㎞에서 5620㎞로 26% 줄어든 것이다. 국립환경과학원은 "해안선 길이가 짧아진 것은 매립과 해안도로 건설로 구불구불하던 해안선이 직선화되었기 때문"이라고 설명한다. 이 영향으로 해안선의 독특한 풍광이 사라졌을 뿐만 아니라 주변 바다의 유속이 빨라져 해안선 침식이 가속화되는 피해가 예상된다. 만약 남서해안에서 간척사업을 하면 영해가 넓어질까? 한마디로 아니다. 영해선을 결정하는 것은 가장 바깥 섬을 연결한 선이기 때문에 기선 안쪽에 아무리 광대하게 간척사업을 한다 해도 영해는 넓어지지 않는다. 그러므로 우리나라의 간척사업은 영해의 영역과는 아무런 관련이 없다.

우리나라를 둘러싸고 있는 삼면의 바다에는 12해리의 영해와 12해리의 접속 수역뿐만 아니라 200해리(약 370㎞)의 배타적 경제수역과 350해리(약 648㎞)의 대륙붕 바깥 한계선까지 있다. 그중 배타적 경제수역은 각 국가의 배타적 권한이 미치는 수역으로 자원의 탐사, 개발 및 보전과 해양환경의 보전 등에 있어 주권적 권리가 인정된다. 하지만 모든 국가의 선박이 항해할 수 있다는 점에서 영해와는 구별되며, 전관수역(專管水域)이라고도 한다. 영해 기선으로부터 200해리(영해 12해리+접속수역 12해리 포함)이므로 이 중에 순수한 공해는 188해리이며, 176해리가 순수한 배타적 경제수역이다. 이 수역 내에서의 모든 행위는 국제해양법협약을 따라야 한다.

이것은 1945년 미국 트루먼 대통령의 200해리 대륙붕 선언으로 촉발되었다. 이후 1958년 제네바에서 개최된 국제해양회의에서 '영해 및 접속수역에 관한 협약', '공해에 관한 협약', '어업 및 공해의 생물자원 보존에 관한 협약', '대륙붕에 관한 협약' 등 해양법에 관한 4개 협약이 채택되었다. 배타적 경제수역 내에서는 생물·무생물 자원의 경제적 개발과 탐사에 관한 주권적 권리와 인공 도서·시설·구조물의 설치 및 사용, 해양과학 조사, 해양환경 보호와 보존에 관한 관할권을 가지지만, 상부 수역에서는 외국 선박이나 항공기가 자유롭게 왕래를 할 수 있다.

우리나라의 경우는 1996년 8월 8일 약 44만 ㎢(남한의 4배)의 배타적 경제수역을 선포하였다. 제주 남쪽 149㎞ 지점의 이어도 해양과학기지는 이 수역 내에 있으며, 독도는 1998년 신한일어업협정으로 한일 공동관리수역에 포함되어 있는 상황이다. 이렇듯 영해와 배타적 경제수역까지 포함하면 한 국가가 관리할 수 있는 바다의 영역은 옛날에 비해 훨씬 넓어졌다. 한반도 주위의 동해, 남해, 황해뿐만 아니라 동중국해의 대부분도 우리나라, 일본, 중국 등 주변 연안국들에 의해 배타적 경제수역으로 지정되어 있다.

평화선

우리나라는 1952년 1월에 발표한 국무원고시 제14호에 의해 이승만 대통령이 평화선을 선포한 적이 있는데, 이는 '인접 해양의 주권에 관한 대통령 선언'이다. 평화선 선포의 배경은 어족과 대륙붕 자원의 보호와 맥아더라인(맥아더 장군이 일본의 어로 활동 범위를 제한하기 위해 설정한 독도 3마일 이내 출입금지선) 철폐에 따른 보완책의 하나로 설정한 것이다. 하지만 내면적으로는 일본을 견제하려는 의도가 숨어 있었다. 평화선은 일본뿐만 아니라 미국, 영국, 타이완 등의 우방국도 부당한 조치라고 비판하였다. 유엔군 총사령관인 마크 클라크(Mark Clark)는 전쟁 중인 1952년 9월에 북한의 잠입을 막고, 전시 밀수출입품의 해상 침투를 봉쇄할 목적으로 한반도 주변에 해상방위수역(오늘날 NLL)을 설정하였다. '클라크라인'으로 불린 이 수역이 평화선과 거의 비슷한 수역이었으므로, 평화선을 간접적으로 인정한 결과가 되었다. 그러나 평화선은 국제적으로 인정을 받지 못한 독자적인 규제조치였기 때문에 지속되지는 않았지만, 근대적인 해양관할권 제도를 제시한 것으로 평가된다. 평화선은 1965년 6월 한일 조약 체결로 사실상 소멸되었다.

바다 이름도 함부로 짓는 것이 아니다
- 국가지명위원회

국방부지리연구소 내에 설치된 중앙지명위원회가 우리나라 최초의 지명위원회이다. 그 후 여러 차례의 기구 개편을 거쳐 현재는 국토지리정보원 내에 설치되어 있다. 1996년 해양수산부의 출범과 함께 국제수로기구(IHO)의 권고로 해양지명위원회가 2002년 7월 1일 국립해양조사원 내에 설치되었다. 2010년 측량·수로조사 및 지적에 관한 법률이 통합된 이후 법 제91조 제1항, 제6항, 시행령 제96조에 따라 기존의 중앙지명위원회와 해양지명위원회가 국가지명위원회로 통합되었으며, 이는 다시 공간정보 구축 및 관리 등에 관한 법률에 따라, 현재는 국토지리정보원 내에 국가지명위원회에 설치되어 있다. 국가지명위원회에서는 지명의 제정·변경 안건에 대한 심의·의결뿐만 아니라 지명에 관한 중요 사항에 대해 자문하는 역할도 수행하고 있다. 또 국립해양조사원에서는 우리나라 해양 지명의 연구 활동을 지속적으로 수행하고 있으며, 국제적인 교류·협력을 위해 국제수로기구 산하 국제해저지명소위원회의 관보(官報)에 등재하는 등 대외적인 활동도 적극적으로 추진하고 있다.

해양 지명은 자연적으로 형성된 대양, 해협, 만, 포, 수로 등의 해상 지명과 초, 해저협곡, 해저분지, 해저산, 해저산맥, 해령, 해구 등의 해저지형 41개로 구분한다. 국제수로기구에서는 53개로 분류하고 있으나, 그중 12개는 우리나라 인근의 해저지형과 무관하기 때문에 제외하였다.

국내에 표준화된 해양 지명을 정정하기 위해서는 유엔지명표준화회의(United

해양 지명의 분류

구분	한글	한자	영문	비고
바다	대양	大洋	ocean	–
	바다	海	sea	–
수로	해협	海峽	strait	sound 포함
	수도	水道	channel	passage, canal, gut, narrow 포함
암	암	岩	rock	바위
	암붕	岩棚	ledge	–
만	해만	海灣	gulf	–
	만	灣	bay	–
	개만	開灣	bight	–
	포	浦	creek	–

자료: 국립해양조사원

Nations Conferences on the Standardization of Geographical Names, UNCSGN), 국제수로기구, 정부간해양과학위원회(Intergovernmental Oceanographic Commission) 등 해양 지명과 관련된 기구에 해양 지명 자료를 제공하고, 지명 오류의 정정을 추진한다. 현재 일부 국가에서 발간된 지도 및 해도에 해양 지명을 잘못 사용하고 있는 것에 대해서는 국제적 홍보를 강화하고 있으며, 인접 국가 간의 동일 해역에서 다르게 사용되는 해양 지명에 대해서는 국제지명표준화 원칙에 따라 표기될 수 있도록 추진하고 있다(예: 동해). 또한 해양 지명 관련 국제적 교류 협력을 위해 유엔, 국제수로기구, 정부간해양과학위원회 등 해양 지명과 관련된 국제회의에 지속적으로 참가하여 인적 교류를 도모하고 있으며, 우리나라의 해양 지명에 대한 홍보 활동도 지속하고 있다. 이렇게 지명위원회에서 정한 해저 지명은 우리나라에서는 당연히 사용되지만, 국제수로기구와 유엔 등 국제기구는 물론 세계 각국에서 간행되는 지도, 해도 및 각종 책자에도 실려 국제적으로 널리 사용될 수 있도록 노력하고 있다.

연도별 해저 지명고시 현황(825개소)

고시일자	고시 근거	개소	기타
2002. 12. 12	해수부고시 제2002-102호	4	찬물내기초, 쌍정초, 교석초, 왕돌초
2004. 7. 19	해수부고시 제2004-42호	7	마당여 외
2006. 12. 29	해수부고시 제2006-106호	86	파랑초 외
2007. 10 31	해수부고시 제2007-83호	29	가물여 외
2007. 12	해수부고시 제2007-161호	75	갈매기해저구릉 외. 6곳 변경고시
2008. 12	국해부고시 제2008-705호	32	삼성여 외
2009	국해부고시 제2009-13호	54	여틀수도 외. 4곳 변경고시
2009. 12. 31	국해부고시 제2009-1313호	90	맹골수도 외
2010. 12. 28	국해부고시 제2010-1012호	107	딴초 외
2012. 1. 3	해조원고시 제2012-1호	131	백사수도 외
2012. 9. 18	해조원고시 제2012-5호	3	옹진해저분지, 병풍해저절벽, 우물해저혈
2013. 1. 3	해조원고시 제2012-11호	186	교동수도 외
2013. 10. 25	해조원고시 제2013-6호	20	동서태평양 및 남극해
		1	황해(전라사퇴지형구 위치 변경)

주: 해수부는 해양수산부, 국해부는 국토해양부, 해조원은 국립해양조사원임. 지명고시는 이후로도 계속적으로 추가되고 있음.

지명고시

2002년 12월 12일 제2002-102호로 강원도 동해시 묵호동의 찬물내기초(Chanmulnae-gicho) 외 3개 지역에 지명고시한 것을 포함하여 2013년까지 모두 15차례에 걸쳐 해양지명위원회가 열려 825건의 해상 지명을 고시하였다. 2006년에는 마라도 북동 방향 4.5㎞ 지점의 수중암초인 파랑초(Parang Reef)가 고시되고, 2009년에는 최근 세월호 사건으로 문제가 된 맹골수도(진도군 조도면 맹골도와 거차도 사이의 길이 약 6㎞, 폭 약 4.5㎞의 수도)가 이때 명명되었다. 또는 2012년에는 백령도 외측 해역에 옹진해저분지, 병풍해저절벽, 우물해저혈 등이 지정고시되었다.

태평양 해저에도 우리말 지명이 있다
-해저 지명

해저는 우리가 눈으로 볼 수 없지만 육지처럼 산, 계곡, 평야 등 매우 다양한 형태로 존재한다. 국가지명위원회는 배타적 경제수역, 영해 등 우리나라 부근의 바다의 해상 지명과 해저 지명을 붙였다. 이름이 없는 공해의 바다 이름도 우리가 먼저 붙이면 우리 이름으로 붙일 수 있다. 물론 국제수로기구(IHO)에 신청하는 등 번거로운 절차가 필요하지만 우주에서 새로운 소행성을 발견하면 발견한 나라에서 임의대로 이름을 붙이는 것과 같은 맥락이다. 국제적인 바다 명칭은 국제수로기구에 등록해야 하는데, 이 기구에서는 각 나라마다 제시한 바다 지명을 이웃하는 다른 나라의 의견을 들어 결정한다. 최종 결정된 해저 지명은 국제수로기구가 발간하는 해도집 『해양과 바다의 경계』에 표기된다. 이 해도집은 국제수로기구가 바다의 명칭과 구역을 정하여 선박의 항해안전을 기하고 자료를 수로학 및 해양학적으로 활용하기 위한 목적으로 1929년 처음으로 발간하였으며, 지금까지 제3판이 나왔으나 아직까지 제4판은 발간하지 못하고 있다.

국가지명위원회에서는 서태평양 해저에 장보고해산(Changpogo Seamount), 아리랑평정해산(Arirang Guyot), 온누리평정해산(Onnuri Guyot), 백두평정해산(Baekdu Guyot), 청해진해산(Cheonghaejin Seamount)을 명명하였고, 보름달평정해산(Boreumdal Guyot), 연평정해산(Yeon Guyot), 해미래해저놀(Haemirae Knoll), 급수선놀(Geupsuseon Knoll), 전복놀(Jeonbok Knoll), 올챙이놀군(Olchaengi Knoll), 풍뎅이놀(Pungdengi Knoll), 가락지놀(Garakji Knoll), 봉수대놀(Bongsudae Knoll), 맷돌놀

해저지형의 명칭(41개소)

한글	한자	영문
기요	–	guyot, tablemount
단열대	斷裂帶	fracture zone
대륙경계지	大陸境界地	borderland
대륙대	大陸帶	continental rise
대륙붕	大陸棚	shelf, continental shelf
대륙붕단	大陸棚斷	shelf edge, shelf break
대륙사면	大陸斜面	slope, continental slope
대륙주변부	大陸周邊部	continental margin
모래톱	–	shoal
모우트	–	moat
실	–	sill
심해구릉	深海丘陵	abyssal hill(s)
심해평원	深海平原	abyssal plain
안부	鞍部	saddle
에이프런	–	apron, archipelagic apron
중앙열곡	中央裂谷	median valley
초	礁	reef
칼데라	–	caldera
해각	海脚	spur
해곡	海谷	trough, oceanic trough
해구	海溝	trench
해령	海嶺	oceanic ridge, oceanic rise
해봉	海峰	peak
해저간극	海底間隙	passage, Gap
해저계곡	海底溪谷	valley, submarine valley
해저곶	海底串	promontory
해저구릉	海底丘陵	hill(s)
해저놀	海底--	knoll
해저단구	海底段丘	submarine terrace
해저대지	海底臺地	plateau
해저분지	海底盆地	basin
해저산	海底山	seamount(s)
해저산맥	海底山脈	seamount chain
해저선상지	海底扇狀地	fan, cone
해저수로	海底水路	seachannel
해저융기부	海底隆起部	rise, ridge
해저절벽	海底絕壁	escarpment, scarp
해저제방	海底堤防	levee
해저혈	海底穴	hole
해저협곡	海底峽谷	canyon, submarine canyon
해첨	海尖	pinnacle

자료: 국립해양조사원

국제수로기구에 등재된 우리말 해저지형

등재 연도	개수	지역	등재지명
2007	10	동해	안용복해산, 강원대지, 후포퇴, 이규원해저융기부, 김인우해산, 온누리분지, 새날분지, 울릉대지, 우산해저절벽, 우산해곡
2008	8	동해	죽암해저융기부, 울산해저수로, 우산해저융기부, 왕돌초
		서, 남해	가거초, 제주해저계곡, 갈매기초, 새턱퇴
2009	4	서태평양	장보고해산, 아리랑평정해산, 온누리평정해산, 백두평정해산
2010	9	동태평양	보름달평정해산, 연평정해산, 해미래해저놀, 급수선놀, 전복놀, 올챙이놀군, 풍뎅이놀, 가락지놀
		서태평양	청해진해산
2011	4	동해	동해해저협곡, 강릉해저협곡
		남극해	궁파해저구릉군, 쌍둥이해저구릉군
2012	4	동태평양	봉수대놀, 맷돌놀
		서해	백령도옹진해저분지, 병풍해저절벽
2013	4	동태평양	가마솥놀
		남극해	꽃신놀, 돌고래구릉군
		서해	전라사퇴지형구
2014	2	동태평양	항아리해저놀, 패랭이해저놀
2015	3	남극해	마이산해저구릉군, 고깔해저구릉, 달팽이해저놀
계	48개		

주: 이후 계속적으로 추가되고 있음.

(Maetdol Knoll), 가마솥놀(Gamasot Knoll)을 동태평양 해저에 이름 붙였다. 궁파해저구릉군(Gungpa Hills), 쌍둥이해저구릉군(Ssangdungi Hills), 꽃신놀(Kkotsin Knoll), 돌고래해저구릉군(Dolgorae Hills) 4개는 남극해에 우리나라 이름으로 고시하였다.

국립해양조사원에서는 2007년 울릉도 주변에 안용복해산을 포함한 10건을 비롯하여 2015년까지 매년 국제수로기구 해저지명소위원회에 우리나라의 이름으로 된 지명을 신청해 왔다. 국내 23곳, 태평양과 남극해에 25곳 등 48곳을 등재하였다. 특히 2013년에는 도쿄에서 열린 해저지명소위원회에서도 황해의 전라사퇴지형구(Jeolla Sand Ridge Province), 동태평양의 가마솥놀, 남극의 꽃신놀, 돌고래해저구릉군 등 4건을 등록하였다. 2014년에도 해저 지형 2개소가 심의에 통과되었는데, 동태평양의 항아리해저놀(Hangari Knoll)과 패랭이해저놀(Paeraengi Knoll)이다. 참고로 우리나라 해저 지명에서 가장 많이 등장하는 '놀(Knoll)'은 측면이 둥글고 해저산보다 작은 산으로 해저에 독립적으로 따로 떨어져 있거나 무리 지은 해저지형을 뜻한다.

동해에 빠져 버린 'East Sea'
- 동해분쟁

일본은 끊임없이 동해의 명칭을 일본해(Sea of Japan)라고 주장하고 있다. 더구나 일본의 영향력이 강한 국제수로기구(IHO)를 비롯한 각 나라의 세계지도에도 일본해라는 이름이 더 많이 표기되어 있다. 18세기 후반까지만 해도 한국해(Sea of Corea)라는 기록이 세계지도에 더 자주 나타났지만 그 후부터는 일본해가 빈번하게 보이는 편이다. 한편 동해의 명칭을 북한에서는 조선동해, 일본에서는 니혼카이(日本海, 일본해), 러시아에서는 야폰스코예 모레(Японское море, 일본해)로 부르고 있다. 동해라고 하면 '우리나라의 동쪽에 있는 바다'를 상징하지만 일본해 또는 다른 이름으로 고착되면 21세기 해양의 시대에 국제 전략상 많은 불이익이 초래될 수도 있다.

동해 바다의 명칭 문제는 역사적으로 꽤 오래되었다. 414년 고구려 장수왕이 아버지인 광개토대왕의 업적을 기념하여 세운 광개토대왕비에 동해라는 단어가 나타나며, 1531년 제작된 『신증동국여지승람(新增東國輿地勝覽)』의 「팔도총도」라는 지도에도 동해 명칭이 선명하게 표기되어 있다. 반면 일본해는 1602년 이탈리아 신부였던 마테오 리치가 중국에서 제작한 세계지도에 처음 등장한다. 이 지도에 나타난 일본해라는 명칭은 일본의 내해 쪽에 치우쳐 있기 때문에 우리가 생각하는 동해와는 전혀 다르게 표기되어 있다.

일본해의 공식 등장은 1919년 런던에서 개최된 제1차 국제수로회의에서 시작되었다. 당시 우리나라는 일제 치하에 있었기 때문에 이 회의에 참석하여 의사를

'Sea of Corea'라고 표현된
1714년 영국지도(Herman Moll, 1681~1732)

표시할 수 없었다. 결국 1923년 일본이 동해 명칭을 일본해로 바꾸어 등록하였고, 1929년에 발간한 제1판『해양과 바다의 경계』라는 해도집에도 일본해로 등재되었다. 나라 잃은 아픔이 뼈저리게 느껴지는 대목이다. 제2판이 나왔던 1937년에도 일제강점기였고, 제3판을 발행한 1953년에는 6·25 전쟁 중이었으며, 우리나라는 국제수로기구에 가입되어 있지도 않았다. 우리나라는 1957년에 국제수로기구에 가입하였고, 1965년 한일어업협정 체결 당시에도 동해 문제에 대해 합의점을 찾지 못하였다. 특히 한일합병 이후부터는 세계의 지도제작자들이 동해를 일본해라고 이름 붙였을 것으로 판단된다.

1974년 국제수로기구는 특정 바다의 인접국 간에 명칭 합의가 없는 경우, 당사국 모두가 제안하는 명칭을 병기하도록 권고하였지만, 일본은 이에 수긍하지 않았다. 1977년 제11차 국제수로기구 총회에서 제3판을 개정 출판하려 하였으나 여러 가지 사유로 중단되었다. 한국이 본격적으로 쟁점화시킨 것은 1992년 제6차 유엔지명표준화회의에서부터이며 1998년에는 남북 공동으로 일본에 이의를 제기하였으나 일본의 거절로 무산되었다. 2007년 5월 10일 국제수로기구 총회에서『해양과 바다의 경계』 제4판 발행 시 일본해 단독 표기를 삭제하고 공동 표기를 제안하였으나, 일본은 또 거절하였다.

그러던 중 회원국으로부터 찬반 투표를 받아 과반수 이상이 찬성하는 명칭으로 발행할 계획이라는 이야기가 흘러나왔으나 어느 날 갑자기 투표가 중단되었다. 그러므로 제1판과 제2판은 한국과 북한이 일제강점기였으므로 일본해 단독 표기가 가능하였고, 제3판도 6·25 전쟁 중이라서 일본해 단독 표기가 가능하였다. 2012년 제18차 국제수로기구 총회에서 제4판에 일본해 단독으로 표기하려는 방안을 안건으로 상정하려 하였으나 회원국들의 반대로 실패로 끝났다. 한국과 일본의 대립이 오래 지속되자 2020년 국제수로기구는 『해양과 바다의 경계』의 개정을 포기하고, 디지털을 기반으로 한 S-130이라는 새 표준을 도입하기로 하였다. 여기에는 고유식별번호가 도입되어 '동해'나 '일본해'가 아닌 숫자로 표기된다.

바다 위의 해양과학기지
- 해양조사선

바다가 어떻게 생겼고 그 속에 무엇이 있는지 일반적인 상식으로는 알 수가 없다. 인근의 얕은 바다도 알 길이 없는데, 하물며 태평양과 같은 깊은 바다는 더더욱 알기 어렵다. 그리하여 사람들은 바다에 직접 들어가 보지 않고도 그곳에 무엇이 있는지 각종 정보를 조사할 수 있는 해양조사선을 개발하였는데, 최초의 해양조사선은 1872년 영국의 챌린저호이다. 당시에는 군함을 개조하여 이용하였으나, 지금은 해양 조사가 하나의 종합 과학기술로 발전하였기 때문에 처음부터 바다를 관측하는 데 알맞도록 배를 설계하여 만든다. 영국의 챌린저호는 1872~1876년까지 전 세계를 탐사하였으며, 독일의 해양연구선인 가첼레호도 1874~1876년 사이에 인도양과 태평양을 조사하였고, 미국의 조사선 앨버트로스호는 1888년경부터 태평양 조사에 나섰으며, 그 외에도 여러 국가에서 해양 탐사에 나섰다.

노르웨이의 난센이 이끄는 프람호, 독일의 메테오르호, 영국의 디스커버리호, 미국의 카네기호, 네덜란드의 스넬리우스호 등도 제2차 세계대전 전까지 해양 조사 활동에 참여하였다. 전후에는 해양 조사의 대상이 심해 해류, 생물, 해저지질 등으로 바뀌었는데, 1949년 스웨덴의 알바트로스호, 1950년 영국의 챌린저 8세호, 1951년 덴마크의 갈라테아호 등이 세계의 바다를 누볐다. 1960년대부터는 소련의 미하일 로모노소프호가 운행을 하였으며, 1996년 진수된 일본의 미라이호가 8687톤으로 세계에서 가장 큰 해양조사선으로 2009년까지 운행하였다. 미국의 우즈홀 해양연구소에서 1931년에 진수한 460톤의 범선 애틀랜티스 해양조사선도 1964

년까지 운영하다가 퇴역하였다.

해양조사선 중에 배의 모양이 수직으로 세워져 있는 플립호는 금방이라도 침몰할 것 같은 모습으로 보이지만 1963년에 건조된 이후 특이한 해양조사선으로 아직까지 남아 있다. 미국 스크립스 해양연구소의 해양 실험 장비인 플립은 무게 711톤, 길이 108m인데, 뒷부분 약 90m가 바닷물로 채워져서 잠겨 있는 형태이다. 물 위에 떠 있는 나머지 18m 공간에 연구원들의 연구 공간과 생활 공간을 둔 아주 특이한 해양조사선이다.

해양조사선은 바다에서 일어나는 여러 가지 현상 즉 수심, 해저지형, 해류 등 바다의 모든 것을 조사하기 위해 특별히 만들어진 과학기지이다. 우리나라 최초의 해양연구선은 1980년에 어선을 개조하여 만든 83톤의 반월호이다. 해저 6000m까지 탐사할 수 있는 심해 무인 잠수정 '해미래'가 탑재되어 있는 1422톤의 온누리호는 1992년에 취역하였다. 또한 1995년에 진수된 2533톤의 해양 2000호는 우리나라에서 가장 큰 해양조사선으로 먼 바다에 나가 바닷물의 온도, 염분의 농도, 해류의 방향과 속도, 해역의 넓이, 수심 및 바닷속에 숨어 있는 암초 등을 조사하는 전천후 해양조사선이다.

해양조사선과 달리 해양환경조사선은 해양환경과 관련된 자료를 확보하기 위한 환경 전용 조사선이다. 1980년대부터 미국, 노르웨이, 네덜란드 등에서 해양환경 관련 인프라 및 자료 확보를 위해 해양환경 전용 조사선을 건조하였고, 우리나라의 경우도 2013년 2월에 국내 첫 해양환경 전용 조사선인 아라미 1호가 취항하였다. 해양환경 전용 조사선이 생기기 전에는 연구원들이 일반 어선을 타고 다니며 시료를 채취하였기 때문에, 시료를 연구실로 옮겨 가는 과정에서 변질이 일어날 우려가 있었다. 해양환경 전용 조사선이 생긴 덕분에 이제는 시료의 전처리와 분석 작업을 현장에서 즉시 수행할 수 있게 되었다. 2014년 3월 20일 우리나라의 두 번째 해양환경 전용 조사선 아라미 2호가 취항하였으며, 2015년에는 아라미 3호가 추가 투입되었는데 동·서·남해에 각 한 척씩 투입되어 있다. 특히 2009년에 건조된 극지

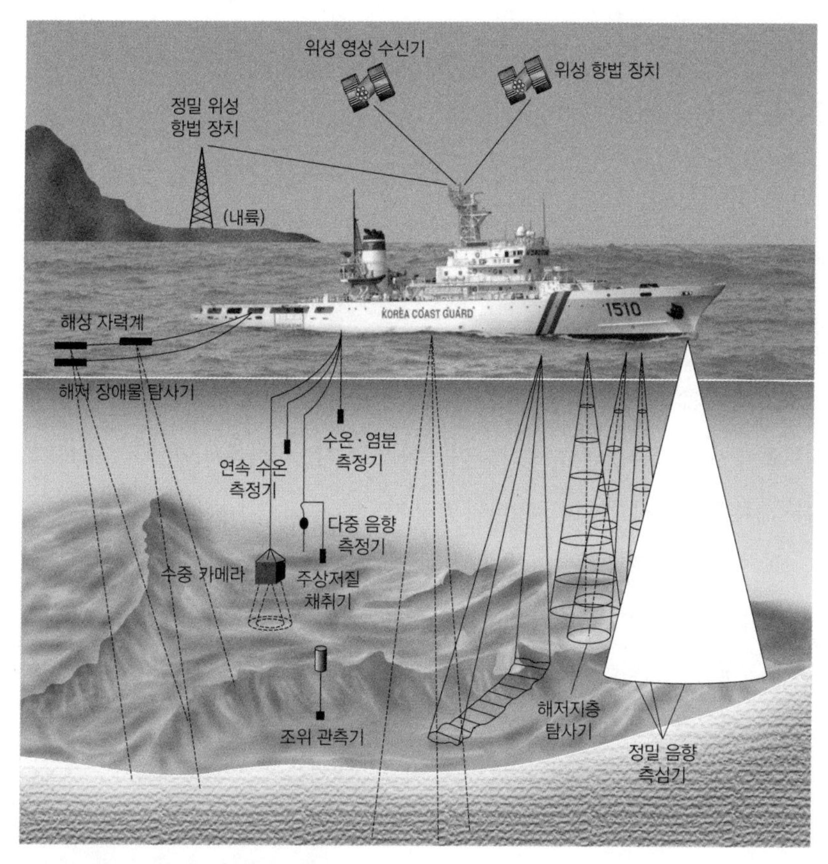

해양조사선을 이용한 해저지형 탐사 모형도

자료: 국립해양조사원

용 아라온호는 조사, 탐사, 운송, 구조 등 다목적으로 활동하고 있다.

바다에도 지도가 있다
-해도와 전자해도

해도란 항해 중인 선박의 안전한 항해를 위해 수심, 암초, 수중 장애물, 섬의 모양, 항만 시설, 각종 등부표, 해안의 여러 가지 목표물, 바다에서 일어나는 조석·조류·해류 등이 표시되어 있는 바다의 안내 지도이다.

서양에서는 마르코 폴로의 『동방견문록』이 소개되면서 해도의 중요성이 알려지고 활발한 제작이 이루어졌다. 가장 먼저 제작된 것은 32갈래의 방위선이 그려진 13세기의 이탈리아 지도 포르톨라노 해도(portolano chart)이다. 그 후부터 점차적으로 다양한 해도가 제작되었다. 초창기에는 바다를 항해하기 위한 수단으로 제작되었지만, 시간이 흐르면서 군사적 목적으로 변질되어 갔다. 우리나라 근해에도 1787년 프랑스의 탐험가 라페루즈가 두 척의 범선을 끌고 찾아와서 동해의 해도를 그려갔다. 이후 1880년까지 영국, 미국, 러시아 등 서구 열강들이 우리의 항구와 섬, 만, 하구의 수로에 이르기까지 수심 측량을 실시하여 약 120여 종의 해도를 간행한 것으로 알려져 있다. 일본도 1869년경부터 우리나라의 연안을 빈번히 왕래하면서 1873년 「조선전도(朝鮮全圖)」를 만들었다. 특히 1897년부터 약 10년 동안 우리나라의 전 해안을 조사하였으며, 1910년 강제병합 이후에는 일본 수로부에서 84종의 우리나라 해도를 작성하였다고 전해진다.

바다에서 일어나는 물리화학적인 현상인 조류, 조석, 해류 등의 조사는 물론 수온, 염분, 용존산소, 수소이온농도, 투명도, 수색, 해빙 등을 입체적으로 조사하여 조석 및 조류 예보와 조류도 및 해양환경도 등 각종 해도를 간행한다. 현재 우리나라는 온누리호를 포함한 8척의 측량조사선이 GPS 등의 최신 장비를 이용하여 근해의 해양 조사, 연안 조사, 항구 조사, 해양 관측 등을 실시하고 있다. 1990년 기준 국립해양조사원에서 발행한 우리나라의 해도는 총 292종에 이르며, 우리나라 연안 및 근해, 일본 연안, 태평양·인도양 일부까지 발행하였다. 또 새로운 항구의 건설, 간척지의 개발, 해안의 수심 변동 등 지속적인 변동이 있는 지역과 토사 유입이 잦아 수심이 변하는 지역 등을 수정 제작하고 있다. 변경이 잦은 지역은 2년에 한 번씩 주기적으로 수정하고, 변동이 거의 없는 지역은 10년에 한 번씩 수심 측량을 실시하여 해도를 수정한다. 최근 몇 년간 일본이 독도 부근 해저지형을 자기네의 측량선으로 측량한다고 해서 한일 간에 긴장이 고조되기도 했다.

종전까지 사용하던 종이 해도는 내용 수록에 한계가 있기 때문에 해난 사고를 방지하기에는 역부족이다. 최근에는 물동량의 증가와 선박의 대형화로 사고가 일어났을 경우 커다란 재산상의 피해를 가져오기 때문에 전자해도의 중요성이 더욱 커지고 있다. 전자해도는 기본적으로 종이 상태의 해도를 컴퓨터상에 옮겨 놓은 것이지만, 내용 면에서나 기능 면에서 비교할 수 없을 만큼 편리하다. 전자해도는 종이 해도상에 나타나는 해안선, 등심선, 수심, 항로표지(등대, 등부표), 위험물,

해도의 분류

항해용 해도(Nautical chart)		특수도(Miscellaneous chart)
총도 (General chart)	1/400만 이하(소축척으로 제작)	어업용해도(Fishery chart)
항양도 (Sailing chart)	1/100만 이하(소축척으로 제작)	영해도(Territorial chart)
항해도 (Coastal chart)	1/30만 이하(소축척으로 제작)	위치기입도
해안도 (Approach chart)	1/5만 이하(소축척으로 제작)	세계항로도
항박도 (Harbour chart)	1/5만 이상(대축척으로 제작)	

자료: 국립해양조사원

항로 등 선박의 항해와 관련된 해도 정보를 국제수로기구(IHO)의 표준규격에 맞추어 전자해도표시시스템에서 사용할 수 있도록 제작된 디지털 해도를 말한다. 전자해도는 사용자가 원하는 기능을 선별적으로 보여 줄 뿐만 아니라 선박의 이동 경로를 지정해 두면 항로를 벗어났을 경우에는 경보음이 울리고 상대 선박이나 암초 등의 위험 요소를 사전에 인식하는 시스템이 구축되어 있다.

북유럽의 해운 국가에서는 대형 해난 사고가 빈번히 발생하였다. 따라서 1980년대 중반부터 더욱 안전한 항해를 위한 연구를 시작하였으며, 1989년 국제수로기구 내에 전자해도위원회를 설립하여 전자해도 실용화를 위한 기술 검토, 시험 운용, 국제기준 표준을 제정하였다. 1996년 표준규격을 완성하여 공표하면서 각 나라들이 전자해도 개발에 몰두하게 되었다. 우리나라는 1995년 남해안 소리도 부근에서 일어난 유조선 시프린스호의 해난 사고를 계기로 항해 안전 시스템의 필요성이 대두되면서 본격적으로 전자해도 개발에 착수하게 되었다. 이에 국립해양조사원은 1995년부터 1999년까지 우리나라 전 연안의 전자해도 개발을 완료하여 2000년 7월부터 공급하고 있다.

수로서지(바다정보)

수로서지란 공간정보구축 및 관리 등에 관한 법률에 정의한 간행물로서, 해도만으로는 불충분한 사항에 대한 다양한 정보를 항해자 등이 이용할 수 있도록 만든 것이다. 선박의 항해 및 입·출항에 필요한 정보를 수록한 항로지, 밀물·썰물의 시간과 해수면의 높이를 알려 주는 조석표, 각종 항로표지를 수록한 등대표 및 천측력, 조류도, 해상거리표 등이 포함되어 있다. 국립해양조사원에서는 현재 50여 종의 수로서지를 간행·보급하고 있는데, 앞으로 전자해도표시시스템 등 항해 장비와도 연계하여 사용할 수 있도록 전자항해서지시스템을 개발 중에 있으며, 그 전 단계로 등대표(한국 연안)와 조석표(태평양 및 인도양) 2종에 대해 전산화한 CD-ROM을 책자와 함께 보급할 예정이다. 수로서지는 매년 정기적으로 간행하는 천측력, 조석표, 해양조사기술연보 등과 부정기적으로 간행하는 항로지, 항로지정, 국제신호서, 해상거리표, 태양방위각표, 천측계산표, 조류도, 한국해양환경도, 수로도서지목록, 등대표 등으로 나눌 수 있다.

육지의 높이 기준은 바다에서부터
-수준원점

대한민국의 높이 기준은 인천이다. 백두산은 물론 전국 산하의 높이가 인천에서부터 시작된다는 말이다. 산의 높이를 말할 때 흔히 '해발 ○○m'라고 한다. 이때는 평균 해수면으로부터의 높이를 뜻한다. 그 평균 해수면을 육지로 끌어 놓은 곳이 인천이기 때문에 우리나라의 높이 기준은 인천이라고 표현한다.

바다의 높이는 조차와 파도 때문에 일정하지 않으므로 필요할 때마다 해수면을 정하기란 쉬운 일이 아니다. 그래서 1913~1916년 사이에 청진, 원산, 목포, 진남포, 인천 등 5개소의 검조장(檢潮場, 또는 험조장: 해수면의 높낮이를 관측하던 기관)에서 4년간 해수면 높이를 측정하여 평균치를 얻어 냈다. 이 평균 해수면으로부터 일정한 높이의 지점을 골라 1963년 수준원점(水準原點)으로 삼고, 이곳을 국토 높이

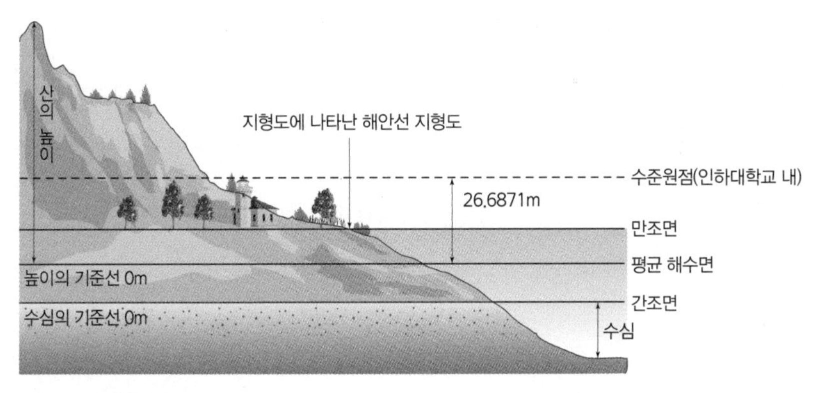

해발고도와 평균 해수면

의 기준으로 정하였다. 현재 인천의 인하대학교 구내에 있는 수준원점의 해발고도는 26.6871m이다. 바다 수면은 항상 출렁이고 오르내리고 수시로 변하기 때문에 어디가 0m인지 알 수가 없다. 그래서 육지로 옮겨 놓았다. 그리고 그것을 기준으로 각종 측지학, 건설 및 지구물리학 등에 이용한다.

오늘날은 국제적으로 GPS를 이용하여 높이를 정한다. 즉 지오이드(geoid)를 기준으로 높이를 측정하는데, 지오이드는 중력이 미치는 힘이 같은 지점을 연결한 선이다. 지오이드는 바다에서는 평균 해수면을, 대륙에서는 땅 밑에 터널을 뚫었다고 가정하고 평균 해수면으로부터 연장한 선과 일치하는 지점을 0m로 잡는다. 또한 해저 수심은 평균 최저 간조면을, 해안선은 평균 최고 만조면을 기준으로 한다. 그런데 기준 해수면은 각 나라마다 조금씩 다르다. 그래서 같은 백두산의 높이도 우리는 2744m, 북한은 원산 앞바다를 기준하여 2750m, 중국은 청도 앞바다를 기준하여 2749m이다.

백두산의 높이 2744m는 일제강점기에 일본 정부가 측정한 자료이다. 중국은 1962년 북한과 백두산천지의 영유권을 분할할 때 백두산 높이를 중국의 청도 앞바다에서 실제 측량하였는데, 이때 2749.2m로 나타났다. 북한은 1990년대 최신측량기술을 동원하여 원산 앞바다의 평균 해수면을 기준으로 2750m로 측량하였다고 한다. 또 다른 이유로 백두산의 융기를 설명하면서 2744m→2749m→2750m로 측정치가 높아졌다는 것이다. 실제로 1994년 중국학자들은 백두산 일대의 지진 기록을 연구한 결과 백두산이 매년 3mm씩 치솟고 있다는 것을 발견했다고 밝힌 바 있다. 하지만 짧은 시간에 2744m에서 2750m로 6m가 높아진 것은 융기로 설명할 수 없는 부분이라고 생각한다.

남극 대륙에 위치한 과학기지
-세종과학기지와 장보고과학기지

세종과학기지(남위 62°13′, 서경 58°47′)는 서남극반도에 위치하며, 사우스셰틀랜드 군도의 킹조지(King George)섬과 넬슨(Nelson)섬으로 둘러싸인 맥스웰(Maxwell)만 연안에 있다. 엄밀히 말하면 남극 대륙에 위치하는 것이 아니고 킹조지섬에 위치하고 있다. 그곳까지는 서울에서 1만 7240㎞로서 가는 길은 오래 걸리고 복잡하다. 인천공항→파리 / 로스앤젤레스(11~12시간)→산티아고(13~14시간)→푼타아레나스(3시간 30분)→남극세종과학기지(항공기로 2시간 30분, 보트로 30분)까지 대략 27~32시간쯤 걸린다. 여기에는 비행기 갈아타는 시간이나 대기 시간은 무시되었다. 또한 푼타아레나스에서 항공기나 보트로 가려면 날씨가 도와줘야 한다.

남극 대륙의 과학 정보 및 조사 결과는 인류 공동의 유산일 뿐만 아니라 남극 자체도 특정 국가의 영유권을 허용하지 않는다. 우리나라의 남극 진출은 1978년 남극해에서 크릴새우를 조사한 것이 처음이었다. 10년 뒤 서남쪽의 킹조지섬에 연구원들이 항상 거주할 수 있는 과학기지인 세종기지가 1988년 2월 17일 준공하여 본격적으로 남극에 교두보를 확보하였다.

남극세종기지에서 연구하는 학문 분야는 대기과학, 지질학, 지구물리학, 생물학, 해양학, 우주과학 등 아주 다양하다. 겨울철(우리나라 여름)에는 15명 정도의 연구원이 1년간 상주하며 지진파, 지구자기, 고층대기, 성층권 오존 측정 등의 일상적인 관측을 수행한다. 또 여름철(우리나라 겨울)에는 40여 명의 연구원이 세종기지를 중심으로 인근의 킹조지섬과 웨들해 등에서 지질, 지구물리 및 해양생물학 등의 연구 활동을 펼친다.

최근에는 지구 환경 변화와 관련한 환경 모니터링, 남극에서의 환경 변화 연구에 주력하고 있다. 이러한 활발한 연구 활동과 세종기지의 효과적인 운영을 통해 우리나라는 1989년 10월 남극 개발에 적극적으로 참여할 수 있는 남극조약협의당사국(Antarctic Treaty Consultative Party, ATCP) 지위를 획득하였고, 1990년 7월에는 남극의 과학적 연구를 조정하는 남극연구과학위원회(SCAR)의 정회원 자격도 취득하였다.

우리나라는 남극 대륙에 제2기지인 장보고과학기지(남위 74°37′4″, 동경 164°13′7″)를 동남극 북빅토리아랜드(Northen Victoria Land) 테라노바(Terra Nova)만 연안에 설치하였다. 이곳까지 가기 위해서는 인천공항→크라이스트처치→맥머도기지로 가서 남극장보고과학기지까지는 쇄빙연구선 아라온호를 타고 가야 한다. 기지 주변에는 이탈리아가 운영하는 마리오주켈리(Mario Zucchelli)기지가 남서쪽으로 8㎞ 정도 떨어진 곳에 위치하고 장보고기지에서 1㎞ 정도 떨어진 케이프 뫼비우스에는 독일의 곤드와나(Gondwana)기지가 있다. 마리오주켈리기지는 1986년에 건설되어 하계기지로 운영되고 있으며, 곤드나와기지는 2~3년에 1번씩 하계 연구캠프로 운영되고 있다.

남극 대륙 본토기지인 장보고과학기지가 2014년 2월 12일 준공되었는데, 이는 지난 2006년부터 첫 답사를 시작으로 착공한 지 1년 9개월 만에 준공하였다. 이로써 우리나라는 남극 대륙에 2개 이상의 상주기지를 보유한 10번째 국가가 되었다. 영하 40°의 기온과 초속 65m의 강풍에도 견딜 수 있도록 항공기에 적용되는 유체역학적 디자인이 설계에 반영되었으며, 또 태양광, 풍력에너지, 발전기 폐열을 보조 에너지원으로 활용해 화석연료 절감형 친환경에너지로 지어졌다. 통일신라시대에 동북아 해상을 장악했던 장보고의 이름을 딴 장보고과학기지는 대한민국 미래의 성장 동력이나 다름없다.

북극 바다에 위치한 과학기지
-다산과학기지

북극다산기지(북위 78°55′, 동경 11°56′) 건물은 우리나라와 프랑스가 공동으로 사용하고 있다. 건물 입구를 들어서면 좌측은 우리나라, 우측은 프랑스의 연구 공간이다. 지구 북반구에 위치한 우리나라는 남극과 아울러 북극의 환경 및 자원 연구를 위해 2002년 4월 29일 노르웨이령 스발바르 제도 스피츠베르겐섬의 니알슨(Ny-Alesund)에 다산기지를 개설하였다. 기지촌의 모든 시설에 대한 관리와 유지보수는 노르웨이의 킹스베이사(Kings Bay)가 담당한다. 우리는 킹스베이사와 계약을 맺어 임대하여 사용하므로 경제적인 기지 운영이 가능하다. 시설물 관리를 위한 상주 인원은 필요 없으며, 연구원들이 연구 목적상 원하는 기간만 체류하고 있다. 다산과학기지까지는 인천공항→런던/파리/프랑크푸르트(11시간)→오슬로(2시간)→트롬소→롱위에아르뷔엔(5시간)→니알슨(경비행기로 25분)를 경유해야 하는데, 생각보다 오래 걸린다.

북위 79°의 대서양 북단의 니알슨 국제과학연구단지에는 각국이 공동으로 사용하는 킹스베이 해양실험실과 노르웨이의 스베르드루프 연구기지, 측지관측소, 체펠린관측소가 함께 운영되고 있다. 한국극지연구소는 북극다산기지를 중심으로 극지 해양 생태계에서 해양플랑크톤, 규조, 미세 해조류의 분포 특성에 대해 연구하고 있다. 다산과학기지는 지구 환경 및 대기와 생태계 모니터링, 극지 생태계의 특성 연구뿐만 아니라 북극해 주변에 매장된 미지의 석탄·석유·천연가스·금속광물자원의 탐사연구센터로서 중요한 역할을 한다. 이렇듯 북극다산기지는 과학

한국의 위상을 높이고 범지구적 환경 보전 및 전략 광물자원 탐사를 위한 핵심적인 연구기지로 이용되고 있다.

다산기지가 있는 스발바르 지역은 4~8월까지는 낮이 계속되고, 10월부터 이듬해 2월까지는 밤이 계속되는 특수한 환경을 가지고 있다. 여름철의 평균 기온은 5℃ 내외이며, 겨울철의 평균 기온은 영하 15℃ 내외이다. 연평균 강우량은 370㎜로 대단히 적어 북극의 사막으로 부르기도 한다. 초여름에는 갈색 이끼로 덮인 북극 툰드라 지역에 눈이 녹기 시작하면서 겨울의 혹독한 추위를 견딘 북극장구채, 북극담자리꽃나무, 북극버들이 붉거나 노란색을 드러내 생명의 신비감을 다시 한번 느끼게 한다. 다산기지 주변은 다양한 피오르 해안과 북극곰, 조류와 이끼 식물이 서식하는 곳으로 전형적인 북극 생태계를 보여 준다.

수중 암초에 세워진 해양과학기지
-이어도, 가거초, 소청초

이어도의 경위도상 좌표는 북위 32°7′23″, 동경 125°10′57″이며, 인접 지역으로부터의 거리는 제주도 남쪽의 마라도에서 서남쪽으로 약 149㎞, 일본의 도리시마(鳥島)에서 서쪽으로 약 276㎞, 중국의 서산다오(佘山島)로부터 북동쪽으로 287㎞에 위치한 곳이다. 각국의 배타적 경제수역 내에 위치하지만 우리나라 영토에서 가장 가깝다. 얼마 전 중국이 이어도가 자기네 수역이라고 억지를 부렸지만, 이어도는 황해와 태평양이 만나는 경계선 중간쯤에 위치해 있으며, 우리나라로 상륙하는 태풍이 10시간 전쯤 통과하는 길목에 위치한다.

이어도기지 건설을 위해 1995년에 수심 측량, 조위, 해조류 관측 등의 해양 조사를 실시하였고, 1996년에는 2차 파랑 조사, 2차원 수리모형 실험, 설계 및 작업조건 산출 등 다양한 분야에 대한 조사와 실험을 거쳤다. 2000년부터 업체를 선정하여 공사를 실시하였으며, 관측 장비를 설치하고 2003년에 준공하였다. 관측 실험실, 회의실, 침실, 발전실, 헬기 이착륙장, 선박 정박 시설, 하수처리 시설, 화재 진압 시설 등이 구비되어 있으며, 7명이 14일간 임시 거주할 수 있도록 되어 있다. 이곳에서 관측된 자료는 우리나라의 무궁화위성(KOREASAT)과 국제해사위성(INASRSAT)을 통해 제공되고 있다. 이 과학기지는 종합해상기상관측소, 인공위성에 의한 해양 원격탐사, 지구 환경 변화 연구, 안전 항해를 위한 등대역할, 해난 사고 시 구난기지, 해상 기상예보, 해군의 전략지원기지 등 수없이 많은 역할을 수행한다. 향후에는 기지 주변의 대륙붕 개발을 위한 전초기지로 활용될 수 있을 것으로 기대된다.

수중 암초인 이어도는 가장 얕은 곳이 4.6m이며, 수심 40m를 기준으로 남북은 약 600m, 동서는 약 750m에 이른다, 수중 암초이지만 제주도민의 전설에 나오는 환상의 섬 또는 피안의 섬으로 알려져 있다. 예전에 어부나 큰 상선들이 인근을 지나가다가 파고가 5~10m 이상이 일렁이면 이 암초가 보였을 것으로 추정된다. 이어도는 1910년 영국 상선인 소코트라호(Socotra)가 처음 발견하여 선박의 이름을 따서 국제적으로는 '소코트라 암초(Socotra Rock)'라고 명명되었으며, 1910년 영국 해군측량선 워터위치호(Water Witch)에 의해 수심 5.4m로 알려졌다. 1938년 일본이 해저전선과 등대를 설치할 목적으로 콘크리트 인공 구조물을 설치하려고 하였으나, 태평양 전쟁 발발로 무산되었다. 우리나라는 1951년 국토규명사업을 벌이던 한국산악회와 해군이 공동으로 이어도 탐사에 나서서 육안으로 꼭짓점을 확인하고 '이어도'라고 새긴 동판을 수면 아래 가라앉히고 돌아왔다. 그 후 1984년 제주대학교 학술탐사팀이 암초의 소재를 다시 확인한 후 파랑도(波浪島)라 칭하였으

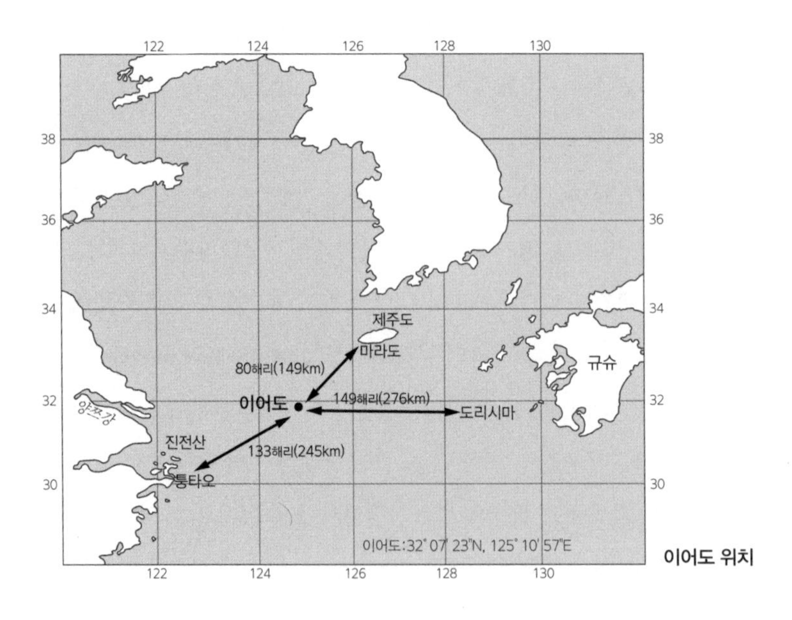

이어도 위치

며, 1986년에는 수로국 조사선에 의해 수심이 4.6m로 측량되었다. 이어도 최초의 구조물은 이어도 등부표(무인등대)로, 1987년 해운항만청에서 설치하고 국제적으로 공표하였다.

전라남도 신안군 흑산면 앞바다의 가거초에는 국내에서 두 번째인 해양과학기지가 2009년 10월 13일에 준공되었다. 가거초기지는 가거도에서 서쪽으로 47㎞ 떨어진 바다 밑의 암초 위에 10층 아파트(26m) 높이로 솟아 있으며, 21m 높이의 파도와 초속 40m의 바람에도 견딜 수 있다고 한다. 총사업비 100억 원이 투입된 이 기지의 면적은 286㎡로 첫 번째 종합 해양과학기지인 이어도기지(1345㎡)의 1/4에 불과하지만 과학적 기능은 한층 더 향상되었다. 가거초의 지명은 1927년 우리나라 연안을 순항하던 일본 군함 일향(日向)이 암초에 부딪혀 사고가 난 후 일향초라 이름 지었다. 1991년 국립해양조사원은 한미 합동 수로 측량에서 수심 7.8m 암초임을 확인하였으며, 2006년에 해양지명위원회에서 가거초로 지명 변경을 하였다.

옹진 소청초 해양과학기지는 2014년에 완공되었으며 소청도에서 남쪽 37㎞ 지점 수심 50m에 건설되었다. 해면으로부터 높이는 40m(총 높이 90m), 면적 2700㎡로 가장 규모가 큰 해양과학기지이다. 황해에 위치하여 중국으로부터 미세먼지를 파악하고, 각종 기상 현상 및 대기를 구성하고 있는 물질 등을 관측하는 데 중요한 역할을 한다.

단순한 바위섬이 아닌 리앙쿠르암
-독도

동해 바다에 솟아 있는 외로운 섬 독도가 한국 역사에 편입되기 시작한 것은 기록상 신라 지증왕 13년인 512년으로 이사부(異斯夫)의 우산국(于山國) 정벌부터이다. 독도는 해저 약 2000m에서 솟아오른 용암이 굳어져 형성된 화산암으로, 신생대 3기 플라이오세 전기(460만 년 전)부터 후기(250만 년 전) 사이에 생성되었는데, 이는 제주도(약 120만 년 전)의 생성 시기보다 조금 앞선다. 해저면의 지름은 3㎞, 높이 2000m 정도의 거대한 원추형 화산이다. 독도의 주소는 경상북도 울릉군 울릉읍 독도리 1~96번지이며, 동·서도 이 외에 89개의 부속 도서로 구성(총면적 18만 7554㎡)되어 있다. 독도는 원래 동도, 서도가 한 덩어리였지만, 수십만 년의 세월이 흐르면서 바닷물의 침식 작용과 바람의 풍화 작용으로 암석들이 깎여 분리된 것이다. 이러한 해식 작용의 결과로 칼로 깎은 듯 날카롭고 가파른 해식애가 만들어졌으며, 서도의 북쪽과 서쪽 해안에는 파식대지가 형성되었다.

비록 바위섬으로 이루어져 있지만 수많은 조류가 서식하는데, 특히 바다제비, 슴새, 괭이갈매기 등은 천연기념물이다. 이들의 번식을 위해 1982년 11월 16일 울릉군 울릉읍 도동리 산 42번지 임야 34필지(17만 8781㎡)를 문화재보호법에 따라 천연기념물 제336호로 지정하였다. 1999년 12월 10일에는 문화재청 고시(제1999-25호)로 천연보호구역으로 지정하였으며, 1999년에 제정된 독도 등 도서지역의 생태계보존에 관한 특별법에 따라 환경부고시(제2002-126호)에 의해 특정도서로 지정되었다.

구분	높이(둘레)	좌표	주요 시설
동도(東島)	98.6m(2.8㎞)	북위: 37°14′26.8″ 동경: 131°52′10.4″	• 접안 시설 500톤급 1척 • 독도등대 1개소 • 독도경비대 숙소 1동
서도(西島)	168.5m(2.6㎞)	북위: 37°14′30.6″ 동경: 131°51′54.6″	• 어업인 숙소 1동 • 선가장 1개소

독도를 최초로 발견한 서양 배는 1849년 1월 27일 프랑스의 포경선 리앙쿠르(Liancourt)호인데, 당시 이 배의 이름을 따서 서양에서는 지금도 리앙쿠르 바위라고 부르기도 한다. 그런데 미국의 포경선 체로키호의 항해일지를 보면 1848년 4월 17일에 'two small islands(독도)'를 보았다고 기록하고 있다. 이를 보면 리앙쿠르호보다 9개월 앞서 독도를 다녀간 것으로 판단된다. 당시 해도에는 독도가 기재되어 있지 않았지만 두 개의 섬이라고 표현한 것이 독도를 지칭한 것으로 판단된다. 미국 포경선 모크테수마호도 1849년 3월 2~9일 사이에 울릉도와 함께 'pinnacle

대단한 안용복

안용복은 동래수군에 들어가서 능로군(能櫓軍, 양인과 천인의 혼성부대)으로 복무했으며, 왜관에 자주 드나들며 일본말을 익혀서 일본 사람과 의사소통이 가능했을 것이다. 울릉도와 독도는 1693년(숙종 19)에 안용복을 중심으로 한 동래·울산 어부 40여명의 노력으로 우리 땅이 되었다. 1696년 울릉도에서 일본어선을 발견하고 마쓰시마까지 추격하여 영토 침입을 꾸짖었으며, 자신을 울릉우산양도감세관이라는 가짜 관직으로 말하고 하쿠슈(伯州) 태수로부터 영토침입에 대한 사과를 받고 귀국했다. 1697년 쓰시마섬주가 울릉도가 조선 땅임을 확인하는 서계를 보내옴으로써 조선과 일본 간의 울릉도를 둘러싼 분쟁은 일단락되었다. 1870년 죽도(울릉도)와 송도(독도)가 조선의 땅임이 조선국교제시말내탐서(朝鮮國交際始末內探書)에 기록되어 있으며, 1877년 일본 최고행정기관인 태정관(太政官)이 울릉도 외 1도(독도)가 일본령이 아님을 일본내무성에서 공식적으로 선언을 하였다. 하지만, 1904년 러일 전쟁이 발발한 틈을 타서 관측망루를 세우기 위하여 강제 편입시킨 일본은 1905년 2월 22일에는 시마네현 고시 40호를 통해 정식으로 일본영토에 편입시켰다. 이러한 사실은 러일 전쟁이 끝나고, 일본의 한국통치가 확립된 후인 1906년 음력 3월 5일에야 대한 제국에 통보되었다.

rock(뾰족한 바위)'을 보았다고 항해일지에 기록하였다. 또 3월 18일 윌리엄톰프슨호는 울릉도 동남쪽 40마일쯤에 해도에도 없는 '3 Rocks(3개의 바위)'를 보았다고 기록하고 있다. 이는 조선 성종시대에 독도를 삼봉도(三峰島)라고 불렀던 것과 일치한다. 그 뒤에도 미국의 캠브리아호(1849년), 프랑스의 해군 함정 콘스탄틴호(1856년), 러시아의 군함 팔라스호(1857년), 헨리 닐랜드호(1853년), 플로리다호(1857, 1860년) 등 많은 서양 배가 울릉도와 독도에 다녀갔다. 옛날부터 삼봉도·우산도·가지도(可支島)·요도(蓼島) 등으로 불려 왔으며, 고종 18년인 1881년부터 독도라 부르게 되었다고 한다.

한일 갈등과 일본의 침탈 야욕
-독도와 일본

제2차 세계대전이 종전된 후 1945년 9월 27일 미국 5함대 사령관의 각서 80호로 일본에게 어로 제한선을 통지하였는데, 이를 맥아더 라인이라고 한다. 1946년 1월 29일 일본 정부에 하달된 연합군 최고사령관 훈령 677호 3항에는 제주도, 울릉도와 함께 독도가 일본 영역에서 제외되는 땅이라고 기록하고 있다. 그리고 6월에는 훈령 1033호로 일본의 선박과 선원은 독도 12해리 이내에 접근해서는 안 된다고 밝히고 있다. 이는 1945년 광복과 함께 독도는 한반도의 부속 도서로서 반환되었다는 증거이다. 그러나 1950년 6·25 전쟁 발발로 정부의 행정 및 군사력이 미칠 수 없는 공백기를 틈타 일본은 독도에 다시 상륙하였다. 이에 1952년 1월 18일 우리 정부는 '인접 해양의 주권에 관한 대통령 선언(국무원 고시 제14호: 일명 평화선 혹은 이승만 라인)'을 발표하여 독도 주변 12해리가 우리의 영해임을 확고히 하였다.

1953~1956년에 걸쳐 울릉도 출신 민간인들로 구성된 독도의용수비대원들은 일본의 불법 점령을 막아 냈다. 독도의용수비대장 홍순칠(洪淳七, 1929~1986)은 6·25 전쟁 참전군으로 독도의용수비대(33명)를 조직하여 독도를 지키는 데 큰 역할을 하였다. 수비대원들은 1953년 독도에 입도한 후, 1956년 12월 25일 경상북도 경찰청 울릉경찰서에 독도수비 임무를 인계하고 생업으로 돌아갈 때까지 자금과 무기를 자체적으로 조달하면서, 약 3년 8개월간 수차에 걸쳐 계속된 일본의 독도 침범을 막아 냈다. 갖은 고난과 역경을 견디면서 숭고한 애국심으로 독도를 사수한 의용수비대의 활약이 없었다면 독도는 다시 일본의 영토가 되었을지 모른다.

일본의 독도 침탈 야욕은 집요했다. 1947년 독도가 일본의 영토라는 홍보 책자를 발간하여 미국 국무부의 참고 자료로 활용하도록 하는 한편, 윌리엄 시볼드(William Sehald)라는 친일 인사를 통해 대일 강화 조약에서 독도를 일본의 영토로 규정하려는 로비를 적극적으로 펼쳤으나 다른 연합국의 반대로 실패로 돌아갔다. 그러자 일본은 새롭게 국제사법재판소(ICJ) 제소를 들고나와 이를 계속 주장하고 다녔다. 독도는 국제사법재판소에서 해결 가능한 법적 문제가 아니라 일본 제국주의의 한반도 침략에서 비롯된 역사 문제이기 때문에 재판소에서 다툴 대상도 아니다.

일본의 독도 침탈 야욕은 아직도 수그러들지 않고 있다. 일본은 국제사법제판소에서 패소가 예견되는 남쿠릴 열도(북방 4개 섬)와 센카쿠 제도에 대해서는 국제사법재판소 회부를 거부하고 있지만, 유독 독도에 대해서만 회부를 주장하고 있는 것은 패소하더라도 별로 손해 볼 것이 없다는 계산이기 때문이다. 하지만 일본이 독도에 대한 권리를 주장하는 것은 제국주의 침략 전쟁에 의한 점령지 권리이거나, 과거 식민지 영토권을 주장하는 것이나 다름없다. 이것은 한국의 완전한 해방과 독립을 부정하는 것이나 마찬가지이다. 이러한 일본의 행태는 역사적으로나 지리적으로나 가장 가까운 이웃 나라 국민에게 과거의 불행했던 기억을 되살리게 하며, 자국의 욕심만 채우는 제국주의 국가로 기억되게 할 뿐이다.

9장

오염과 사건 사고

쓰레기장이 되어 버린 바다
-해양오염

바다는 누가 지정하지 않아도 지구에서 가장 큰 쓰레기장으로 사용되어 왔다. 각 나라의 하천에서 흘러드는 생활 쓰레기가 바다에 들어가서 다시 해류를 따라 대양을 건너 다른 대양으로 운반되면서 해양을 오염시킨다. 타이완과 중국 남부의 쓰레기는 우리나라의 남·동해와 일본 서해 쪽에서 발견되고, 중국 북부에서 나온 쓰레기는 우리나라의 서해안을 오염시킨다. 우리나라의 쓰레기도 쓰시마섬을 비롯한 일본 서해안에 도착하고 오키나와까지 멀리 흘러간다. 태평양 쪽이 열려 있는 일본의 쓰레기는 알류샨 열도를 거쳐 태평양 전 해안으로 퍼져 나간다. 그 피해는 배출되는 물질의 종류와 양, 배출되는 해역의 특성에 따라서 다르지만 주된 피해 형태는 해양 생물과 서식 환경을 직접적으로 파괴하는 경우와, 오염된 생물을 사람이 섭취하여 생기는 간접 피해로 구분할 수 있다.

특히 많은 양의 폐수와 산업폐기물, 석유류, 플라스틱, 방사성폐기물 등이 대책 없이 바다로 유입되고 있다. 이들 물질은 바다의 동식물에게 치명적인 피해를 주고 산호초와 같은 생태계도 파괴한다. 사람들에게도 아주 위험하다. 바다가 오염되면 자연히 바다에 서식하는 어족들도 오염될 수밖에 없고, 그 일부가 우리의 식탁에 올라오기 때문이다. 그렇기 때문에 바다의 오염을 완전히 막을 수는 없지만 바다를 깨끗이 하려는 노력은 계속되어야 한다. 특히 바다 오염은 개인의 노력만으로 해결할 수 없기에 전 세계적으로 조직적인 활동이 필요하다.

바다를 오염시키는 원인의 약 80%는 육상으로부터 비롯된 것이다. 따라서 육상에서 이루어지는 모든 인간 활동이 해양오염의 원인이라고 할 수 있다. 별생각 없이 버리는 생활 오수와 공장 폐수도 결국 모두 바다로 들어간다. 비료와 농약도 물에 섞여 바다로 유입된다. 굴뚝에서 뿜어져 나오는 황산화물, 이산화질소, 아황산가스, 온실가스 등은 물론 자동차 배기가스, 소각장 등에서 쏟아져 나오는 다이옥신, 납과 같은 독성 물질도 대기로 올라갔다가 바다로 유입되기도 한다. 또한 바다 한가운데에 버려지는 각종 낚시 도구, 양식장 사료, 폐어구 등 다양한 종류의 쓰레기도 오염의 원인이다.

바다를 오염시키는 원인으로 심각한 것 가운데 하나가 세탁 세제이다. 화학물질인 세제는 바다 생물이나 각종 수산자원을 죽이는 직접적인 오염원이 된다. 유조선을 청소하면서 연간 100만 톤에 달하는 기름이 바다에 버려진다. 분해되지 않는 플라스틱 제품인 폴리에스틸렌 용기도 연간 약 600만 톤 정도 바다에 투기되는데, 이것들은 수천 마일에 걸쳐 수년간 떠돌아다니며 바닷물고기, 바닷새, 기타 해양동물을 죽이거나 수명을 단축시킨다. 해양은 일단 오염되고 나면 어떠한 방법으로도 단시간에 완벽하게 회복시키기가 어렵다. 따라서 사전에 체계적인 보존 대책을 세워 오염되지 않도록 예방하는 것이 최선책이라 할 수 있다.

전 세계적으로 운항하는 선박은 어선이든 여객선이든 자체적으로 폐기물과 오수를 처리하고 있지만, 생각만큼 폐기물이 잘 처리되는 것은 아니다. 쓰레기와 오염물질을 규정대로 잘 처리하면 다행이지만, 혹여나 나쁜 마음을 먹고 바다에 투기한다면 알아낼 방법이 없다. 모든 선박이 바다를 살리고 해양오염을 줄이기 위한 그린 경영에 힘써야 할 것이다.

육지 오폐수의 공동묘지
-해양투기

육지에서 발생하는 쓰레기가 자연적으로 바다에 흘러들어 가는 것은 어쩔 수 없는 일이지만, 고의적으로 바다에 쓰레기를 버리는 해양투기가 있다. 이러한 폐기물 투기는 우리나라뿐 아니라 전 세계 부유한 나라와 기업들이 앞장서서 행하고 있다. 1980년대만 해도 뉴욕이 1년 동안에 배출하는 쓰레기량은 엠파이어스테이트 빌딩의 높이를 능가했다고 한다. 이때 발생한 쓰레기는 어떻게 처리되었을까? 답은 뻔하다. 당시에는 먼바다에 쓰레기를 실어다 버리는 쓰레기 처리 전문 선박도 있었기 때문에 당연히 그냥 바다에 버렸을 것이다. 그뿐만이 아니다. 일반적으로 운항하는 비행기나 선박도 그동안 각종 폐기물을 해양에 투기해 왔다. 지난 2014년 우리나라의 해양투기를 업종별로 분류해 보면 식품가공업체(364개)에서 투기량이 44%, 제지업체(20개)에 26%, 섬유염색업체(43개)에 11%, 석유화학업체(31개)에 11%의 순서로 많이 버렸는데, 대부분이 이름만 대면 알 수 있는 대기업이다.

유럽에서는 바다에 버린 쓰레기들이 문제가 되자, 쓰레기를 바다에 버리지 말자

폐기물 해상투기 (단위: 1천㎥)

연도	2001	2002	2003	2004	2005	2006	2007	2008	2009
총 투기량	7,671	8,475	8,874	9,749	9,929	8,812	7,451	6,173	4,785

주: 폐기물의 종류는 액상류·오니류·무기물 등이며, 해양투기 해역은 서해병·동해병·동해정 세 지역이다.
자료: 한국해양과학기술원

는 런던덤핑협약(London Dumping Convention)을 맺었다. 나중에 런던협약으로 명칭을 바꾼 이 협약은 처음에 33개국이 서명을 하였고 1975년에 그 효력이 발생하였으며, 우리나라는 1992년에 가입하였다. 그러나 이 협약에는 허점이 있었다. 법적 구속력이 없었기 때문에 협약 당사국들이 이를 준수하지 않아도 국제법 위반으로 제재를 가할 수 없었다. 러시아는 결의안 표결에서 기권하였고, 영국은 방사성물질까지 해양에 투기하였다. 어찌 되었든 이 협약은 해양투기 문제를 전 지구적인 차원에서 규제하는 최초의 다자간 협약이라는 데에 의의가 있다. 지금은 많은 나라들이 바다의 소중함을 알고 바다에 쓰레기를 함부로 버리는 행위를 삼가고 있으며 우리나라도 2016년 이후 육상 폐기물을 바다에 버리지 않는다. 미국은 1992년, 영국은 1999년, 일본은 2007년에 각각 해양투기를 중단하였다고 한다.

우리나라도 1988년부터 2016년 전까지 해양투기를 해 왔다. 해양 전문가들은 폐기물 해양투기를 중단했다고 하더라도 이 구역이 원래의 상태로 복원되려면 최소 100년은 걸릴 것이라고 경고하고 있다. 해양투기 구역에 대해 정밀 해양환경조사를 실시했는데, 결과는 바닷물이 공업용수로도 쓰지 못할 만큼 오염된 것으로 나타났다. 폐기물의 종류는 구역에 따라 약간 다르지만 분뇨, 축산 폐수, 일반 폐수, 하수 찌꺼기, 생선 찌꺼기, 준설 토사, 동식물 폐기물 등이다. 우리나라의 해양

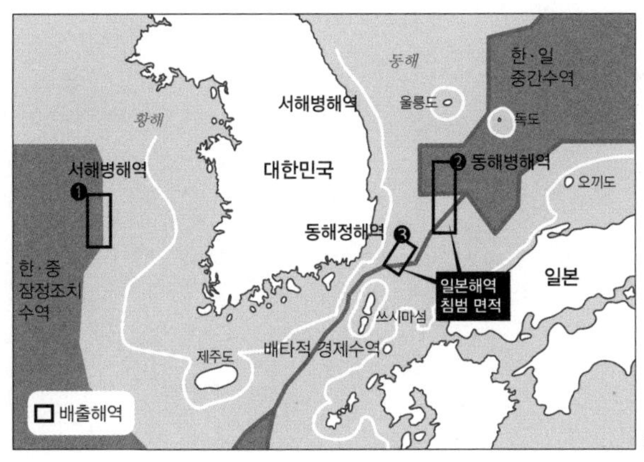

황해와 동해의 폐기물 투기 해역

투기 지역은 동해병해역(포항동방 125㎞ 지점), 동해정해역(울산남동방 63㎞ 지점), 서해병해역(군산서방 200㎞ 지점) 3개소인데, 전체 면적은 6881㎢이다.

이곳이 해양오염 방지법상 폐기물 투기장으로 설정된 것은 1993년이지만, 그 이전인 1988년부터 이미 해양투기가 시작되었다. 국토교통부에 따르면 동해의 해양투기 구역은 5316㎢이지만 배타적 경제수역을 침범한 1500㎢를 일본에 넘겨주면 3800㎢만 남는다. 2007년에는 745만 톤, 2008년에는 600만 톤을 투기하였으며, 매년 그 양을 줄여 2016년부터는 해양투기를 하지 않을 것이라고 했다. 폐기물 배출 업체의 충격을 최소화하기 위해 2012년부터 가축 분뇨, 하수오니 배출 금지, 2013년부터 음식 폐기물, 분뇨 및 분뇨오니 배출 금지, 2014년부터 산업폐수와 폐수오니를 금지하고, 폐수와 폐수오니에 대해 불가피할 경우는 한시적으로 2015년까지 허용하기로 하고 2016년에는 완전 금지하였다.

붉은 바다는 왜 생기는가
-적조 현상

적조는 플랑크톤이 엄청난 수로 번식하여 바다나 강, 운하, 호수 등의 색깔이 붉은 것으로 바뀌는 현상을 말한다. 이는 물의 색깔이 바뀌는 것이 아니고 플랑크톤의 색깔에 따라 달리 보이는 것인데 적조, 황조, 녹조로 나타난다. 물고기는 호흡을 하기 위해 물을 아가미로 통과시키는데, 적조가 발생한 지역에서는 용존산소량이 부족하여 물고기가 살아갈 수 없다. 적조 때는 식물플랑크톤이 대량으로 번식했다가 박테리아에 의해 분해되면서 물속에 녹아 있는 산소가 고갈되므로, 어패류가 질식하는 것이다.

우리나라에서는 1970년까지 간헐적으로 적조가 발생하다가 1980년대 이후부터 점점 잦아지고, 1990년대부터는 양식 어패류가 대량 폐사할 정도였다. 특히 1981년 7~8월에는 적조가 상당 기간 지속되었는데 특정 월과 관계없이 수시로 관찰되었다. 발생 지역은 주로 남해안으로 폐쇄성 내만인 진해만에서 주로 발생하고 있다. 마산만에서도 빈번히 발생하고, 고성군 당동만, 통영시 원문만에서도 자주 발생하는 편이다. 적조는 오늘날만의 문제가 아니다. 『조선왕조실록』에도 세종 때 마산 인근 해역에서 적조가 발생했다는 기록이 있다.

적조가 일어나는 가장 큰 요인은 물의 부영양화, 즉 바닷물이 오염되어 유기양분이 많아지면서 적조가 발생한다. 과거에는 비누나 세제에 포함된 인 성분이 문제가 되었으나, 최근에는 연안 개발로 인한 갯벌의 감소가 큰 문제로 떠오르고 있다. 갯벌에 사는 여러 생물은 물속에 있는 미생물이나 플랑크톤을 먹고 살아가지만,

간척사업을 하여 갯벌이 줄어들면서 부영양화가 심해져 적조가 더욱 심하게 일어나는 것으로 추측되고 있다. 이 외에도 기온의 변화로 인해 수온이 상승하여 미생물이 더욱 왕성하게 번식하는 경우나 바람이 적게 불어 바닷물이 잘 섞이지 않는 경우에도 적조가 일어나는 것으로 알려져 있다. 특히 최근에는 엘니뇨 같은 지구환경 변화에 따른 수온 상승으로 적조가 더욱 자주 나타나는 것으로 알려져 있다.

적조가 일어나면 양식어업에 큰 타격을 줄 뿐만 아니라, 독성 물질이 함유된 어패류를 사람이 섭취하면 이차적으로 사람들도 중독 증상을 보일 수 있다. 적조를 제거하는 방법으로는 황토나 황산구리 살포, 초음파 처리법, 오존 처리법 등이 있지만 100% 소멸은 어렵다. 그래서 자연스럽게 없어지기를 기다리는 방법이 최선책일 수 있다. 최근에는 해양환경 오염이 심각해지면서 적조 발생의 빈도와 해역이 급격히 늘고 있어 더욱 큰 문제이다. 갑작스런 적조 발생으로 어민들은 늘 불안을 떨치기가 어렵다. 적조 현상은 단기간에 소멸되는 경우도 있지만 요즘에는 먼 바다로 적조가 확산되고 기간도 점점 장기화되는 양상이다. 평소에 하수 정비 등을 통해 연안의 부영양화를 억제하고 예방하는 것이 중요하지만, 적조가 발생하지 않도록 바다의 오염을 줄이는 것이 최상책이다.

대양의 섬나라들이 위험하다
-빙하의 용융

지구가 더워져서 빙하가 녹아내리고 바닷물이 상승하는 것은 지구온난화 현상 때문이다. 그 원인은 산업혁명부터 지금까지 엄청나게 태워 온 석탄과 석유에서 나온 이산화탄소, 메탄가스, 냉방 및 냉동 장치에 쓰이는 냉매제인 염화불화탄소 같은 온실가스로 추측되고 있다. 이로 인해 지구의 온도가 가장 많이 올라가는 곳은 양극 지방이다. 남극 대륙의 평균 기온은 1940년 이후 이미 2.5℃ 이상 상승하였으며, 북극의 경우도 비슷해서 빙하의 두께가 40% 이상 얇아졌다고 한다. 일부 과학자들은 북해의 얼음이 이번 세기가 끝나기 전에 완전히 녹을 것으로 전망하고 있고, 추운 지방의 원주민들은 이로 인해 생활 터전에 악영향을 받고 있다. 미국 콜로라도대학교의 마크 메이어 교수는 최근 수년간 녹아내린 빙하가 지난 5000년간 녹은 양보다 많으며, 2100년쯤에는 빙하가 녹는 것만으로도 해수면이 크게 상승할 것이라고 예상하고 있다. 실제로 2100년쯤에는 평균 해수면이 0.9m까지 상승할 수 있다는 전망이 나온다. 1m 정도면 아무것도 아니라고 생각할 수 있겠지만, 섬의 평균 해발고도가 1m 미만인 곳은 수몰될 것이고, 5m 미만인 나라들도 국가 존폐를 고민해야 한다.

인도양에는 지상의 마지막 낙원으로 불리는 몰디브 제도가 있다. 인도에서 남서쪽으로 600㎞ 떨어진 제도로, 남북 방향으로 약 1000㎞에 걸쳐 1200여 개의 산호초 섬이 있다. 우리나라의 신혼부부들이 많이 여행 가는 곳이다. 이곳의 섬들은 대부분이 나지막한 환초이기 때문에 공중에서 보면 인도양 표면에 아주 낮게 깔려 있는 모습이다. 산호초로 이루어진 이 섬들은 아주 낭만적이고 행복한 곳으로 보인다. 새파란 바다와 하늘, 하얀 모래, 넓고 깨끗한 백사장, 물속의 수초가 훤히 보이는 맑은 바닷물, 산호와 그 사이를 헤엄치는 온갖 색깔의 예쁜 물고기, 시원한 야자수 그늘……. 모두가 아름답기 그지없다. 그런 곳에 산다면 아무런 걱정이나 근심이 없을 것처럼 생각되기도 한다.

막상 그곳에 사는 사람들의 마음은 그렇게 편하지 않다. 오히려 불안하다고 하는 것이 정확할 것이다. 극지방의 빙하가 녹아 100년 이내에 해수면이 1m 정도 상승한다면 섬의 대부분이 물에 잠긴다. 몰디브 제도의 평균 높이가 1m이기 때문이다. 누구든 정든 고향 땅을 떠나고 싶어 하지는 않을 것이다. 몰디브 사람들도 마찬가지이다. 그들은 넓이 5㎢ 정도의 작은 섬 주위에 산호모래를 퍼다 부어 땅을 높이는 작업을 하고 있다고 한다. 그렇게라도 해서 고향 땅을 지키고 싶은 마음인 것이다. 태평양에 있는 대부분의 산호초 섬도 평균 높이가 2m 미만이다. 따라서 이들 섬나라 주민들도 고향 땅이 바닷물에 잠길지도 모른다는 고민이 쌓여 있다. 앞으로 어떤 요인으로든 해수면이 지금보다 50㎝ 이상 높아진다면 산호섬의 80%가 물에 잠기고, 방글라데시의 10%, 네덜란드의 6%가 침수될 것이라고 한다.

환경이 파괴되어 오랫동안 살던 곳을 떠날 수밖에 없는 사람들을 생태 난민(ecological refugee)이라고 한다. 실제로 남태평양의 투발루는 원래 11개의 섬으로 이루어져 있었으나 9개의 섬만 남은 상태이다. 앞으로 섬 전체가 물에 잠기면 뉴질랜드로 이주해야 하는 상황까지 올 수 있다. 파푸아뉴기니의 카르테렛(carteret)이나 남태평양의 타쿠, 인도양의 몰디브 등도 국민 전체가 이주 계획을 수립하고 있다고 한다.

은빛 모래가 사라지고 있다
- 해안침식

동해안의 아름다운 백사장이 점점 줄어들고 있다. 그뿐만이 아니다. 해안가 주택에 균열이 가고 해안도로가 붕괴된다. 해안침식이 진행되는 과정에서 나타나는 현상들이다. 그렇다면 이와 같은 해안침식은 왜 발생하는 것일까? 해수면 상승과 지구온난화가 해안침식의 한 원인으로 꼽힌다. 그러나 무엇보다 무분별한 개발이 해안침식을 유발하는 큰 요인으로 지목되고 있다. 도시화에 따른 육상에서의 모래 공급 격감과 골재자원 확보를 위한 해사 채취, 그리고 모래의 흐름을 교란시키는 항구와 방파제 등 인공 구조물 설치가 그 원인이라는 것이다.

선진국들도 이미 40~50년 전부터 해안침식 문제를 연구하고 있는데, 침식 방지의 일환으로 콘크리트 구조물을 설치하는 공법을 적용했으나 오히려 인근에 새로운 침식을 유발한다는 것을 깨달았다. 해안침식 대책 중에 가장 합리적으로 평가받는 것은 침식 지역에 모래를 공급하는 양빈(養濱) 공법이다. 이것은 모래가 이동하는 경로를 과학적으로 규명해서 침식 해안에서 벗어난 모래가 다시 유입되게 하거나 외해로 유실되기 전에 되돌리는 방법이다.

포항의 송도해수욕장을 보면 포스코(포항종합제철)가 들어오기 전에는 동해안에서 유명한 해수욕장이었지만, 지금은 모래가 다 깎여 나가고 그나마 조금 남은 모래라도 지키기 위해 바다 방향으로 방파제를 구축해 놓은 모습을 볼 수 있다. 이것은 해안침식(모래침식)의 중요한 사례이다. 늦었지만 해양수산부는 2003년부터 침식 예방과 사후 관리를 위해 '연안 침식 모니터링체계 구축' 사업을 펼치면서 23개

해안침식으로 백사장이 사라지고 있는 강릉의 해안 모습

해수욕장 지역의 비디오 모니터링과 120여 개 주요 연안의 정기적인 침식 현황을 조사 중이다. 최근에는 강원도 동해안의 해안침식이 심각하다고 한다.

백사장 면적이 줄어들고 토사가 북쪽으로 이동하는 사실이 밝혀지면서 특별 관리를 하고 있다. 하지만 환동해출장소에 따르면 고성 아야진항, 강릉 영진, 연곡 해수욕장 등에서 해안침식이 심각하게 발생한 것으로 조사되었다. 연안의 모래는 관광자원으로서의 가치뿐만 아니라 해안 보호에 매우 중요한 역할을 한다. 따라서 모래자원을 효율적으로 이용하는 것은 매우 중요한 과제가 아닐 수 없다. 더욱이 앞으로 지구는 온난화의 영향으로 해안침식이 폭발적으로 증가할 수 있다는 우려도 제기되고 있어 정부 차원의 종합적인 대책과 지원이 필요하다.

바다에 생긴 사막화 현상
-백화 현상

지구온난화 현상으로 수온이 올라가면 홍조류인 산호말 같은 조류가 퍼지면서 바다 밑바닥이 하얗게 변한다. 산호말이란 석회질의 탄산칼슘을 가지고 있는 홍조류로서, 마치 산호처럼 생겼다 해서 이런 이름이 붙었다. 하지만 산호는 동물이고 산호말은 식물이므로 전혀 다르다. 이 산호말이 번성했다가 죽으면 석회 성분 때문에 하얗게 보이는데, 이를 백화 현상이라고 한다. 산호말은 높은 수온에서 잘 자라는데, 바닥에 산호말이 번식하면 다시마나 미역이 달라붙을 곳이 없어서 이들이 자라지 못한다. 그래서 산호말이 번성하면 바닷속이 황폐해지는 백화 현상이 생긴다. 따라서 생물이 살아갈 수 없으므로 일명 '바다의 사막화 현상'이라고 한다.

백화 현상(바다 사막화)을 우리말로는 '갯녹음 현상'이라 한다. 갯녹음은 연안 암반 지역에서 해조류가 사라지고 흰색의 석회조류가 달라붙어 암반 지역이 흰색으로 변하는 현상을 말한다. 한국 연근해에서는 1970년대 말부터 발견되었으며, 1990년대 들어서는 경상북도 영덕군과 포항·영일만 일대의 동해안까지 확산된 바 있다. 2007년 국립수산과학원 남해수산연구소는 여수 해역에서 바다 사막화 실태를 조사했는데, 그 결과 남면 소리도 덕포와 삼산면 거문도 죽촌 해저에서 갯녹음 현상을 발견하였다고 한다. 그동안 갯녹음 현상이 발생하였다는 보고는 있어 왔으나 정확한 실태를 파악하기는 이때가 처음이다.

갯녹음이 발견된 해역은 1995년 시프린스호 침몰 사고가 발생하였던 소리도 덕포 해역 16ha와 거문도 죽촌 해역 54ha 등 모두 70ha에 달했다. 전문가들은 바다의 백화 현상이 자연 현상이기 때문에 인위적으로 없애기는 매우 어렵다고 말한다. 일반적으로 전 세계적인 이상 기온과 수온 상승, 인공 구조물에 의한 조류 소통 방해, 육지의 오염 물질 유입 등 지구 환경 오염과 관련이 있을 것으로 추정하고 있다. 이러한 갯녹음을 방지하기 위해 바다 숲 가꾸기 사업이 대안으로 떠오르고 있다. 육지에서 숲을 가꾸어 새와 동물을 불러 모으듯이 바다에도 마찬가지로 적용하는 것이다. 2014년 7월 한국수산자원관리공단에서 고군산 및 어청도 지역 마을 어장의 서식환경 조성사업의 일환으로 넙치와 조피볼락 치어를 방류하였는데, 이는 갯녹음 발생을 줄여 연안 생태계를 복원한 의미 있는 사업이었다.

바다 생물을 죽이는 TBT
-선박 페인트

나무나 철로 된 선박들은 바닷물로 인해 녹이 슬고 바다 생물들이 많이 달라붙어 선체가 빨리 손상된다. 이를 방지하기 위해 배 밑바닥에 페인트칠을 한다. 이때 TBT(tributyltin, 생물부착방해제)라는 유기주석화합물이 섞인 페인트를 칠하는데, 이 페인트를 방오도료(防汚塗料)라고 한다. TBT는 PVC 안정제, 각종 플라스틱 첨가제, 산업용 촉매, 살충제, 살균제, 목재보존제 등으로 널리 사용된다. TBT는 다른 중금속에 비해 독성이 아주 높기 때문에 따개비와 같은 부착생물이 페인트칠이 된 배에 달라붙지 못한다. 그래서 선박뿐만 아니라 해양구조물, 어망 등에도 생물들이 달라붙지 못하도록 부착방해제로서 널리 사용되고 있다.

방오도료인 TBT가 선박에는 아주 유용하게 쓰일지 모르지만, 바다 생물에게는 치명적이다. 예를 들어 굴, 홍합 등 양식 생물의 성장을 억제하거나 다슬기, 소라와 같은 고둥류의 암컷이 수컷으로 변하는 성전환을 유발시키기도 한다. 최근 연구에 의하면 우리나라 항구나 연안에서도 고둥류의 성전환이 발견되고 있다고 하는데, 심한 곳에서는 암컷과 수컷의 비가 1:20에 이르는 곳도 있다고 한다. 우리나라 남해안의 어항, 조선소 주변 등에서 이와 같은 TBT 오염이 나타나고 있는데 특히 거제, 진해 일대에는 많은 조선소와 양식장이 산재해 있어 TBT 피해가 예상되는 지역이다.

우리나라 대부분의 항구에는 이미 TBT 오염에 의한 복족류의 불임을 유발하는 임포섹스(imposex) 현상이 나타나고 있으며, 굴의 껍질 기형 현상도 진해만, 추자도, 남해안 등 여러 곳에서 확인되었다고 한다. 그뿐만 아니라 전문가들은 선박 활동이 활발한 연안 해역의 생물이나 퇴적물 중의 TBT 농도 역시 외국의 오염 해역에 비해 결코 낮지 않다고 말한다. 특히 울산만 퇴적물에서는 세계에서 가장 높은 TBT 농도가 측정되어 우리나라 연안 TBT 오염의 심각성을 잘 나타내 주었다. 결국 해수 소통이 원활하지 못한 항만의 주변 해역은 대부분 TBT 오염이 심화되어 있다고 해도 과언이 아니다. 이미 선진국에서는 TBT의 사용을 규제하고 있고 우리나라도 1999년부터 이에 동참하고 있으며, 2003년부터는 국제법으로 사용을 금지하고 있다. 근래에는 독극물인 유기주석 화합물이 없는 SPC 도료(Self Polishing Copolymer, 자기 마모성 수지도료)가 개발되었다고 한다.

바다에 버린 방사능이 우리에게 되돌아온다
-핵폐기물

깊은 바다에는 핵폐기물이 널려 있다. 원래부터 바다에 있던 것이 아니고 사람들이 핵발전을 끝내고 버린 것이다. 당장 사람의 생명을 빼앗을 정도로 위험하지는 않다는 생각에 많은 나라들이 과거부터 아무런 거리낌 없이 바다에 버려 온 것이다. 1975년 쓰레기 투기를 금하는 런던덤핑협약이 채택되었음에도 불구하고 여러 강대국은 투기 행위를 중단하지 않았다. 1993년에는 핵폐기물을 다량 발생시키는 나라와 그렇지 않은 나라들 사이에 대립이 있었다. 미국, 영국, 프랑스, 러시아 등 핵폐기물을 다량으로 배출하는 국가들은 현실적으로 다른 대안이 없기 때문에 해양투기의 전면 금지에 소극적인 입장을 보인 반면, 핵폐기물을 배출하지 않는 많은 국가들은 적극적으로 전면 금지를 주장하였다.

미국은 샌프란시스코에서 50㎞ 정도 떨어진 바다에 1946년부터 1970년까지 핵폐기물 4만 7000드럼을 버리고, 대서양에도 1만 4000드럼 이상을 버렸다. 소련은 우리나라 동해의 북쪽에 방사능이 약한 핵폐기물을 버린 것으로 알려졌다. 또 미국은 핵잠수함인 시울프호를 바다에 수장시켰다. 소련도 1959년부터 핵폐기물의 상당 부분을 스칸디나비아반도 동쪽 노바야제믈랴(Novaya Zemlya) 제도 일대의 카라해와 북태평양의 오호츠크해 같은 깊은 바닷속에 버렸다. 미국과 소련이 핵폐기물을 바다에 버리자 영국, 뉴질랜드, 일본, 프랑스, 독일, 스위스, 이탈리아 등 핵발전을 하는 다른 나라들도 바다에 핵폐기물을 버렸다. 우선 눈에 보이지 않는 데다가 또 깊은 바닷속은 안전하리라고 생각하였던 것이다. 과학이 가장 발달한 미국이나 소련이 앞장서 버리니 다른 나라들도 버리지 못할 이유가 없다고 생각하였을 것이다.

핵폐기물은 원자력발전소, 병원, 연구소 등에서 나오는 방사성물질 또는 방사성 핵종에 오염된 물질로서 기체, 액체, 고체가 있으며, 방사능의 세기에 따라 고준위와 중·저준위 폐기물로 구분된다. 고준위 폐기물은 사용 후 핵연료를 말하는 것으로서, 원전연료를 핵분열시키고 난 후 재활용이 가능한 우라늄과 플루토늄을 제외한 나머지 찌꺼기를 말한다. 중·저준위 폐기물은 원자로 내의 방사능을 흡착하고 나오는 여러 가지 찌꺼기와 방사능 처리 과정에 사용된 각종 도구 등을 태우고 남은 재 등을 말한다.

미국 환경연구소의 학자들은 핵폐기물을 버린 후에 그곳에 어떤 변화가 일어나는지 조사를 실시하였는데, 놀랍게도 방사능에 심하게 오염되어 있다는 사실을 알게 되었다. 예컨대 샌프란시스코 앞바다에 있는 해삼은 다른 지역의 해삼보다 무려 227배나 더 많은 방사능 반응을 보였고, 뉴욕 앞바다와 뉴펀들랜드섬 근처 심해에서 잡힌 물고기는 다른 곳에서 잡힌 물고기보다 방사능 물질에 훨씬 많이 오염되었다는 사실이 밝혀졌다. 이렇게 방사능 물질에 오염된 이유는 드럼통이 삭아 구멍이 나면서 안에 있던 방사능 물질들이 흘러나와 주변을 오염시켰기 때문으로 해석된다. 쇠로 만든 드럼통은 보통 10년이면 삭아서 구멍이 난다. 아무리 시멘트로 둘러싼 드럼통이라고 하더라도 언젠가는 구멍이 생길 것이다. 결론적으로 말해 핵폐기물을 해양에 버리는 것은 '눈 가리고 아웅' 하는 일시적인 방편일 뿐이다.

현재 미국이나 러시아가 바다에 핵폐기물을 버려도 약소국가들은 규제할 힘이 없다. 지금 이 순간도 영국과 미국 등 강대국은 약소국이나 유엔 몰래 바다에 핵폐기물을 투기하고 있을지 모른다. 유엔인간환경회의(United Nations Conference on the Human Environment, UNCHE)는 그 점에 중점을 두고 감시를 하겠지만 과연 유엔이 미국과 영국을 제어할 수 있을지 모르겠다. 다행히 우리나라는 바다에 버리지 않고 그동안 지하에 저장해 두었는데, 지금 영구처분장을 건설하고 있다. 폐기장 선정 과정에서 1990년 안면도, 1994년 울진·양산, 2003년 부안을 선정하였으나, 주민들의 거센 반발에 부딪혀 계획이 무산된 바 있다. 2007년 11월에는 월성에 방사성폐기물 10만 드럼을 수용할 수 있는 처분장 공사를 시작하여, 약 8년 만인 2015년에 준공하였다.

청정 바다를 삼키는 검은 황금
-원유 유출

사고든 고의든 바다에 유출된 기름은 해상의 기상 조건에 따라 빠른 속도로 넓은 지역으로 확산된다. 약 100ℓ의 기름은 0.1㎛ 두께로 1㎢의 해수면을 덮을 수 있다고 한다. 바다 표면에 얇은 유막을 형성하여 넓게 확산되므로 바닷속의 생물이 태양광선이나 산소와 접할 수 없다. 따라서 이런 상황이 지속된다면 산소가 공급되지 않아서 생물은 죽게 된다. 그뿐만 아니라 표면의 기름막을 제거한다고 해도 유출된 기름은 바닷물보다 10배나 무겁기 때문에 끈적끈적한 덩어리 상태로 해저에 가라앉아 마치 해저를 아스팔트 포장도로처럼 만들어 버린다.

세계적으로도 크고 작은 사고가 많았지만, 1970년 이후 2007년 말까지 발생한 원유 유출 사고는 총 1만여 건에 달한다. 1967년 3월 18일 영국 밀퍼드헤이븐으로 향하던 유조선 토레이캐니언호가 실리섬 부근의 세븐스톤리프에서 좌초되었다. 이때 18개의 탱크 중 14개에 구멍이 났으며, 약 3만 톤의 기름이 유출되었다. 영국 정부는 배에 남은 잔여 기름을 태워 버리기 위해 공군기를 동원하여 폭격을 가했다. 이 사건은 1969년 이전의 해양오염방지조약인 오일폴(OIL POL) 54를 개정하게 하는 단초가 되었다. 1978년 3월 16일 아모코카디스호는 23만 3000톤의 원유를 수송하다가 프랑스의 브리트니 해안에서 암초에 부딪히는 사고가 발생하였다. 이 사고는 프랑스 북서 해안을 기름 바다로 만들었다. 좌초의 원인은 선장의 과실로 판명되었으나 피해 규모가 워낙 커서 전 세계를 경악시켜 결국에는 해양오염방지 국제협약 마폴(MARPOL) 73/78이라는 강력한 협약의 발효를 앞당겼다.

석유 소비량의 증대로 석유탱커가 대형화되고 수송이 증대되었으며, 장거리 운항이 가능하게 되었다. 이에 따라 원유 유출 사고도 자연스럽게 늘었으며, 그 규모도 커져 심각한 환경문제를 일으키고 있다. 1991년 페르시아만 전쟁으로 인한 대규모 유출 사고 등 각 사건의 원인도 다양하고 복잡하다. 원유 유출 사고는 운항 때 일어나는 사고와 좌초나 충돌로 인한 사고로 나눌 수 있다. 1979년 애틀랜틱 엠프레스호 사고로 32만 5000kℓ의 원유가 유출되었으며, 1989년 엑손발데즈호 사고는 원유 2억 ℓ를 싣고 알래스카해협을 향해 중 발생하였는데, 이 사고로 2000㎞의 청정 해역이 오염되고 해달, 바다표범 등 수천 마리의 동물이 희생되었다. 이 사고로 인해 미국 의회는 유조선 등에 대한 감독권을 강화하도록 하는 한편 1990년 기름오염방지법(Oil Pollution Act)을 통과시키고 단일선체 유조선의 미국 입항을 금지시키게 되었다.

원유 유출 사고에 대한 국제적인 대응을 살펴보면, 1954년에 탱커로부터 기름 유출을 규제하는 국제 조약을 채택하였고, 1972년 유엔인간환경회의에서 각국 정부와 관련 기관에 조약에 따른 규제 촉진 등을 권고하였다. 또한 국제해양기구(IMO)에서 엑손발데즈호 사건을 계기로 대규모 기름 유출에 대응하기 위한 국제 협력과 국내 체제 확립을 목적으로 하는 조약을 1990년에 채택, 1991년 OECD 환경각료위원회의 커뮤니케이션에 그 조기 이행을 명시하도록 하고 있다. 한국에도 1995년 여수, 2007년 태안 기름 유출로 많은 어민들이 피해를 입었다. 태안 기름 유출 사고는 전 세계적으로 연중 3~4차례 발생할 정도의 큰 사고였다. 2007년 12월 7일 홍콩 선적의 8만 2000톤급 유조선 허베이스피릿호와 삼성물산 소속 삼성 1호가 충돌하면서 유조선 탱크에 있던 총 1만 2547kℓ의 원유가 태안 해역으로 유출되었다. 초기에 파도가 심해 빠른 대처를 하지 못한 데다 원유가 오일펜스를 넘어가 피해가 커졌다. 파손된 유조선의 구멍을 이틀 만에 겨우 막았지만, 이미 태안군의 양식장, 어장 등 8000여 ha가 원유에 오염되어 있었다. 원유가 뭉친 타르 덩어리는 점차 빠르게 확산되어 12월 30일에는 전라남도에서 발견되었으며, 2008년

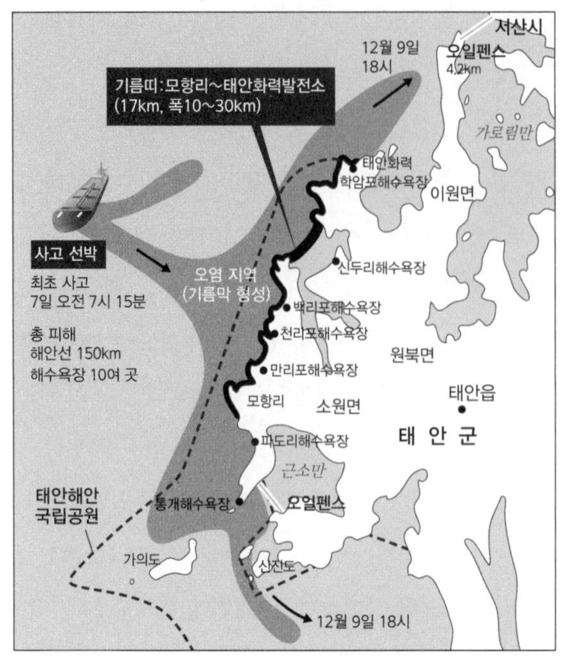

태안 원유 유출 피해 지역

1월 3일에는 제주도 북쪽 추자도에서도 발견되었다. 전문가들은 타르 덩어리가 이렇게 빨리 확산된 데는 조류, 강풍 등의 기상 원인도 있었지만, 관계 당국이 저지선 구축에 소홀하였기 때문이라고 말한다.

정부가 태안 생태계를 조사한 결과, 기름 유출 사고 전에 비해 바닷속 생물의 개체수가 절반가량 줄어들었다고 한다. 뉴스에서도 사고 후 5년 정도는 더 지나야 조개류가 돌아올 것이고, 10년 정도가 지나야 예전과 같아질 것이라고 예측하였다. 김이나 파래 등의 해조류는 평균 43% 감소하였고, 갑각류의 개체 수도 급격히 줄었으며, 지중해담치와 쑥의 몸속에서는 벤젠 화합물, 구리, 카드뮴 같은 중금속까지 발견되었다고 한다. 갯벌 퇴적물 속에 있는 기름 성분의 농도도 사고 전에 비해 5배 이상 증가하였다.

비행기와 배가 사라지는 바다
-버뮤다 삼각지대

전 세계 미스터리 사건 중 가장 유명한 것은 버뮤다 삼각지대이다. 이곳은 버뮤다 제도를 정점으로 하고, 플로리다반도 끝 지점과 푸에르토리코를 잇는 선을 밑변으로 하는 삼각형의 해역을 말한다. 이 해역에서 비행기와 배 사고가 자주 일어났는데, 어떤 경우는 배나 비행기의 파편은 물론 실종자의 시체도 발견하지 못했다. 노련하지 못한 항해자의 실수 혹은 기상이변이라고 주장하는 사람도 더러 있지만, 과학적으로도 증명할 수 없었다. 상당한 증거 자료와 수사에도 불구하고 이 지역에서 일어난 많은 사건들은 진실이 규명되지 못한 채 묻혀 버린 경우가 허다하다.

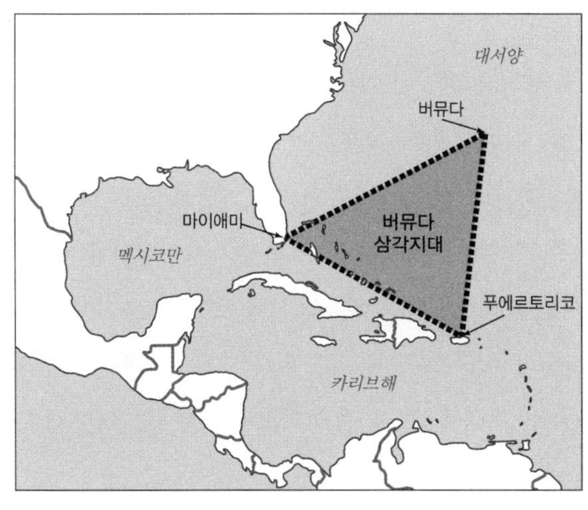

버뮤다 삼각지대

버뮤다에서 실종된 선박 및 비행기 중 애틀랜타호는 1880년에 소식이 끊기고 심한 폭풍에 의해 침몰되었다. 프레이어호는 1902년에 태평양 해저지진으로 침몰되었으며, 캐럴 A. 디어링호는 1921년에 사라진 이후 아직도 수수께끼로 남아 있다. 존 앤드 메어리호는 1932년 엔진 폭발로 사라졌다. 글로리아 코리타호도 1940년 폭풍우에 의해 침몰되었다. 여객기 스타 타이거는 1948년에 실종되었고, KB-50 공군기는 1962년에 사라졌으며, 순양함 위체클라프트호는 1967년에 폭풍우로 침몰하였고, 유조선 V. A. 포그호도 1972년에 폭발하는 등 다수의 항공기와 선박이 사고를 당하였다.

기록된 것이 이 정도이니 실제는 이보다 더 많다고 봐야겠다. 실종된 배는 전함, 유조선, 화물선, 요트, 잠수함 등이고, 비행기는 여객기, 수송기, 전폭기, 정찰기 등으로 거의 모든 종류의 배와 비행기를 망라하고 있다. 그 외에 작은 규모의 선박이나 경비행기까지 따지자면 숫자는 더욱 늘어나겠지만, 이유를 모른 채 침몰하거나 추락하는 것이 우리를 더욱 안타깝게 한다. 2010년 8월, 버뮤다 삼각지대에서 발생한 항공기와 선박의 실종 원인이 메탄가스 때문이라는 가설이 제기되었다. 바닷속 깊은 곳에서 메탄가스가 올라오는데 이때 선박은 부력이 감소하여 침몰하고, 항공기의 경우는 메탄가스에 의해 엔진에 불이 붙어 추락하게 된다는 것이다. 그러나 아직까지 가설에 불가하다.

최근 미국 해양지질학자인 메키버 박사는 버뮤다 삼각지대에서 사라진 배와 항공기가 메탄가스에 의한 것이 분명하다는 주장을 폈다. 전 세계의 바닷속에는 거대한 양의 메탄가스가 숨겨져 있는데, 이 일대에도 거대한 '메탄 수화물층'이 있다는 것이다. 메탄은 탄화수소의 하나이며 무색무취인 가연성 기체로 유전이나 탄전 등에서 발생한다. 그런데 이 메탄가스가 담긴 메탄을 실제 바다에서 꺼내면 곧바로 녹기 시작하고 산소와 만나면 바로 불이 붙는다고 한다. 더욱이 메탄가스가 해저에서 수면 위로 부상할 때에는 거대한 가스 거품과 파도가 일어나며, 이 거품 위로 대기 중의 산소가 거대한 불덩어리가 된다는 것이다.

실제로 대서양에서 석유시추 작업을 하던 미국의 에너지 회사들이 바다에서 원인을 알 수 없는 불이 나 석유시추 작업을 중단한 사례만도 40건이 넘는다. 바로 그 메탄가스가 부상하는 지역으로 배가 지나가게 된다면 제아무리 거대한 배도 부력을 잃고 침몰하게 된다고 메키버 박사는 지적하였다. 배뿐만 아니라 항공기도 마찬가지이다. 거대한 메탄가스가 수면 위로 올라오면 곧바로 대기 중으로 흡수된다. 그리고 이 메탄가스가 가득한 대기권을 항공기가 날아가면 비행기의 통풍구로 들어간 메탄가스가 곧바로 불을 일으키고, 결국 항공기는 화염에 휩싸여 폭발한 채 사라져 버린다는 것이다. 실제 1945년에 실종된 폭격기는 실종 직전에 하늘에서 커다란 불덩어리를 남겼다고 한다.

버뮤다 삼각지대에서 벌어지는 많은 사고의 원인으로 가장 널리 알려진 것은 바로 도북 방향과 자북 방향의 차이인 나침반 편차(약 20°) 때문이라는 주장이다. 이곳은 원래 자기장의 변화가 심한 곳이라 항공기의 전자 장비를 마비시켰다는 주장도 있다. 미국의 경비수색 구조대의 대변인은 "솔직히 말해 버뮤다 삼각지대에서 무슨 일이 일어났는지 알 수 없다. 설명할 수 없는 실종 사건들에 대해 우리가 할 수 있는 것은 추측뿐이다."라고 말했다. 현재로서는 알 수 없지만 아무리 이상하고 신기하게 보이는 현상이라도 그 뒤에는 과학적으로 설명할 수 있는 이유가 있으므로 언젠가는 이러한 불가사의가 밝혀질 날이 오리라 생각한다.

2009년 6월 1일 대서양 한가운데에서 감쪽같이 사라진 에어프랑스 항공기의 잔해와 승객 유해가 발견되었다. 그러나 아직까지 이 에어프랑스 447편이 왜 대서양 한가운데에서, 구조 신호조차 보내지 못하고 추락하였는지 원인을 알지 못한다. 버뮤다 삼각지대처럼 알 수 없는 힘에 의해 추락하였거나 사라졌을 것이다. 지난 2014년 3월 중국으로 가던 말레이시아항공 여객기(MH 370편)의 사고 원인도 아직 정확하게 밝혀지지 않았다. 조종사의 실수나 자살, 항공기 내의 산소 부족 등 다양한 원인을 발표했지만 과학적인 증빙 자료를 찾지 못하였다.

대형 유람선도 삼키는 파도와 너울
- 괴물 파도

아무리 거대한 선박이라고 하더라도 바다에서 발생하는 10층 건물보다 더 높은 거대한 파도가 몰아치면 나뭇잎처럼 사라지고 만다. 마치 영화의 한 장면 같은 이런 거대한 파도를 뱃사람들은 '괴물 파도(monster wave, 이상 파랑)'라고 부르며 공포의 대상으로 여겨 왔다. 거대한 괴물 파도는 높이가 최대 30m 이상 치솟기도 하는데, 미국 뉴욕의 자유의 여신상(60m)을 넘긴 일도 있었다고 한다. 이렇게 파도가 높아지면 파도의 골도 깊어진다. 어부들은 이골을 바다의 구멍이라 부르는데, 괴물 파도에 부딪힌 후 이 골로 떨어지면 배는 침몰하게 된다.

해양과학자들은 공포의 괴물 파도를 규칙적이지 않고 그저 우발적으로 발생하는 것으로 여겨 왔다. 그런데 해양과학자들은 괴물 파도가 해류의 방향과 반대로 부는 바람에 의해 불규칙한 파랑이 합쳐지면서 만들어지는 어떤 메커니즘일 것이라고 추측하기 시작하였다. 그리고 괴물 파도는 미국 남쪽의 멕시코만 일대, 스페인 북부 해안의 비스케이만, 남아프리카 끝 지점인 아굴라스곶 등 해류가 요동치는 특정 지역에서 규칙적으로 발생한다고 했다. 바다에서는 불규칙한 작은 물결들이 다른 물결과 겹치면서 큰 파도를 형성하는데, 이 파도가 다시 반대 방향에서 오는 해류 또는 바람과 마주치는 순간 거대한 괴물 파도로 솟구치게 된다는 것이다. 중동의 원유를 싣고 지나는 대형 유조선들이 종종 재난을 당하는 남아프리카 아굴라스곶의 경우는 서쪽으로 흐르는 해류가 동쪽으로 부는 바람과 부딪히기 때문에 괴물 파도가 자주 형성되는 지역이라고 한다. 이 지역은 연간 유조선 3~4척가량이 심각한 파손을 입을 정도로 괴물 파도가 자주 나타난다.

2004년 유럽우주기구(European Space Agency, ESA)이 인공위성 사진을 판독하여 괴물파도의 존재를 확인해 본 바 그 이전에는 선박들이 일주일에 1~2척 침몰하였지만 단순히 기후 탓이라고만 했다고 한다. 샌프란시스코 주립대학교와 캘리포니아주 해군대학원의 연구진들은 괴물 파도는 수심의 변화가 심하고, 강한 해류가 지나가며, 강한 바람이 갑자기 불어오는 지역, 즉 삼박자가 딱 맞아떨어지는 이런 지역에 이상 파랑이 형성된다고 2009년 밝혔다.

이러한 괴물 파도는 해안가에서도 가끔 발생하여 산책 나온 사람을 휩쓸고 지나가고, 모험을 즐기는 서퍼들을 삼키기도 한다. 과학자들은 괴물 파도의 존재가 어느 정도 규명된 만큼 피해 위험 지역을 지나는 배들은 특별히 주의를 기울여야 한다고 경고한다. 아무리 튼튼하게 배를 만들어도 순식간에 수만 톤씩 쏟아지는 물을 감당하기는 역부족이다. 괴물 파도로부터 가장 좋은 보호책은 괴물 파도를 미리 알고 피하는 길이다. 앞으로 수년 내에는 인공위성으로 정밀 관측하면 괴물 파도를 사전에 예측할 수 있는 시스템이 보급될 것으로 전망한다.

다만, 2004년 인도네시아 수마트라 서부 해안에서 발생해 수많은 피해를 준 쓰나미나 2009년 여름 쓰나미를 소재로 한 영화「해운대」등은 괴물 파도가 아니고 지진해일로 일어난 파도이다.

밤바다를 떠도는 배
- 유령선

유령선 이야기는 민속, 전설, 신화로 전해 오는데 때로는 사실인 것처럼 증거를 제시하기도 한다. 인간의 생각으로는 이해되지 않는 이야기가 구전되기도 한다. 유령선 이야기는 영화, 소설, 오페라 등의 예술 작품으로 자주 등장하는데, 대부분의 사람들은 흥미로운 이야깃거리로 쉽게 받아들인다. 하지만 많은 뱃사람들은 때때로 유령선이 실제로 존재한다고 믿는 경우가 있고, 유령선을 실제로 목격하였다는 증언도 많다. 세계 도처에서 목격되는 수많은 유령선 이야기는 버뮤다 삼각지대와 같은 보텍스(vortex, 소용돌이) 지역을 통과하다가 4차원의 미아가 되어 버린 배들의 이야기가 흔하다.

영화 「캐리비안의 해적 2」는 17세기에 침몰한 선박이 20세기 초까지 여기저기에 모습을 나타냈다는 유령선 '플라잉더치맨호(Flying Dutchman)'의 이야기이다. 전해 오는 이야기에 의하면, 플라잉더치맨호는 1641년 네덜란드의 암스테르담항을 출발하여 바타비아(자카르타)로 향했다. 선장 헨드릭 반데르데켄이 지휘하던 이 배는 큰 태풍의 중심을 지나가다 실종되고 말았다. 그런데 당시 분명히 침몰되었다고 믿은 플라잉더치맨호는 1680년부터 1942년까지 수십여 척의 민간 선박과 군함들에게 목격되었다고 한다. 그리하여 플라잉더치맨호는 오늘날 세계에서 가장 유명한 유령선으로 남게 되었다.

1899년 영국 해군의 빅토리아호가 다른 군함과 충돌하여 바닷속으로 침몰하는 사건이 일어났다. 358명의 승무원이 목숨을 잃은 그 시각에 런던의 한 파티장에

빅토리아호의 함장이 나타나 복도를 걷는 모습이 목격되었다. 함장이 사고로 사망하였다는 소식을 듣게 된 가족과 친구들은 당시 파티장에서 보았던 사람은 누구였는지 의문을 가지게 되었고, 빅토리아호는 그 후에도 계속 바다에서 목격되어 유령선으로 유명해졌다. 제1차 세계대전 당시인 1917년 독일에 의해 격침당한 영국의 전함 뱅가드호는 승무원 880명을 태운 채 침몰하였다. 이 배(유령선)를 목격한 시추선의 노동자 42명은 배가 시추 시설 앞쪽으로 빠르게 지나갔지만 물결은커녕 소리도 나지 않았으며, 목격자들은 여러 번 사진을 찍었지만 현상을 해 보면 필름에는 아무것도 담겨 있지 않았다고 한다.

1974년 스페인 앞바다에서 침몰하여 수백 명의 인명을 앗아 간 '라스 트레스 마리아스'라는 이름의 배는 1990년 9월 29일 영국의 사우스웨일스 지방에 있는 작은 항구도시에 나타나서 마을에 큰 소동이 일어났다고 한다. 1872년 11월 25일 대서양에 버려진 메리 설레스트호(Mary Celeste)는 포르투갈 본토와 아조레스 제도 사이에서 발견되었는데, 이 배에는 아무도 없었다고 한다. 1884년 작가 코난 도일은 젊었을 때 이 메리 설레스트호 이야기를 기초로 단편소설 「J. 하버쿡 젭슨의 진술」을 썼다.

이상한 요트

2007년 4월 15일, 오스트레일리아 퀸즐랜드주 바다를 항해하던 12m의 쌍동선에서 사람들이 모두 사라져 버리는 사건이 발생하였다. 긴급 구조대가 현장에 출동했지만 요트의 엔진과 컴퓨터도 켜진 상태였다. 무선이나 GPS도 모두 정상으로 작동하고 있었다. 식탁 위에는 금방 먹을 수 있도록 차려진 음식들이 가지런히 놓여 있었고, 구명조끼도 있었다. 당시 표류하던 선박에 올랐던 긴급 구조대원은 "누군가 일부러 버린 선박처럼 보였다."라고 말했다. 이 요트는 퀸즐랜드주에서 서오스트레일리아주로 향하던 카즈 2호로, 발견되기 며칠 전부터 표류하기 시작하였다고 한다. 요트 주인인 턴스테드 형제와 친구 한 명이 타고 있었는데, 이들은 새로 구입한 배로 퀸즐랜드주에서 서오스트레일리아까지 장거리 여행을 떠난 것으로 밝혀졌다. 경찰은 항공기까지 동원해 인근 바다를 수색했으나 아무런 단서도 찾지 못하였다고 한다.

보물선인가 해양박물관인가
-침몰선

14세기 어느 날, 수출할 상품을 가득 실은 원나라 무역선이 중국의 어느 항구를 출항해 일본으로 가다가 전라남도 신안 앞바다에 좌초, 침몰하였다. 역사는 700년 동안 그 사실을 망각하였다. 1976년 어느 날 마침내 이 침몰선은 보물선이 되어 나타났다. 이 사건을 계기로 한국 고고학은 새로운 난관과 과제에 봉착하였다. 고고학이라면 자고로 땅에만 있는 줄 알았는데 바다에도 있다는 사실을 깨닫게 되었고, 우리나라 최초로 수중고고학이 출발하는 계기가 되었다. 이후 아홉 차례에 걸친 탐사와 조사 결과 약 2만 점의 보물(유물)을 인양할 수 있었다.

전 세계 바다에는 아직 인양되지 않은 침몰선이 많을 것으로 추정되는데, 대부분의 배 안에는 황금이나 보물들이 들어 있을 것으로 판단된다. 아일랜드 남쪽 켈트해에서 1915년 독일군에게 격침된 영국의 민간 여객선 루시타니아호에 실려 있던 황금이 인양되었으며, 중동에서도 12세기의 문화재가 인양되었다. 또 1857년 캘리포니아주에서 채굴한 금 21톤가량을 싣고 뉴욕으로 향하다가 허리케인을 만나 침몰한 센트럴 아메리카호는 북캐롤라이나주 연안 200마일 해상에 침몰해 있었다. 1989년 토미 톰슨이란 기술자가 심해 로봇을 제작하여 2400m 바닷속에서 잠자고 있던 10억 달러(약 1조 1000억 원)어치의 보물을 인양하였다.

스페인 무역선인 누에스트라 세뇨라 드 아토차호(Nuestra Senora de Atocha)는 영국인 멜 피셔(Mel Fisher, 1922~1999)가 무려 16년 동안 찾아다닌 끝에 찾아냈다. 그는 고생을 보상하고도 남을 만큼의 보석과 보물을 건졌는데, 4000억 달러의 가치

바닷속에 침몰한 배

를 인정받았다. 하지만 영국과 스페인이 서로 자기들 소유라고 주장하기도 하였다. 1960년에 캐나다에서 고물 보트 한 척에 잠수복 4벌과 먹을거리를 챙긴 3명의 전문가들이 18세기의 영국 침몰선을 발견하여 수천 억에 달하는 수익을 얻은 적도 있다.

2009년 태안 앞바다에서 발견된 고려시대의 화물선(마도 3호)을 발견하였는데, 거기에는 당시 생활상을 알 수 있는 유물 287점을 인양하였다고 한다. 1905년 러일 전쟁 때 울릉도 저동 앞바다에서 침몰한 러시아 소속의 수송선 돈스코이호(Donskoi)로 추정되는 침몰선을 2003년에 찾아내 촬영하는 데 성공하였다. 이 배에는 50조 내지 150조 원 상당의 금괴가 실려 있다는 소문이 무성하였다. 그러나 확실하지 않는 소문으로 많은 투자가들이 손실을 본 일도 있었다.

이와 같이 바다에 침몰한 각종 선박들은 보물선이나 다름없다. 특히 제1, 2차 세계대전을 비롯한 전쟁에서 침몰한 군함들도 보물선이나 다름없다. 미국의 태평양

함대는 많은 군함들을 잃었는데, 애리조나호, 캘리포니아호, 웨스트버지니아호는 침몰당하고 오클라호마호는 전복되었다. 또 메릴랜드호, 네바다호, 테네시호, 펜실베이니아호도 큰 타격을 입었고, 그 밖에도 함선 18척이 침몰되거나 큰 손상을 입었다. 이들 군함은 지금쯤 보물선이 되어 있을지도 모른다. 그 밖에도 태평양 해저에는 렉싱턴호, 호넷호, 와스프호, 야마토호, 무사시호, 시나노호, 미국 해군 초계 어뢰정 PT-109호, 인디애나폴리스호 등 헤아릴 수 없을 만큼 많은 군함들이 수장되어 있다.

철 박테리아

바닷속에 배가 가라앉아서 오래되면 마치 고드름이나 종유석처럼 생긴 것들이 선체에 붙는다. 처음에는 단순히 쇠가 녹슬어 생긴 것이라고 생각하였으나, 분석 결과 쇠를 분해하는 박테리아 덩어리라는 사실이 밝혀졌다. 이 철 박테리아는 산화철을 에너지로 쓰면서 철을 산화시키고 녹(綠) 입자를 만든다. 깊은 바다의 환경 조건은 박테리아에게 적합한 환경이 아니므로 박테리아들도 나름대로 자구책을 마련한 것이다. 박테리아는 바닷물에서 스스로를 보호하기 위해 점액질을 분비한다. 그리고 그 점액질의 물질이 금속 표면으로 흘러내리면서 죽은 세포 따위들과 함께 고드름처럼 매달리는 것이다. 그런데 녹이 슨 쇠는 아주 약해서 잠수정에 살짝만 부딪혀도 부서져 내린다. 100년 전 침몰한 타이태닉호도 앞으로 70~80년의 시간이 흐르면 그 웅장함이 많이 사라질 것이라고 한다. 우리나라에는 쇠를 먹는 불가사리라는 괴물의 전설이 있는데, 전설 속의 괴물이 아닌 박테리아가 쇠를 먹어 없앤다니, 놀라지 않을 수 없다.

100년 전 얼음 바다에 수장된 배
-타이태닉호

1912년 4월 10일 타이태닉호는 영국 사우샘프턴을 출항하여 미국 뉴욕으로 첫 항해를 시작했다. 그러던 중 4월 15일 밤에 빙산과 충돌하여 침몰하였다. 이 사고로 1500여 명이 사망하였는데, 이는 당시 해난 사고 가운데 가장 큰 인명 피해였다. 타이태닉호는 1909년에 건조를 시작하여 1911년 5월 31일 진수되었는데 당시 세계에서 가장 큰 배였다. 첫 항해는 새로운 삶을 찾아 미국으로 가는 이민자 약 700명을 포함하여 2200여 명이 승선하였는데, 부자와 고위층 인사도 다수 있었다. 이들 중 구명보트 20척에 구조된 사람은 710명이었고, 나머지는 사망하였다.

영국을 출발한 배는 프랑스의 셰르부르와 아일랜드의 퀸스타운(오늘날 코브)을 거쳐 미국의 뉴욕으로 향하다가 1912년 4월 14일 밤 11시 40분에 빙산과 충돌하여 주갑판이 함몰되면서 우현에 구멍이 뚫렸다. 구멍으로 물이 들어오기 시작한 지 3시간 만에 침몰되었는데, 방수용 격벽이 있었지만 역부족이었다. 만약 20만 톤가량의 빙산에 타이태닉호의 머리 부분이 정면충돌했더라면 배 앞쪽의 격실 2~3개만 파손되었을 것이라고 판단하는 사람들도 있다.

타이태닉호 사고에는 몇 가지 실수가 있었다. 첫째, 출항 당시 쌍안경 보관함의 열쇠를 가지고 오지 않아서 전면에서 망을 보는 선원들이 육안으로만 확인하였다. 둘째, 출항 전부터 빙산이 떠다닌다는 소식을 무선통신으로 받았고, 당일에도 빙산 경고를 6통이나 받았지만 경고를 무시하였다. 한편 빙산 경고를 선장에게 보냈지만 선장이 자리에 없어서 항로를 변경하지 못했다는 설도 있다. 셋째, 격벽 구조에 문제가 있었다. 넷째, 충돌을 인지하였음에도 불구하고 한동안 계속 전진하였다. 다섯째, 구명보트에 정원을 초과해도 모자라는 판에 정원의 절반밖에 태우지 않았다고 한다. 여섯째, 타이태닉호를 제조할 때 사용한 철의 강도가 문제였다는 이야기도 있지만 아마도 당시 최고의 철판을 사용하였을 것으로 생각한다. 일곱째, 20㎞ 인근에서 화물선 캘리포니아호의 통신사 에번스가 사고 직전에도 빙산 경고를 보냈지만 타이태닉호는 이를 무시하였다. 안타깝게도 그 후 에번스는 취침 중이라서 타이태닉호의 긴급 신호를 받지 못하였고, 가까이 있었지만 현장에 늦게 도착하였다. 반면에 약 90㎞ 떨어진 곳에 있던 여객선 카르파티아호도 조난신호를 받고 전속력으로 달렸지만 이미 타이태닉호가 가라앉은 지 약 1시간 30분이 지난 새벽이었다.

선장 스미스(Edward Smith)가 승객들에게는 구명조끼를 입고 탈출하라고 명령을 내리고, 좌현에서는 2등 항해사 찰스 라이톨러(Charles Lightoller)가, 우현에서는 1등 항해사 윌리엄 머독(William Murdoch)이 구명보트를 바다에 내리기 시작하였다. 하지만 승객들은 배가 침몰한다는 사실을 믿지 못하였으며, 구명보트에 탈 생각조차 하지 않았다. 조그마한 나무보트보다는 260m의 강철 배가 더 안전해 보였기 때문이다. 게다가 밤이고 날씨도 좋지 않아서 배에서 가장 부자였던 존 애스터 4세(John Astor IV)마저도 아내에게 "저 조그마한 보트보다 여기가 안전해."라고 말했다고 한다. 구조 기준은 여자와 어린이를 먼저 태우고, 더 이상 여성과 아이들이 보이지 않으면 남자를 태운다는 것이다. 인명 피해가 많이 난 원인 중 하나는 구명보트가 부족하였기 때문이라고 한다. 당시에는 여객 정원만큼 구명보트를 구비하지 않아도 되었다. 따라서 선사에서는 1178명이 탈 수 있는 20척의 구명보트만을 배에 실었다. 또 구명보트에는 승객들이 더 탈 수 있었는데도 불구하고 다급한 나머지 정원을 다 채우지 못한 것으로 알려졌다. 만약 20척의 구명보트에 정원이 완전히 채워졌다면 승객의 반은 살 수 있었을 것으로 판단된다.

스미스 선장은 확성기를 쥔 채로 선교(船橋)에 들어가고, 배의 설계자인 해군건

축가 토머스 앤드루스(Thomas Andrews)는 흡연실에서 구명조끼를 벗은 채 벽에 걸린 그림을 응시하다가 최후를 맞았다고 한다. 마침내 운명의 시각 새벽 2시 20분, 최후의 순간 굉음과 혼란이 있은 다음 선미가 바닷속으로 미끄러져 들어가며 침몰하였다. 새벽 4시경에 도착한 카르파티아호는 약 4시간 30분 동안 구명보트에 타고 있는 생존자들을 자기 배에 옮겨 태웠다. 뒤늦게 사고 해역에 도착한 캘리포니안호도 추가 생존자를 수색하고 사고 해역을 떠나 3일 후 뉴욕에 도착하였다.

1등실에 탑승한 어린이 중에서는 두 살이었던 헬렌 앨리슨(Helen Allison)만 유일하게 구조되지 못하였으며, 2등실에 탑승한 어린이는 전원 구조되었다. 1등실의 부자와 사회 각계각층의 고위 인사들은 상당수가 구조되었지만, 3등실에 탑승한 이민자들은 반 이상 구조되지 못하였다. 반면에 이민자보다도 신분이 낮은 하인이 많이 구조되었다. 그 이유는 하인은 그들의 주인을 따라 1등실에 탑승했는데, 주인이 자신의 하인을 구조하라고 승무원에게 요구했기 때문이다. 3등실의 생존율이 가장 낮은 이유는 가장 저층에 위치할 뿐만 아니라 여러 구역이 잠겨 있었고, 배에 친숙하지 않은 승객들이 탈출구를 찾지 못하였기 때문이다. 또한 확인되지는 않았지만 승무원이 혼란을 피하기 위해 이들을 통제했을 가능성도 있다.

스미스 선장은 구명보트에 탈 수 있었음에도 불구하고 끝까지 승객을 구조하다가 배와 함께 운명을 같이하였다. 그는 당시 62세로 1911년에 은퇴해야 하지만 회사 측의 설득으로 마지막으로 출항한 것이며, 7명의 항해사 중 3명도 함께 순직하였다. 흡연실에는 1등실의 승객도 다수 있었는데, 어떤 승객은 카드 게임을 했으며, 당대의 저명한 언론인이었던 윌리엄 스티드(William Stead)는 조용히 독서를 하면서 배와 함께 유명을 달리하였다. 기관장 조지

타이태닉호 구조 현황

탑승자 종류		총원	구조	사망
승무원	여자	23	20	3
	남자	885	192	693
소계		908	212	696
승무원 +승객	어린이	109	56	53
	여자	425	316	109
	남자	1690	338	1352
합계 (순 승객)		2224 (1316)	710 (498)	1514 (818)

프 벨(Joseph bell)을 포함한 많은 기관사와 화부, 전기공 등 기관부 선원은 배가 완전히 침몰하기 2분 전까지 배에 전기를 작동시키는 작업을 하다가 모두 최후를 맞이하였다.

새벽 2시경에는 바닷물이 최상층 갑판까지 다다랐다. 그때쯤 월리스 하틀리(Wallace Hartely)가 지휘하는 악단이 구슬픈 찬송가를 마지막으로 연주하기 시작하였다. 감리교회 신자이자 바이올리니스트인 월리스 하틀리와 8명의 연주대는 혼란에 빠진 승객들을 위로하기 위해 배가 침몰하기 직전까지 곡을 연주하면서 함께 하였다. 토머스 바일스(Thomas Byles) 신부는 성직자의 양심으로 구명보트 승선을 거절하고 다른 사람들의 구명보트 승선을 도왔다. 죽을 운명만을 기다리는 사람들에게 죄를 고백하고 하느님께 용서를 받는 고해성사를 집전하여 위로하였고, 갑판 위에서 많은 사람과 함께 미사를 드리다가 생을 마감하였다.

반면에 보트에 몰래 탑승한 선주인 이스메이(J. Bruce Ismay)는 나중에 대중의 비난을 면치 못하였다. 그와 달리 뉴욕의 메이시(Macy's) 백화점 소유주인 스트라우스(Isidor Straus) 노부부는 승선 제안을 거절하고 하인을 구명보트에 태웠다. 백만장자 철강업자 벤저민 구겐하임(Benjamin Guggenheim)은 현지처와 하인을 보트에 태우고 자신의 하인과 함께 마지막까지 시가와 브랜디를 즐기며 배와 함께 최후를 맞이하였다. 이제 시간은 10~20분쯤 남았다. 선장은 남은 선원에게 모두 제 살길을 찾으라고 했으며 배를 포기하겠다고 선포하였다. 두 명의 통신사도 선장이 이만 물러가도 좋다고 한 후에도 끝까지 남아 전파를 보냈는데, 이 중 해럴드 브리드(Harold Bride)는 살아남았지만 잭 필립스(Jack Phillips)는 배와 함께하였다.

당시 최신 과학기술로 만든 타이태닉호의 침몰 참사는 영국은 물론 서방 사회에 큰 충격을 주었다. 이 사고를 계기로 1914년 1월 13개국이 참여하여 해상에서 인명의 안전을 위한 국제 조약(International Convention for the Safety of Life at Sea, SOLAS)을 채택하였다. 또한 영국은 구명보트 구비 기준을 배의 정원으로 변경하였다. 이에 따라 타이태닉호의 자매선 올림픽호와 브리태닉호는 구명 보트를 늘리고, 미국에서는 선박에 무선 장치 배치를 의무화하였다.

1985년 9월 미국 심해 탐험가 로버트 밸러드(Robert Ballad, 1942~)는 뉴펀들랜드 680㎞ 지점에서 타이태닉호 잔해를 촬영하였으며, 미국과 영국 학자들은 심해잠수정으로 선체 파편 인양 작업을 하였다. 수심 약 4000m의 해저(북위 41°26′, 서경 50°14′)에서 발견된 두 동강 난 선체는 각각 600m 떨어져 있었는데, 배의 앞쪽 부분은 비교적 옛 모습을 유지하고 있었으나 뒷부분은 선체가 여기저기 찢겨져 있었다. 밸러드는 배를 발견하고 한동안은 언론에 알리지 않았으며, 죽은 사람들을 위한 추모비를 세워 넋을 기렸다.

해저 4000m에서 인양한 유물 중에는 해양박물관에 전시해도 될 만한 귀중한 공예품도 많았다. 특히 14k 금과 유리로 제작된 여우머리 장식핀, 74개의 다이아몬드로 장식된 백금 펜던트, 1~2캐럿의 다이아몬드가 장식된 백금 반지 등의 보석품은 1등실 승객의 것으로 추정된다. 보석 이외에도 향수병, 3등실의 식기, 남자의 보험금 영수증, 이름 없는 승객들의 신발, 가방, 모자 등 약 5500점의 유물들이 발견되었다.

21세기에 일어난 이상한 해난 사고
-세월호

이 세상에서 일어나지 말아야 할 사건 중의 하나가 얼마 전 우리나라에서 일어났다. 지금부터 100년 전에 일어난 타이태닉호의 침몰만큼이나 큰 비중이 있는 사건이었다. 사고가 난 세월호(世越號, Sewol)는 청해진해운에서 2013년 1월 15일부터 인천과 제주를 잇는 항로에 투입되어 주 4회 왕복 운항하다가 2014년 4월 16일 진도 해상에서 침몰하였다. 세월호는 4월 16일 오전 8시 48분경 전라남도 진도군 조도면 부근 해상에서 침몰하였는데, 제주도로 수학여행을 떠나던 안산시 단원고등학교 2학년 학생 325명과 선원, 일반인 등 총 476명(생존자 172명)이 탑승하였다고 알려졌다. 세월호의 이름은 '세상(世)을 초월(越)한다'는 뜻을 담고 있다고 한다.

세월호는 1994년 6월 일본 나가사키의 하야시카네 조선소(林兼船渠)에서 건조한 여객·화물 겸용선으로, 일본 마루에이 페리사에서 '페리 나미노우에(フェリーなみのうえ)'라는 이름으로 가고시마~오키나와 간을 18년 이상 운항하다가 2012년 10월 1일 퇴역하고 바로 청해진해운에 인수되었다. 그 후 증개축 작업을 거친 후 2013년 3월부터 인천-제주 항로에 투입되었는데, 여객 정원 921명에 차량 220대를 실을 수 있으며, 21노트의 속도로 최대 264마일을 운항하는 것으로 알려졌다.

세월호의 침몰 원인으로 여러 가지가 지목되지만 먼저는 선령이 문제이다. 여객선의 선령을 완화하면 기업 비용이 연간 200억 원 절감될 것이라며 해운법 시행규칙을 20년에서 30년으로 늘렸다. 덕분에 청해진해운은 일본에서는 폐선에 가까운 세월호를 사들여 운항할 수 있었던 것이다. 이후 청해진해운은 2012년 10월 세월호를 담보로 은행에서 개보수 자금 약 100억 원을 빌렸다. 그 결과 배의 톤수를 239톤, 탑승 정원을 116명 더 늘어나게 하였다. 한편 선박설비 안전검사 기관인 한국선급은 세월호의 증축에 대해, 두 차례에 걸쳐 검사를 하였지만 아무 문제가 없다고 평가하였다고 한다.

직접적인 원인으로는 출항 전 운항 관리자에게 차량 150대, 화물 675톤을 실었다고 보고하였으나 실제는 차량 180대, 화물 1157톤이 실린 것으로 밝혀졌다. 그뿐만 아니라 화물을 단단히 묶어야 하는 규정을 지키지 않고 느슨하게 동여맨 것도 무게중심을 잃게 한 원인으로 제기되기도 한다. 특히 배의 중심을 잡아 주는 평형수(水)도 덜 채워졌으며, 사고 당시 운항 미숙이나 무리한 변침, 판단 착오도 한몫하였을 수 있다. 또한 세월호 선장은 물론 선박직(선장·항해사·조타수·기관사 등) 대부분이 1년 계약직으로 근무하고 있었다. 그 외에 전남소방본부의 빠른 구호조치 미흡, 진도관제센터와 제주관제센터의 초동 대처 미흡, 목포해경과 제주해경의 초동 구조 미흡 등 다양한 원인으로 대형 사고가 발생하였다고 생각된다.

가장 중요한 원인은 승객 구조 의무를 제대로 이행하지 못한 점이다. 첫째, 선장을 비롯한 선박직 직원들은 배가 기울어지는데도 불구하고 승객에게 탈출하라는 명령을 내리지 않고 본인들만 가장 먼저 탈출하였다. 유가족과 전 국민이 분노한 점도 바로 이 때문이다. 아마 명령만 내렸어도 많은 학생들이 탈출에 성공하였을 것이다. 둘째, 구조 작업 역시 원할하지 못하였던 점이다. 당시 구조 당사자들의 사정을 다 파악하기는 어렵지만, 유가족이나 국민의 시각에서 본 구조 작업은 실망스럽기 짝이 없다. 이번 사고는 총체적인 잘못으로 일어난 인재라고 생각한다. 추후 두 번 다시 이러한 사고가 일어나지 않았으면 한다.

참고문헌

강성현 외 다수, 1998, 『해양오염과 지구 환경』, 한국해양연구소.

김기태, 2008, 『세계의 바다와 해양생물』, 채륜.

김 신, 1997, 『대항해자의 시대』, 두남.

레이첼 카슨(이충호 역), 2003, 『우리를 둘러싼 바다』, 양철북.

루크 카이버스(김성준 역), 1999, 『역사와 바다』, 한국해사문제연구소.

박용안, 2011, 『바다의 과학』, 서울대학교출판문화원.

박유정, 2006, 『강과 바다』, 지경사.

스도우 히데오 외 6인(고유봉 역), 2003, 『해양과 지구환경』, 전파과학사.

아니타 가네리 · 루치아노 코르벨라(박용안 역), 1999, 『세계의 바다』, 기린원.

앤드루 바이어트 외 2인(김웅서 · 정인희 역), 2006, 『아름다운 바다』, 사이언스북스.

오기노 요이치(김경화 역), 2004, 『이야기가 있는 세계지도』, 푸른길.

윤경철, 2011, 『대단한 지구여행』, 푸른길.

윤경철 외 3인, 2008, 『지도학개론』, 진샘미디어.

이병철, 1997, 『탐험사 100장면』, 가람기획.

이병철, 1997, 『위대한 탐험』, 가람기획.

이브 파칼레(이세진 역), 2007, 『바다 나라』, 해나무.

이석우, 2004, 『해양정보 130가지』, 집문당.

장순근 · 김웅서, 2000, 『바다는 왜?』, 지성사.

조창선, 2002, 『해양용어사전』, 일진사.

찰스 무어 · 커샌드라 필립스(이지연 역), 2013, 『플라스틱 바다』, 미지북스.

최형태 외 다수, 1999, 『해양과 인간』, 한국해양연구소.

코믹컴 · 정준규, 2008, 『바다에서 살아남기』, 아이세움.

톰 카리슨(이상룡 외 6인 역), 2007, 『해양의 이해』, 시그마프레스.

국립수산과학원 (http://www.nifs.go.kr)
국립해양문화재연구소 (https://www.seamuse.go.kr)
국립해양조사원 (https://www.khoa.go.kr)
극지연구소 (http://www.kopri.re.kr)
울릉군청 (http://www.ulleung.go.kr)
한국해양과학기술원 (http://www.kiost.ac.kr)
한국해양수산개발원 (http://www.kmi.re.kr)
해양수산부 (http://www.mof.go.kr)

위키 백과사전 (http://ko.wikipedia.org)
브리태니커 백과사전(http://www.britannica.com)